猪场兽药使用与猪病防治

◎马兴斌　刘双龙　谌志伟　主编

中国农业科学技术出版社

图书在版编目（CIP）数据

猪场兽药使用与猪病防治 / 马兴斌，刘双龙，谌志伟主编. --北京：中国农业科学技术出版社，2022.2

ISBN 978-7-5116-5691-9

Ⅰ.①猪… Ⅱ.①马…②刘…③谌… Ⅲ.①猪病-兽用药-用药法②猪病-防治 Ⅳ.①S858.28

中国版本图书馆 CIP 数据核字（2022）第 005132 号

责任编辑 张国锋
责任校对 贾海霞
责任印制 姜义伟 王思文

出 版 者 中国农业科学技术出版社
北京市中关村南大街 12 号 邮编：100081
电　　话 (010)82106625(编辑室) (010)82109702(发行部)
(010)82109709(读者服务部)
传　　真 (010)82106625
网　　址 http://www.castp.cn
经 销 者 各地新华书店
印 刷 者 北京地大彩印有限公司
开　　本 170mm×240mm 1/16
印　　张 19
字　　数 306 千字
版　　次 2022 年 2 月第 1 版 2022 年 2 月第 1 次印刷
定　　价 58.00 元

《猪场兽药使用与猪病防治》
编写人员名单

主　　编　马兴斌　刘双龙　谌志伟

副 主 编　张　莹　李生庆　邹文华　张瑞华

　　　　　谭卫莹　卢明月

编　　委　熊　兵　王丽红　李　芹　韩邦秋

　　　　　贾凤英　曹　慧　陈国海　罗红秀

　　　　　王晓宏　段利雅

前　言

随着我国规模化、集约化养猪业的不断发展和流通渠道的增加，猪病流行的客观环境发生了改变，猪病表现出老病复出、新病增多、病毒毒株变异而出现非典型表现、细菌耐药性不断增强、多病因混合感染等许多新的特点，严重困扰养猪业的健康发展。同时，猪病诊断困难，养猪场户由于缺乏对药物作用、用法、不良反应或副作用等方面的认识和安全用药常识，普遍存在滥用药现象，给安全用药、猪病防治和食品安全带来极大隐患。

本书将猪场常用兽药和临床常见猪病防治有机融合在一起。常用兽药部分，在系统介绍猪场常用兽药的作用与用途、用法与用量、不良反应等内容的基础上，重点介绍了猪场药物的安全使用常识，西药、中兽药兼顾，严格执行《中国兽药典》《兽药使用指南》及农业农村部相关公告，突出科学性和全面性、安全性和合法性；常见猪病防治部分，将常见猪病分成常见病毒性疾病、细菌性疾病、寄生虫病、普通病等分别介绍，语言通俗易懂，突出实用性和可操作性。

本书可供猪场养猪从业者阅读，尤其适合规模化猪场兽医、农村中小型猪场技术人员、兽药与饲料企业技术人员、农村基层兽医等阅读使用，也可供大中专院校畜牧兽医专业方向的师生阅读和参考。

本书由广东省自然基金项目（Guangdong Basic and Applied Basic Research Foundation）——面上项目“红景天主要活性物质分子印迹聚合物合成及控释机制研究”；广东海洋大学科研博士启动项目——“基于现代分子印迹理论兽用海洋红树天然活性成分定向提取测定及药效学研究”；中国农业科学院农产品质量标准与检测技术研究所横向课题共同资助出版，针对不同兽药使用方法不规范和猪病防治困难等因素，以期望对我国集约化猪场猪疫病的防控起到一定的指导作用。

由于编者水平有限，不当之处在所难免，请读者在阅读、使用过程中不吝指教。

编　者

2021 年 10 月

目　录

第一章　猪场常用兽药

第一节　抗菌素

一、抗生素

青霉素钠（钾）

青霉素属杀菌性抗生素，能抑制细菌细胞壁黏肽的合成，对生长繁殖期细菌敏感，对非生长繁殖期的细菌不起杀菌作用。临床上应避免将青霉素与抑制细胞生长繁殖的“快效抑菌剂”（如氟苯尼考、四环素类、红霉素等）合用。主要敏感菌有葡萄球菌、链球菌、猪丹毒杆菌、棒状杆菌、破伤风梭菌、放线菌、炭疽杆菌、螺旋体等。对分枝杆菌、支原体、衣原体、立克次体、诺卡菌、真菌和病毒均不敏感。

药物相互作用　与氨基糖苷类呈现协同作用；大环内酯类、四环素类和酰胺醇类等快效抑菌剂对青霉素的杀菌活性有干扰作用，不宜合用；重金属离子（尤其是铜、锌、汞）、醇类、酸、碘、氧化剂、还原剂、羟基化合物，呈酸性的葡萄糖注射液或盐酸四环素注射液等可破坏青霉素的活性，禁止配伍；胺类与青霉素可形成不溶性盐，可以延缓青霉素的吸收，如普鲁卡因青霉素；青霉素钠水溶液与一些药物溶液（如盐酸氯丙嗪、盐酸林可霉素、酒石酸去甲肾上腺素、盐酸土霉素、盐酸四环素、B 族维生素及维生素 C）不宜混合，否则可产生混浊、絮状物或沉淀。

1. 注射用青霉素钠

本品为青霉素钠的无菌粉末。

【作用与用途】β-内酰胺类抗生素。主要用于革兰氏阳性菌感染，亦用于放线菌及钩端螺旋体等的感染。

【用法与用量】以青霉素钠计。肌内注射：一次量，2 万~3 万单位/千克体重。2~3 次/天，连用 2~3 天。临用前，加灭菌注射用水适量使溶解。

【不良反应】(1) 主要的不良反应是过敏反应，大多数家畜均可发生，但发生率较低。局部反应表现为注射部位水肿、疼痛，全身反应为荨麻疹、皮疹，严重者可引起休克或死亡。

(2) 对某些动物，青霉素可诱导胃肠道的二重感染。

【注意事项】(1) 青霉素钠易溶于水，水溶液不稳定，很易水解，水解率随温度升高而加速，因此注射液应在临用前配制。必须保存时，应置冰箱中(2~8℃)，可保存 7 天，在室温只能保存 24 小时。

(2) 应了解与其他药物的相互作用和配伍禁忌，以免影响青霉素的药效。

(3) 大剂量注射可能出现高钠血症。对肾功能减退或心功能不全患畜会产生不良后果。

(4) 治疗破伤风时宜与破伤风抗毒素合用。

2. 注射用青霉素钾

【作用与用途】【用法与用量】【不良反应】【注意事项】同注射用青霉素钠。

氨苄西林钠

氨苄西林钠具有广谱抗菌作用，对青霉素酶敏感，故对耐青霉素的金黄色葡萄球菌无效。对革兰氏阴性菌如大肠杆菌、变形杆菌、沙门氏菌、嗜血杆菌、布鲁氏菌和巴氏杆菌等有较强的作用，对铜绿假单胞菌不敏感。

药物相互作用　氨苄西林钠与下列药物有配伍禁忌：琥乙红霉素、乳糖酸红霉素、盐酸土霉素、盐酸四环素、盐酸金霉素、硫酸卡那霉素、硫酸庆大霉素、硫酸链霉素、盐酸林可霉素、硫酸多黏菌素 B、氯化钙、葡萄糖酸钙、B 族维生素、维生素 C 等。本品与氨基糖苷类合用，可提高后者在菌体内的浓度，呈现协同作用。大环内酯类、四环素类和酰胺醇类等快效抑菌剂对本品的作用有干扰作用，不宜合用。

注射用氨苄西林钠

【作用与用途】β-内酰胺类抗生素。用于对氨苄西林敏感菌感染。

【用法与用量】肌内、静脉注射：一次量，10~20 毫克/千克体重。2~3 次/天，连用 2~3 日。

【不良反应】本类药物可出现与剂量无关的过敏反应，表现为皮疹、发热、嗜酸性细胞增多、白细胞和血小板减少、贫血、淋巴结病或全身性过敏反应。

【注意事项】对青霉素酶敏感，不宜用于耐青霉素的金黄色葡萄球菌感染。

【休药期】猪 15 天。

阿莫西林

阿莫西林具有广谱抗菌作用。抗菌谱及抗菌活性与氨苄西林基本相同，对大多数革兰氏阳性菌的抗菌活性稍弱于青霉素，对青霉素酶敏感，故对革兰氏阴性菌如大肠埃希菌、变形杆菌、沙门氏菌、嗜血杆菌、布鲁氏菌和巴氏杆菌等有较强的作用。对铜绿假单胞菌不敏感。适用于敏感菌所致的呼吸系统、泌尿系统、皮肤及软组织等全身感染。

药物相互作用　本品与氨基糖苷类合用，可提高后者在菌体内的浓度，呈现协同作用。大环内酯类、四环素类和酰胺醇类等快效抑菌剂对本品的杀菌作用有干扰作用，不宜合用。

注射用阿莫西林钠

【作用与用途】β-内酰胺类抗生素。用于治疗对阿莫西林敏感的革兰氏阳性菌和革兰氏阴性菌感染。

【用法与用量】以阿莫西林钠计。皮下或肌内注射：一次量，5~10 毫克/千克体重。2 次/天，连用 3~5 天。

【不良反应】偶见过敏反应，注射部位有刺激性。

【注意事项】（1）对青霉素耐药的细菌感染不宜使用。

（2）现配现用。

【休药期】猪 14 天。

苯唑西林钠

苯唑西林钠抗菌谱比青霉素窄，但不易被青霉素酶水解，对耐青霉素的产酶金黄色葡萄球菌有效，对不产酶菌株和其他对青霉素敏感的革兰氏阳性菌的杀菌作用不如青霉素。肠球菌对本品耐药。

药物相互作用　与氨苄西林或庆大霉素联合用药可相互增强对肠球菌的抗菌活性。大环内酯类、四环素类和酰胺醇类等快效抑菌剂对苯唑西林钠的杀菌活性有干扰作用，不宜合用。重金属离子（尤其是铜、锌、汞）、醇类、酸、碘、氧化剂、还原剂、羟基化合物，呈酸性的葡萄糖注射液或盐酸四环素注射液等可破坏苯唑西林钠的活性，禁止配伍。

注射用苯唑西林钠

【作用与用途】β-内酰胺类抗生素。主要用于耐青霉素金黄色葡萄球菌感染，如败血症、肺炎、乳腺炎、烧伤创面感染等。

【用法与用量】肌内注射：一次量，10~15 毫克/千克体重。2~3 次/天，连用 2~3 天。

【不良反应】主要的不良反应是过敏反应，但发生率较低。局部反应表现为注射部位水肿、疼痛，全身反应为荨麻疹、皮疹，严重者可引起休克或死亡。

【注意事项】（1）苯唑西林钠易溶于水，水溶液不稳定，很易水解，水解率随温度升高而加速，因此注射液应在临用前配制；必须保存时，应置冰箱中（2~8℃），可保存 7 天，在室温下只能保存 24 小时。

（2）大剂量注射可能出现高钠血症。对肾功能减退或心功能不全的猪会产生不良后果。

【休药期】猪 5 天。

苄星青霉素

苄星青霉素属杀菌性抗生素，抗菌活性强，其抗菌作用机理主要是抑制细菌细胞壁黏肽的合成。临床上应避免与抑制细菌生长繁殖的快效抑菌剂（如氟苯尼考、四环素类、红霉素等）合用。主要敏感菌有葡萄球菌、链球菌、猪丹毒杆菌、棒状杆菌、破伤风梭菌、放线菌、炭疽杆菌、螺旋体等。对分枝杆菌、支原体、衣原体、立克次体、诺卡菌、真菌和病毒均不敏感。对急性重度感染不宜单独使用，须注射青霉素钠（钾）显效后，再用本品维持药效。

药物相互作用　本品与氨基糖苷类合用，可提高后者在菌体内的浓度，故呈现协同作用。大环内酯类、四环素类和酰胺醇类等快效抑菌剂对苄星青霉素的杀菌活性有干扰作用，不宜合用。重金属离子（尤其是铜、锌、汞）、醇类、酸、碘、氧化剂、还原剂、羟基化合物，呈酸性的葡萄糖注射液或盐酸四环素注射液等可破坏其活性，属配伍禁忌。本品与一些药物溶液（如盐酸氯丙嗪、盐酸林可霉素、酒石酸去甲肾上腺素、盐酸土霉素、盐酸四环素、B 族维生素及维生素 C）不宜混合，否则可产生混浊、絮状物或沉淀。

注射用苄星青霉素

【作用与用途】β-内酰胺类抗生素。为长效青霉素，用于革兰氏阳性细菌感染。

【用法与用量】肌内注射：一次量，3 万~4 万单位/千克体重。必要时 3~

4 天重复注射 1 次。

【不良反应】主要的不良反应是过敏反应，大多数家畜均可发生，但发生率较低。局部反应表现为注射部位水肿、疼痛，全身反应为荨麻疹、皮疹，严重者可引起休克或死亡。

【注意事项】（1）本品血药浓度较低，急性感染时应与青霉素钠合用。

（2）注射液应在临用前配制。

（3）应注意与其他药物的相互作用和配伍禁忌，以免影响其药效。

【休药期】猪 5 天。

头孢氨苄

头孢氨苄属杀菌性抗生素。抗菌谱广，对革兰氏阳性菌活性较强，但肠球菌除外。对部分革兰氏阴性菌如大肠埃希菌、奇异变形杆菌、克雷伯氏菌、沙门氏菌和志贺氏菌等有抗菌作用。

头孢氨苄注射液

【作用与用途】β-内酰胺类抗生素。主要用于治疗猪由敏感菌引起的感染。

【用法与用量】以头孢氨苄计。肌内注射：一次量，10 毫克/千克体重。1 次/天。

【不良反应】（1）有潜在的肾毒性。

（2）有胃肠道反应，表现为厌食、呕吐和腹泻。

【注意事项】（1）本品应振摇均匀后使用。

（2）对头孢菌素、青霉素过敏动物慎用。

【休药期】猪 28 天。

头孢噻呋（钠）

头孢噻呋具有广谱杀菌作用，对革兰氏阳性菌、革兰氏阴性菌（包括 β-内酰胺酶菌）均有效。敏感菌主要有多杀性巴氏杆菌、溶血性巴氏杆菌、胸膜性肺炎放线杆菌、沙门氏菌、大肠杆菌、链球菌、葡萄球菌等。本品抗菌活性比氨苄西林强，对链球菌的活性比喹诺酮类强。

药物相互作用　与青霉素、氨基糖苷类药物合用有协同作用。

1. 注射用头孢噻呋

【作用与用途】β-内酰胺类抗生素。主要用于猪细菌性呼吸道感染，如猪放线菌性胸膜肺炎等。

【用法与用量】以头孢噻呋计。肌内注射：一次量，3 毫克/千克体重。1 次/天，连用 3 天。

【不良反应】（1）可能引起胃肠道菌群紊乱或二重感染。

（2）有一定的肾毒性。

【注意事项】对肾功能不全的猪应调整剂量。

【休药期】1 天。

2. 注射用头孢噻呋钠

【作用与用途】【用法与用量】【不良反应】同注射用头孢噻呋。

【注意事项】（1）现配现用。

（2）对肾功能不全的猪应调整剂量。

（3）对 β-内酰胺类抗生素高敏的人应避免接触本品，避免儿童接触。

【休药期】猪 4 天。

硫酸头孢喹肟

头孢喹肟是动物专用第四代头孢菌素类抗生素。通过抑制细胞壁的合成达到杀菌效果，具有广谱抗菌活性，对 β-内酰胺酶稳定。头孢喹肟对常见的革兰氏阳性菌和革兰氏阴性菌敏感，包括大肠埃希菌、枸橼酸杆菌、克雷伯氏菌、巴氏杆菌、变形杆菌、沙门氏菌、黏质沙雷菌、牛嗜血杆菌、化脓放线菌、芽孢杆菌属的细菌、棒状杆菌、金黄色葡萄球菌、链球菌、类杆菌、梭状芽孢杆菌、梭杆菌属的细菌、普雷沃菌、放线杆菌和猪丹毒杆菌等。

1. 注射用硫酸头孢喹肟

【作用与用途】β-内酰胺类抗生素。用于治疗由多杀性巴氏杆菌或胸膜肺炎放线杆菌引起的猪呼吸系统疾病。

【用法与用量】肌内注射：一次量，2 毫克/千克体重。1 次/天，连用 3~5 天。

【不良反应】按规定的用法用量使用尚未见不良反应。

【注意事项】（1）对 β-内酰胺类抗生素过敏的动物禁用。

（2）对青霉素和头孢类抗生素过敏者勿接触本品。

（3）现用现配，用前充分摇匀。

（4）本品在溶解时会产生气泡，操作时要注意。

【休药期】猪 3 天。

2. 硫酸头孢喹肟注射液

【用法与用量】以硫酸头孢喹肟计。肌内注射：一次量，2~3 毫克/千克体重。1 次/天，连用 3~5 天。

【作用与用途】【不良反应】【注意事项】及【休药期】同注射用硫酸头孢喹肟。

链霉素

链霉素通过干扰细菌蛋白质合成过程，致使合成异常的蛋白质、阻碍已合成的蛋白质释放，还可使细菌细胞膜通透性增加，导致一些重要生理物质的外漏，终引起细菌死亡。

链霉素对结核杆菌和多种革兰氏阴性杆菌，如大肠杆菌、沙门氏菌、布鲁氏菌、巴氏杆菌、志贺氏痢疾杆菌、鼻疽杆菌等有抗菌作用。对金黄色葡萄球菌等多数革兰氏阳性球菌的作用差。链球菌、铜绿假单胞菌和厌氧菌对本品固有耐药。

药物相互作用　与其他具有肾毒性、耳毒性和神经毒性的药物，如两性霉素、其他氨基糖苷类药物、多黏菌素 B 等联合应用时慎重。与作用于髓袢的药（呋塞米）或渗透性药（甘露醇）合用，可使氨基糖苷类药物的耳毒性和肾毒性增强。与全身麻醉药或神经肌肉阻断剂联合应用，可加强神经肌肉传导阻滞。与青霉素类或头孢菌素类合用对铜绿假单胞菌和肠球菌有协同作用，对其他细菌可能有相加作用。

注射用硫酸链霉素

【作用与用途】氨基糖苷类抗生素。可用于治疗各种敏感革兰氏阴性菌引起的急性感染。

【用法与用量】肌内注射：一次量，10~15 毫克/千克体重，2 次/天，连用 2~3 天。

【不良反应】（1）耳毒性。链霉素最常引起前庭损害，这种损害可随连续给药的药物积累而加重，并呈剂量依赖性。

（2）剂量过大，易诱导神经肌肉传导阻滞，急性中毒表现为呼吸抑制、肢体麻痹、全身无力等症状。

（3）长期应用，可引起肾脏损害。

【注意事项】（1）与其他氨基糖苷类有交叉过敏现象，对氨基糖苷类过敏的猪禁用。

（2）猪出现脱水（可致血药浓度增高）或肾功能损害时慎用。

（3）Ca^{2+}、Mg^{2+}、NH_4^+、K^+、Na^+等阳离子可抑制本类药物的抗菌活性。

（4）本品治疗泌尿道感染时，可同时内服碳酸氢钠使尿液呈碱性，可增强药效。

（5）与头孢菌素、右旋糖酐、强效利尿药（如呋塞米等）、红霉素等合用，可增强本类药物的耳毒性。

（6）骨骼肌松弛药（如氯化琥珀胆碱等）或具有此种作用的药物可加强本类药物的神经肌肉阻滞作用。

【休药期】猪 18 天。

硫酸双氢链霉素

硫酸双氢链霉素属于氨基糖苷类抗生素，通过干扰细菌蛋白质合成过程，致使合成异常的蛋白质、阻碍已合成的蛋白质释放，还可使细菌细胞膜通透性增强，导致一些重要生理物质的外漏，最终引起细菌死亡。双氢链霉素对结核杆菌和多种革兰氏阴性杆菌，如大肠埃希菌、沙门氏菌、布鲁氏菌、巴氏杆菌、志贺氏痢疾杆菌、鼻疽杆菌等有抗菌作用。对金黄色葡萄球菌等多数革兰氏阳性球菌的作用差。链球菌、铜绿假单胞菌和厌氧菌对本品固有耐药。

药物相互作用 与青霉素类或头孢菌素类合用有协同作用；本类药物在碱性环境中抗菌作用增强，与碱性药物（如碳酸氢钠、氨茶碱等）合用可增强抗菌效力，但毒性也相应增强。当 pH 超过 8.4 时，抗菌作用反而减弱。Ca^{2+}、Mg^{2+}、NH_4^+、K^+、Na^+等阳离子可抑制本类药物的抗菌活性。与头孢菌素、右旋糖酐、强效利尿药（如呋塞米等）、红霉素等合用，可增强本类药物的耳毒性。骨骼肌松弛药（如氯化琥珀胆碱等）或具有此种作用的药物可加强本类药物的神经肌肉阻滞作用。

1. 注射用硫酸双氢链霉素

【作用与用途】氨基糖苷类抗生素。用于革兰氏阴性菌和结核杆菌的感染。

【用法与用量】以双氢链霉素计。肌内注射：一次量，10 毫克/千克体重。2 次/天。

【不良反应】（1）耳毒性比较强，最常引起前庭损害，这种损害可随连续给药的药物积累而加重，并呈剂量依赖性。

（2）剂量过大易导致神经肌肉阻断。

（3）长期应用可引起肾脏损害。

【注意事项】（1）与其他氨基糖苷类有交叉过敏现象，对氨基糖苷类过敏的猪禁用。

（2）患畜出现脱水（可致血药浓度增高）或肾功能损害时慎用。

（3）用本品治疗泌尿道感染时，猪可同时内服碳酸氢钠使尿液呈碱性，以增强药效。

【休药期】猪 18 天。

2. 硫酸双氢链霉素注射液

【作用与用途】【用法与用量】【不良反应】【注意事项】【休药期】同注射用硫酸双氢链霉素。

卡那霉素

卡那霉素属氨基糖苷类抗菌药，抗菌谱与链霉素相似，但作用稍强。对大多数革兰氏阴性杆菌如大肠杆菌、变形杆菌、沙门氏菌和多杀性巴氏杆菌等有强大抗菌作用，对金黄色葡萄球菌和结核杆菌也较敏感。铜绿假单胞菌、革兰氏阳性菌（金黄色葡萄球菌除外）、立克次体、厌氧菌和真菌等对本品耐药。与链霉素相似，敏感菌对卡那霉素易产生耐药。与新霉素存在交叉耐药性，与链霉素存在单向交叉耐药性。大肠杆菌及其他革兰氏阴性菌常出现获得性耐药。

药物相互作用 与青霉素类或头孢菌素类合用有协同作用。在碱性环境中抗菌作用增强，与碱性药物（如碳酸氢钠、氨茶碱等）合用可增强抗菌效力，但毒性也相应增强。当 pH 超过 8.4 时，抗菌作用反而减弱。Ca^{2+}、Mg^{2+}、NH_4^+、K^+、Na^+等阳离子可抑制本类药物的抗菌活性。与头孢菌素、右旋糖酐、强效利尿药（如呋塞米等）、红霉素等合用，可增强本类药物的耳毒性。骨骼肌松弛药（如氯化琥珀胆碱等）或具有此种作用的药物可加强本类药物的神经肌肉阻滞作用。

1. 硫酸卡那霉素注射液

【作用与用途】用于敏感的革兰氏阴性菌所致的感染，如细菌性心内膜炎，呼吸道、肠道、泌尿道感染和败血症，乳腺炎等，亦用于猪气喘病及猪萎缩性鼻炎。

【用法与用量】以卡那霉素计。肌内注射：一次量，10~15 毫克/千克体重。2 次/天，连用 3~5 天。

【不良反应】（1）卡那霉素与链霉素一样有耳毒性、肾毒性，而且其耳毒性比链霉素、庆大霉素更强。

（2）剂量过大，常有神经肌肉阻断作用。

【注意事项】（1）卡那霉素与其他氨基糖苷类有交叉过敏现象，对氨基糖苷类过敏的猪禁用。

（2）当猪出现脱水（可致血药浓度增高）或肾功能损害时慎用。

（3）Ca^{2+}、Mg^{2+}、NH_4^+、K^+、Na^+等阳离子可抑制本类药物的抗菌活性。

（4）与头孢菌素、右旋糖酐、强效利尿药（如呋塞米等）、红霉素等合用，可增强本类药物的耳毒性。

【休药期】猪 28 天。

2. 注射用硫酸卡那霉素

【作用与用途】【不良反应】【注意事项】【休药期】同硫酸卡那霉素注射液。

【用法与用量】肌内注射：一次量，10~15 毫克/千克体重。2 次/天，连用 2~3 天。

庆大霉素

庆大霉素属氨基糖苷类抗菌药，对多种革兰氏阴性菌（如大肠杆菌、克雷伯氏菌、变形杆菌、铜绿假单胞菌、巴氏杆菌、沙门氏菌等）和金黄色葡萄球菌（包括产 β-内酰胺酶菌株）均有抗菌作用。多数链球菌（化脓链球菌、肺炎球菌、粪链球菌等）、厌氧菌（类杆菌属或梭状芽孢杆菌属）、结核杆菌、立克次体和真菌对本品耐药。

药物相互作用 庆大霉素与 β-内酰胺类抗生素合用，通常对多种革兰氏阴性菌，包括铜绿假单胞菌等有协同作用。对革兰氏阳性菌如马红球菌、李斯特菌等也有协同作用。与四环素、红霉素等合用可能出现拮抗作用。与头孢菌素合用可能使肾毒性增强。与青霉素类或头孢菌素类合用有协同作用。本类药物在碱性环境中抗菌作用增强，与碱性药物（如碳酸氢钠、氨茶碱等）合用可增强抗菌效力，但毒性也相应增强。当 pH 超过 8.4 时，抗菌作用反而减弱。与头孢菌素、右旋糖酐、强效利尿药（如呋塞米等）、红霉素等合用，可增强本类药物的耳毒性。骨骼肌松弛药（如氯化琥珀胆碱等）或具有此种作用的药物可加强本类药物的神经肌肉阻滞作用。

硫酸庆大霉素注射液

【作用与用途】用于治疗敏感的革兰氏阴性和阳性菌感染，如败血症、泌尿生殖道感染、呼吸道感染、胃肠道感染、腹膜炎、胆道感染、乳腺炎及皮肤和软组织感染以及传染性鼻炎等。

【用法与用量】以庆大霉素计。肌内注射：一次量，2~4 毫克/千克体重。2 次/天，连用 2~3 天。

【不良反应】（1）耳毒性。常引起耳前庭功能损害，这种损害可随连续给药的药物积累而加重，呈剂量依赖性。

（2）可导致可逆性肾毒性，这与其在肾皮质部蓄积有关。

（3）偶见过敏反应。

（4）大剂量可引起神经肌肉传导阻断。

【注意事项】（1）庆大霉素可与β-内酰胺类抗生素联合治疗严重感染，但在体外混合存在配伍禁忌。

（2）本品与青霉素联合，对链球菌具协同作用。

（3）有呼吸抑制作用，不宜静脉推注。

（4）与四环素、红霉素等合用可能出现拮抗作用。

（5）与头孢菌素、右旋糖酐、强效利尿药（如呋塞米等）、红霉素等合用，可增强本类药物的耳毒性。

【休药期】猪 40 天。

安普霉素

安普霉素对多种革兰氏阴性菌（如大肠杆菌、假单胞菌、沙门氏菌、克雷伯氏菌、变形杆菌、巴氏杆菌、猪痢疾密螺旋体、支气管炎败血博代氏杆菌）及葡萄球菌和支原体均具杀菌活性。革兰氏阴性菌对其较少耐药，许多分离自动物的病原性大肠杆菌及沙门氏菌对其敏感。安普霉素与其他氨基糖苷类不存在染色体突变引起的交叉耐药性。

药物相互作用　与青霉素类或头孢菌素类合用有协同作用。本品在碱性环境中抗菌作用增强，与碱性药物（如碳酸氢钠、氨茶碱等）合用可增强抗菌效力，但毒性也相应增强。当 pH 超过 8.4 时，抗菌作用反而减弱。与铁锈接触可使药物失效。与头孢菌素、右旋糖酐、强效利尿药（如呋塞米等）、红霉素等合用，可增强本品的耳毒性。骨骼肌松弛药（如氯化琥珀胆碱等）或具有此种作用的药物可加强本品的神经肌肉阻滞作用。

1. 硫酸安普霉素可溶性粉

【作用与用途】氨基糖苷类抗生素。主要用于治疗猪肠道革兰氏阴性菌引起的肠道感染。

【用法与用量】以安普霉素计。混饮：12.5 毫克/千克体重。连用 7 天。

【不良反应】内服可能损害肠壁绒毛而影响肠道对脂肪、蛋白质、糖、铁等的吸收。也可引起肠道菌群失调，发生厌氧菌或真菌等二重感染。

【注意事项】（1）本品遇铁锈易失效，混饲机械要注意防锈，也不宜与微量元素制剂混合使用。

（2）饮水给药必须当天配制。

【休药期】猪 21 天。

2. 硫酸安普霉素预混剂

【作用与用途】【不良反应】【注意事项】【休药期】同硫酸安普霉素可溶性粉。

【用法与用量】以安普霉素计。混饲：80~100 毫克/1 000 千克饲料。连用 7 天。

3. 硫酸安普霉素注射液

【作用与用途】同硫酸安普霉素可溶性粉。

【用法与用量】以安普霉素计。肌内注射：20 毫克/千克体重。1 次/天。

【不良反应】按规定的用法与用量使用尚未见不良反应。

【注意事项】长期或大量应用可引起肾毒性。

【休药期】28 天。

土霉素

土霉素属四环素类广谱抗生素，对葡萄球菌、溶血性链球菌、炭疽杆菌、破伤风梭菌和梭状芽孢杆菌等革兰氏阳性菌作用较强，但不如 β-内酰胺类。对大肠埃希菌、沙门氏菌、布鲁氏菌和巴氏杆菌等革兰氏阴性菌较敏感，但不如氨基糖苷类和酰胺醇类抗生素。本品对立克次体、衣原体、支原体、螺旋体、放线菌和某些原虫也有抑制作用。

药物相互作用　与泰乐菌素等大环内酯类合用呈协同作用。与黏菌素合用，由于增强细菌对本类药物的吸收而呈协同作用。本类药物均能与二、三价阳离子等形成复合物，因而当它们与钙、镁、铝等抗酸药、含铁的药物或牛奶等食物同服时会减少其吸收，造成血药浓度降低。与碳酸氢钠同服可使土霉素胃内溶解度降低，吸收率下降，肾小管重吸收减少，排泄加快。与利尿药合用，可使血尿素氮升高。

1. 土霉素片

【作用与用途】四环素类抗生素。用于某些敏感的革兰氏阳性和阴性细菌、支原体等感染。

【用法与用量】以土霉素计。内服：一次量，10~25 毫克/千克体重。2~3 次/天，连用 3~5 天。

【不良反应】（1）局部刺激作用。特别是空腹给药对消化能有一定刺激性。

（2）肠道菌群紊乱。

（3）影响牙齿和骨骼发育。

（4）肝、肾损害。偶尔可见致死性的肾中毒。

【注意事项】（1）肝、肾功能严重不良的猪禁用本品。

（2）怀孕母猪、哺乳母猪禁用。

（3）长期服用可诱发二重感染。

（4）避免与乳制品和含钙量较高的饲料同服。

【休药期】猪 7 天。

2. 土霉素注射液

【作用与用途】同土霉素片。

【用法与用量】以土霉素计。肌内注射：一次量，10~20 毫克/千克体重。

【不良反应】（1）局部刺激作用。本类药物的盐酸盐水溶液有较强的刺激性，内服后可引起呕吐，肌内注射可引起注射部位疼痛、炎症和坏死。

（2）影响牙齿和骨骼发育。四环素类药物进入机体后与钙结合，随钙沉积于牙齿和骨骼中。

（3）肝脏、肾脏损害。本类药物对肝、肾细胞有毒效应。

（4）抗代谢作用。四环素类药物可引起氮血症，还可引起代谢性酸中毒及电解质失衡。

【注意事项】（1）本品应避光密闭，在凉暗的干燥处保存。忌日光照射。不用金属容器盛药。

（2）猪肝、肾功能严重损害时忌用。

【休药期】猪 28 天。

3. 土霉素预混剂

【作用与用途】四环素类抗生素。用于防治某些革兰氏阳性和阴性细菌、支原体等感染，如附红细胞体病、链球菌病、猪肺疫、猪喘气病、仔猪黄痢和白痢等。还可促进仔猪生长发育，提高饲料利用率。

【用法用量】以土霉素计。混饲：仔猪 20~30 千克/1 000 千克饲料；育肥猪 30~40 千克/1 000 千克饲料。

【不良反应】以推荐剂量使用，未见不良反应。

【注意事项】（1）怀孕母猪禁用。

（2）忌与含氯量多的自来水和碱性溶液混合。勿用金属容器盛药。

（3）避免与乳制品和含钙、镁、铝、铁等药物及含钙量较高的饲料同时使用。

（4）长期应用，可诱发耐药细菌和真菌的二重感染，严重者引起败血症而死亡。

【停药期】猪 7 天。

4. 土霉素钙预混剂

【作用与用途】【用法与用量】【不良反应】【休药期】同土霉素预混剂。

【注意事项】（1）怀孕母猪禁用。

（2）本品为饲料添加剂，不作治疗用。

（3）遇有吸潮、结块、发霉现象，应立即停止使用。

（4）在猪丹毒疫苗接种前 2 天和接种后 10 天，不得使用本品。

（5）在低钙（0.4%~0.55%）饲料中连用不得超过 5 天。

5. 注射用盐酸土霉素

【作用与用途】同土霉素片。

【用法与用量】静脉注射：一次量，5~10 毫克/千克体重。2 次/天，连用 2~3 天。

【不良反应】（1）局部刺激作用。本类药物的盐酸盐水溶液有较强的刺激性，静脉注射可引起静脉炎和血栓。静脉注射宜用稀溶液，缓慢滴注，以减轻局部反应。

（2）肝、肾损害。对肝、肾细胞有毒效应，可引起多种动物的剂量依赖性肾脏机能改变。

（3）可引起氮血症，而且可因类固醇类药物的存在而加剧，还可引起代谢性酸中毒及电解质失衡。

【注意事项】（1）肝、肾功能严重不良的猪禁用。

（2）静脉注射宜缓注，不宜肌内注射。

【休药期】猪 8 天。

6. 盐酸土霉素可溶性粉

【作用与用途】同注射用盐酸土霉素。

【用法与用量】以土霉素计。混饮：100~200 毫克/升水，连用 3~5 天。

【不良反应】长期应用可引起二重感染和肝脏损害。

【注意事项】（1）本品不宜与青霉素类药物和含钙盐、铁盐及多价金属离子的药物或饲料合用。

（2）与强利尿药同用可使肾功能损害加重。

（3）不宜与含氯量多的自来水和碱性溶液混合。

（4）肝肾功能严重受损的猪禁用。

【休药期】猪 7 天。

四环素

四环素为广谱抗生素，对葡萄球菌、溶血性链球菌、炭疽杆菌、破伤风梭菌和梭状芽孢杆菌等革兰氏阳性菌作用较强。对大肠杆菌、沙门氏菌、布鲁氏菌和巴氏杆菌等革兰氏阴性菌较敏感。本品对立克次体、衣原体、支原体、螺旋体、放线菌和某些原虫也有抑制作用。

药物相互作用　与泰乐菌素等大环内酯类合用呈协同作用。与黏菌素合用，由于增强细菌对本类药物的吸收而呈协同作用。与利尿药合用可使血尿素氮升高。

1. 四环素片

【作用与用途】四环素类抗生素。主要用于革兰氏阳性菌、阴性菌和支原体感染。

【用法与用量】以四环素计。内服：一次量，10～20 毫克/千克体重。2～3 次/天。

【不良反应】（1）有局部刺激作用，内服后可引起呕吐。

（2）引起肠道菌群紊乱，轻者出现维生素缺乏症，重者造成二重感染。

（3）影响牙齿和骨骼发育。四环素进入机体后与钙结合，随钙沉积于牙齿和骨骼中。

（4）肝、肾损害。本类药物对肝、肾细胞有毒效应。过量四环素可致严重的肝损害，尤其患有肾衰竭的动物。

【注意事项】（1）易透过胎盘和进入乳汁，因此妊娠猪、哺乳猪禁用。

（2）肝肾功能严重不良的猪忌用。

【休药期】猪 10 天。

2. 注射用盐酸四环素

【作用与用途】同四环素片。

【用法与用量】静脉注射：一次量，5～10 毫克/千克体重。2 次/天，连用 2～3 天。

【不良反应】（1）本品的水溶液有较强的刺激性，静脉注射可引起静脉炎和血栓。

（2）肠道菌群紊乱，长期应用可出现维生素缺乏症，重者造成二重感染。大剂量静脉注射对马肠道菌有广谱抑制作用，可引起耐药沙门氏菌或不明病原菌的继发感染，导致严重甚至致死性的腹泻。

（3）影响牙齿和骨骼发育。四环素进入机体后与钙结合，随钙沉积于牙齿和骨骼中。

（4）肝、肾损害。过量四环素可致严重的肝损害和剂量依赖性肾脏机能改变。

（5）心血管效应。牛静脉注射四环素速度过快，可出现急性心衰竭。

【注意事项】（1）易透过胎盘和进入乳汁，因此妊娠猪、哺乳畜禁用，泌乳牛、羊禁用。

（2）肝、肾功能严重不良的患畜忌用本品。

【休药期】猪 8 天。

金霉素

金霉素属于四环素类广谱抗生素，对葡萄球菌、溶血性链球菌、炭疽杆菌、破伤风梭菌和梭状芽孢杆菌等革兰氏阳性菌作用较强，但不如 β-内酰胺类。对大肠埃希菌、沙门氏菌、布鲁氏菌和巴氏杆菌等革兰氏阴性菌较敏感，但不如氨基糖苷类和酰胺醇类抗生素。本品对立克次体、衣原体、支原体、螺旋体、放线菌和某些原虫也有抑制作用。

药物相互作用　金霉素能与镁、钙、铝、铁、锌、锰等多价金属离子形成难溶性的络合物，从而影响药物的吸收。因此，它不宜与含上述多价金属离子的药物、饲料及乳制品共服。

金霉素预混剂

【作用与用途】四环素类抗生素。用于仔猪促生长；治疗断奶仔猪腹泻；治疗猪气喘病、增生性肠炎等。

【用法与用量】以金霉素计。仔猪促生长，混饲：25~75 克/1 000 千克饲料。连用 7 天。

【不良反应】按规定的用法与用量使用尚未见不良反应。

【注意事项】（1）低钙日粮（0.4%~0.55%）中添加 100~200 毫克/千克饲料金霉素时，连续用药不得超过 5 天。

（2）在猪丹毒疫苗接种前 2 天和接种后 10 天内，不得使用金霉素。

【休药期】猪 7 天。

盐酸多西环素

盐酸多西环素属四环素类广谱抗生素，具有广谱抑菌作用，敏感菌包括肺炎球菌、链球菌、部分葡萄球菌、炭疽杆菌、破伤风梭菌、棒状杆菌等革兰氏阳性菌，以及大肠杆菌、巴氏杆菌、沙门氏菌、布鲁氏菌和嗜血杆菌、克雷伯氏菌和鼻疽杆菌等革兰氏阴性菌。对立克次体、支原体（如猪肺炎支原体）、螺旋体等也有一定程度的抑制作用。

药物相互作用　与碳酸氢钠同服，可升高胃内 pH，使本品的吸收减少及活性降低。本品能与二、三价阳离子等形成复合物，因而当它们与钙、镁、铝等抗酸药、含铁的药物或牛奶等食物同服时会减少其吸收，造成血药浓度降低。与强利尿药如呋塞米等同用可使肾功能损害加重。可干扰青霉素类对细菌繁殖期的杀菌作用，宜避免同用。

1. 盐酸多西环素片

【作用与用途】四环素类抗生素。用于革兰氏阳性菌、阴性菌和支原体等的感染。

【用法与用量】以多西环素计。内服：一次量，3～5 毫克/千克体重。1 次/天，连用 3～5 天。

【不良反应】（1）本品内服后可引起呕吐。

（2）肠道菌群紊乱，长期应用可出现维生素缺乏症，重者造成二重感染。

（3）过量应用会导致胃肠功能紊乱，如厌食、呕吐或腹泻等。

【注意事项】（1）孕猪、哺乳猪禁用。

（2）肝、肾功能严重不良的猪禁用本品。

（3）避免与乳制品和含钙量较高的饲料同服。

【休药期】猪 28 天。

2. 盐酸多西环素可溶性粉

【作用与用途】【不良反应】【注意事项】【休药期】同盐酸多西环素片。

【用法与用量】以多西环素计。混饮：25～50 毫克/升水。连用 3～5 天。

3. 盐酸多西环素注射液

【作用与用途】【注意事项】【休药期】同盐酸多西环素片。

【用法与用量】以多西环素计。肌内注射：5～10 毫克/千克体重。1 次/天。

【不良反应】（1）肌内注射可引起注射部位疼痛、炎症和坏死。

（2）多西环素具有一定的肝肾毒性，过量可致严重的肝损伤，致死性肾中毒偶见。

红霉素

红霉素属于大环内酯类抗菌药，对革兰氏阳性菌的作用与青霉素相似，但其抗菌谱较青霉素广，敏感的革兰氏阳性菌有金黄色葡萄球菌（包括耐青霉素菌株）、肺炎球菌、链球菌、炭疽杆菌、猪丹毒杆菌、李斯特菌、腐败梭菌、气肿疽梭菌等。敏感的革兰氏阴性菌有流感嗜血杆菌、脑膜炎双球菌、布鲁氏菌、巴氏杆菌等。此外，红霉素对弯曲杆菌、支原体、衣原体、立克次体及钩端螺旋体也有良好作用。

药物相互作用 红霉素与其他大环内酯类、林可胺类和氯霉素因作用靶点相同，不宜同时使用。与β-内酰胺类合用表现为拮抗作用。红霉素有抑制细胞色素氧化酶系统的作用，与某些药物合用时可能抑制其代谢。

注射用乳糖酸红霉素

【作用与用途】用于治疗耐青霉素葡萄球菌及其他敏感菌引起的感染性疾病，如肺炎、子宫炎、乳腺炎、败血症，也可用于其他革兰氏阳性菌及治疗支原体感染。

【用法与用量】以乳糖酸红霉素计。静脉注射：一次量，3~5 毫克/千克体重，2 次/天，连用 2~3 天。

临用前，先用灭菌注射用水溶解（不可用氯化钠注射液），然后用 5%葡萄糖注射液稀释，浓度不超过 0.1%。

【不良反应】无明显不良反应。

【注意事项】（1）本品局部刺激性较强，不宜作肌内注射。静脉注射的浓度过高或速度过快时，易发生局部疼痛和血栓性静脉炎，故静脉注射速度应缓慢。

（2）在 pH 过低的溶液中很快失效，注射溶液的 pH 应维持在 5.5 以上。

【休药期】猪 7 天。

泰乐菌素

泰乐菌素属大环内酯类抗菌药，对支原体作用较强，对革兰氏阳性菌和部分阴性菌有效。敏感菌有金黄色葡萄球菌、化脓链球菌、链球菌、化脓棒状杆菌等。对支原体属特别有效，是大环内酯类中对支原体作用强的药物之一。

药物相互作用 与大环内酯类、林可胺类因作用靶点相同，不宜同时使用。与β-内酰胺类合用表现为拮抗作用。有抑制细胞色素氧化酶系统的作用，与某些药物合用时可能抑制其代谢。

1. 注射用酒石酸泰乐菌素

【作用与用途】用于治疗支原体及敏感革兰氏阳性菌引起的感染，如猪的支原体和支原体关节炎。也用于治疗猪巴氏杆菌引起的和猪痢疾密螺旋体引起的痢疾。

【用法与用量】以酒石酸泰乐菌素计。皮下或肌内注射：一次量，5~13毫克/千克体重。

【不良反应】（1）泰乐菌素可引起人接触性皮炎。

（2）可能具有肝毒性，表现为胆汁瘀积，也可引起呕吐和腹泻，尤其是高剂量给药时。

（3）具有刺激性，肌内注射可引起剧烈的疼痛，静脉注射后可引起血栓性静脉炎及静脉周围炎。

【注意事项】有局部刺激性。

【休药期】猪21天。

2. 磷酸泰乐菌素预混剂

【作用与用途】同注射用酒石酸泰乐菌素。

【用法与用量】以泰乐菌素计。混饲：10~100克/1 000千克饲料。

【不良反应】可引起剂量依赖性胃肠道紊乱。

【注意事项】（1）与其他大环内酯类、林可胺类作用靶点相同，不宜同时使用。

（2）与β-内酰胺类合用表现为拮抗作用。

（3）可引起人接触性皮炎，避免直接接触皮肤，沾染的皮肤要用清水洗净。

【休药期】猪5天。

酒石酸泰万菌素

酒石酸泰万菌素属于大环内酯类动物专用抗生素，可抑制细菌蛋白质的合成，从而抑制细菌的繁殖。其抗菌谱近似于泰乐菌素，如对金黄色葡萄球菌（包括耐青霉素菌株）、肺炎球菌、链球菌、炭疽杆菌、猪丹毒丝菌、李斯特氏菌、腐败梭菌、气肿疽梭菌等均有较强的抗菌作用。本品对其他抗生素耐药的革兰氏阳性菌有效，对革兰氏阴性菌几乎不起作用，对败血型支原体和滑液型支原体具有很强的抗菌活性。细菌对本品不易产生耐药性。

药物相互作用 对氯霉素类和林可霉素类的效应有拮抗作用，不宜同用。β-内酰胺类药物与本品（作为抑菌剂）联用时，可干扰前者的杀菌效能，需要发挥快速杀菌作用的疾患时，两者不宜同用。

酒石酸泰万菌素预混剂

【作用与用途】大环内酯类抗生素。用于猪支原体感染。

【用法与用量】以泰万菌素计。混饲：50～75 克/1 000 千克饲料。连用 7 天。

【不良反应】按规定的用法与用量使用尚未见不良反应。

【注意事项】（1）不宜与青霉素类联合应用。

（2）非治疗动物避免接触本品；避免眼睛和皮肤直接接触，操作人员应佩戴防护用品如面罩、眼镜和手套；严禁儿童接触本品。

【休药期】猪 3 天。

替米考星

替米考星属动物专用半合成大环内酯类抗生素。对支原体作用较强，抗菌作用与泰乐菌素相似，敏感的革兰氏阳性菌有金黄色葡萄球菌（包括耐青霉素菌株）、肺炎球菌、链球菌、炭疽杆菌、猪丹毒杆菌、李斯特菌、腐败梭菌、气肿疽梭菌等。敏感的革兰氏阴性菌有嗜血杆菌、脑膜炎双球菌、巴氏杆菌等。对胸膜肺炎放线杆菌、巴氏杆菌及畜禽支原体的活性比泰乐菌素强。95%的溶血性巴氏杆菌菌株对本品敏感。

药物相互作用 与肾上腺素合用可增加猪的死亡。与其他大环内酯类、林可胺类的作用靶点相同，不宜同时使用。与 β-内酰胺类合用表现为拮抗作用。

替米考星预混剂

【作用与用途】大环内酯类抗生素。用于治疗猪胸膜肺炎放线杆菌、巴氏杆菌及支原体感染。

【用法与用量】以替米考星计。混饲：200～400 克/1 000 千克饲料。连用 15 天。

【不良反应】（1）本品对猪的毒性作用主要是心血管系统，可引起心动过速和收缩力减弱。

（2）猪内服后常出现剂量依赖性胃肠道紊乱，如呕吐、腹泻、腹痛等。

【注意事项】替米考星对眼睛有刺激性，可引起过敏反应，避免直接接触。

【休药期】猪 14 天。

吉他霉素

吉他霉素属大环内酯类抗菌药，抗菌谱近似红霉素，作用机理与红霉素相同。敏感的革兰氏阳性菌有金黄色葡萄球菌（包括耐青霉素菌株）、肺炎球菌、链球菌、炭疽杆菌、猪丹毒杆菌、李氏杆菌、腐败梭菌、气肿疽梭菌等。

敏感的革兰氏阴性菌有流感嗜血杆菌、脑膜炎双球菌、巴氏杆菌等。此外，对支原体也有良好作用。对大多数革兰氏阳性菌的抗菌作用略逊于红霉素，对支原体的抗菌作用近似泰乐菌素，对立克次体、螺旋体也有效，对耐药金黄色葡萄球菌的作用优于红霉素和四环素。

药物相互作用 与其他大环内酯类、林可胺类和氯霉素因作用靶点相同，不宜同时使用。与β-内酰胺类合用表现为拮抗作用。

1. 吉他霉素片

【作用与用途】大环内酯类抗生素。主要用于治疗革兰氏阳性菌、支原体及钩端螺旋体等引起的感染性疾病。

【用法与用量】以吉他霉素计。内服：20～30 毫克/千克体重。2 次/天，连用 3～5 天。

【不良反应】猪内服后可出现剂量依赖性胃肠道功能紊乱（如呕吐、腹泻、肠疼痛等），发生率较红霉素低。

【注意事项】无。

【休药期】猪 7 天。

2. 吉他霉素预混剂

【作用与用途】大环内酯类抗生素。用于治疗革兰氏阳性菌、支原体及钩端螺旋体等感染。也用作猪促生长。

【用法与用量】以吉他霉素计。混饲（促生长）：5～50 克/1 000 千克饲料。混饲（治疗）：80～300 克/1 000 千克饲料。连用 5～7 天。

【不良反应】【注意事项】【休药期】同吉他霉素片。

氟苯尼考

氟苯尼考属于抑菌剂，对多种革兰氏阳性菌、革兰氏阴性菌有较强的抗菌活性。溶血性巴氏杆菌、多杀性巴氏杆菌和猪胸膜肺炎放线杆菌对氟苯尼考高度敏感。体外氟苯尼考对许多微生物的抗菌活性与甲砜霉素相似或更强，一些因乙酰化作用对酰胺醇类耐药的细菌如大肠杆菌、克雷伯氏肺炎杆菌等仍可能对氟苯尼考敏感。主要用于敏感菌所致的猪的细菌性疾病，如溶血性巴氏杆菌、多杀性巴氏杆菌和猪胸膜肺炎放线杆菌引起的猪呼吸系统疾病。

药物相互作用 大环内酯类和林可胺类与本品的作用靶点相同，均是与细菌核糖体 50S 亚基结合，合用时可产生相互拮抗作用。可能会拮抗青霉素类或氨基糖苷类药物的杀菌活性，但尚未在动物体内得到证明。

1. 氟苯尼考注射液

【作用与用途】酰胺醇类抗生素。用于巴氏杆菌和大肠杆菌所致的细菌性疾病。

【用法与用量】以氟苯尼考计。肌内注射：一次量，15~20 毫克/千克体重。每隔 48 小时 1 次，连用 2 次。

【不良反应】（1）本品高于推荐剂量使用时有一定的免疫抑制作用。

（2）有胚胎毒性，妊娠期及哺乳期家畜慎用。

【注意事项】（1）疫苗接种期或免疫功能严重缺损的猪禁用。

（2）肾功能不全猪需适当减量或延长给药间隔时间。

【休药期】猪 14 日。

2. 氟苯尼考粉

【作用与用途】【不良反应】【注意事项】同氟苯尼考注射液。

【用法与用量】以氟苯尼考计。内服：一次量，20~30 毫克/千克体重。2 次/天，连用 3~5 天。

【休药期】猪 20 天。

3. 氟苯尼考预混剂

【作用与用途】【不良反应】【注意事项】【休药期】同氟苯尼考注射液。

【用法与用量】以氟苯尼考计。混饲：20~40 克/1 000 千克饲料。连用 7 天。

甲砜霉素

甲砜霉素具有广谱抗菌作用，对革兰氏阴性菌的作用较革兰氏阳性菌强，对多数肠杆菌科细菌，包括伤寒杆菌、副伤寒杆菌、大肠埃希菌、沙门氏菌高度敏感，对其敏感的革兰氏阴性菌还有巴氏杆菌、布鲁氏菌等。敏感的革兰氏阳性菌有炭疽杆菌、链球菌、棒状杆菌、肺炎球菌、葡萄球菌等。衣原体、钩端螺旋体、立克次体也对本品敏感。对厌氧菌如破伤风梭菌、放线菌等也有相当作用。但结核杆菌、铜绿假单胞菌、真菌对其不敏感。

药物相互作用　大环内酯类和林可胺类与本品的作用靶点相同，均是与细菌核糖体 50S 亚基结合，合用时可产生拮抗作用。与 β-内酰胺类合用时，由于本品的快速抑菌作用，可产生拮抗作用。对肝微粒体药物代谢酶有抑制作用，可影响其他药物的代谢，提高血药浓度，增强药效或毒性，例如可显著延长戊巴比妥钠的麻醉时间。

1. 甲砜霉素片

【作用与用途】酰胺醇类抗生素。主要用于治疗猪肠道、呼吸道等细菌性感染。

【用法与用量】以甲砜霉素计。内服：一次量，5~10 毫克/千克体重。2 次/天，连用 2~3 天。

【不良反应】（1）本品有血液系统毒性，虽然不会引起再生障碍性贫血，但其引起的可逆性红细胞生成抑制却比氯霉素更常见。

（2）本品有较强的免疫抑制作用。

（3）长期内服可引起消化机能紊乱，出现维生素缺乏或二重感染症状。

（4）有胚胎毒性。

（5）对肝微粒体药物代谢酶有抑制作用，可影响其他药物的代谢，提高血药浓度，增强药效或毒性，如可显著延长戊巴比妥钠的麻醉时间。

【注意事项】（1）疫苗接种期或免疫功能严重缺损的猪禁用。

（2）妊娠期及哺乳期母猪慎用。

（3）肾功能不全猪要减量或延长给药间隔时间。

【休药期】猪 28 天。

2. 甲砜霉素粉

【作用与用途】【不良反应】【注意事项】【休药期】同甲砜霉素片。

【用法与用量】以甲砜霉素计。内服：一次量，5~10 毫克/千克体重。2 次/天，连用 2~3 天。

3. 甲砜霉素注射液

【作用与用途】【不良反应】【注意事项】【休药期】同甲砜霉素片。

【用法与用量】以甲砜霉素计。肌内注射：0.1 毫升/千克体重。1~2 次/天，连用 2~3 天。

林可霉素

林可霉素属林可胺类抗生素，属抑菌剂，敏感菌包括金黄色葡萄球菌（包括耐青霉素菌株）、链球菌、肺炎球菌、炭疽杆菌、猪丹毒丝菌、某些支原体（猪肺炎支原体、猪鼻支原体、猪滑液囊支原体）、钩端螺旋体和厌氧菌（如梭杆菌、破伤风梭菌、产气荚膜梭菌及大多数放线菌等）。

药物相互作用　与庆大霉素等合用时对葡萄球菌、链球菌等革兰氏阳性菌有协同作用。与氨基糖苷类和多肽类抗生素合用，可能增强对神经肌肉接头的阻滞作用。因作用部位相同，与红霉素合用，有拮抗作用。不宜与抑制肠道蠕动和含白陶土的止泻药合用。与卡那霉素、新生霉素等存在配伍禁忌。

1. 盐酸林可霉素片

【作用与用途】用于革兰氏阳性菌感染，亦可用于猪密螺旋体病和支原体等感染。

【用法与用量】以林可霉素计。肌内注射：一次量，10~15 毫克/千克体重。1~2 次/天，连用 3~5 天。

【不良反应】具有神经肌肉阻断作用。

【注意事项】猪用药后可能会出现胃肠道功能紊乱。

【休药期】猪 6 天。

2. 盐酸林可霉素可溶性粉

【作用与用途】【不良反应】【注意事项】同盐酸林可霉素片。

【用法与用量】以林可霉素计。混饮：一次量，40~70 毫克/升水。连用 7 天。

【休药期】5 天。

3. 盐酸林可霉素注射液

【作用与用途】【不良反应】同盐酸林可霉素片。

【用法与用量】以林可霉素计。肌内注射：一次量，10 毫克/升水。1 次/天，连用 3~5 天。

【注意事项】肌内注射给药可能会引起一过性腹泻或排软便。虽然极少见，如出现应采取必要的措施以防脱水。

【休药期】猪 2 天。

泰妙菌素

泰妙菌素高浓度下对敏感菌具有杀菌作用。泰妙菌素对支原体和猪痢疾密螺旋体具有良好的抗菌活性，对葡萄球菌、链球菌（D 群链球菌除外）在内的大多数革兰氏阳性菌也有较好的抗菌活性。对胸膜肺炎放线杆菌有一定作用，对多数革兰氏阴性菌的抗菌活性较弱。

本品与金霉素以 1∶4 配伍，可治疗猪细菌性肠炎、细菌性肺炎、密螺旋体性猪痢疾，对支原体性肺炎、支气管败血波氏杆菌和多杀性巴氏杆菌混合感染所引起的肺炎疗效显著。

药物相互作用 与莫能菌素、盐霉素、甲基盐霉素等聚醚类抗生素同用，可影响上述聚醚类抗生素的代谢，导致生长缓慢、运动失调、麻痹瘫痪，甚至死亡。与能结合细菌核糖体 50S 亚基的其他抗生素（如大环内酯类抗生素、林可霉素）合用，由于竞争相同作用位点，有可能导致药效降低。

1. 延胡索酸泰妙菌素可溶性粉

【作用与用途】截短侧耳素类抗生素。主要用于防治猪支原体肺炎、猪放线杆菌胸膜肺炎，也用于密螺旋体引起的猪痢疾（赤痢）和猪增生性肠炎（回肠炎）。

【用法与用量】以延胡索酸泰妙菌素计。混饮：45～60 毫克/升水。连用 5 天。

【不良反应】猪使用正常剂量，有时会出现皮肤红斑。应用过量，可引起猪短暂流涎、呕吐和中枢神经抑制。

【注意事项】（1）禁止与莫能菌素、盐霉素、甲基盐霉素等聚醚类抗生素合用。

（2）使用者避免药物与眼及皮肤接触。

（3）环境温度高于 40℃，含药饲料贮存期不得超过 7 天。

【休药期】猪 7 天。

2. 延胡索酸泰妙菌素预混剂

【作用与用途】【不良反应】【注意事项】【休药期】同延胡索酸泰妙菌素可溶性粉。

【用法与用量】以延胡索酸泰妙菌素计。混饲：40～100 克/1 000 千克饲料。连用 5～10 天。

硫酸黏菌素

黏菌素属多肽类抗菌药，对需氧菌及大肠杆菌、嗜血杆菌、克雷伯氏菌、巴氏杆菌、铜绿假单胞菌、沙门氏菌、志贺氏菌等革兰氏阴性菌有较强的抗菌作用。革兰氏阳性菌通常不敏感。与多黏菌素 B 之间有完全交叉耐药，但与其他抗菌药物之间无交叉耐药性。

药物相互作用　与肌松药和氨基糖苷类等神经肌肉阻滞剂合用可能引起肌无力和呼吸暂停。与螯合剂（EDTA）和阳离子清洁剂对铜绿假单胞菌有协同作用，常联合用于局部感染的治疗。

1. 硫酸黏菌素可溶性粉

【作用与用途】多肽类抗生素。主要用于治疗猪革兰氏阴性菌所致的肠道感染。

【用法与用量】以硫酸黏菌素计。混饮：40～200 毫克/升水。混饲：40～80 毫克/千克体重。

【不良反应】按规定的用法用量使用尚未见不良反应。

【注意事项】连续使用不宜超过 1 周。

【休药期】猪 7 天。

2. 硫酸黏菌素预混剂

【作用与用途】【休药期】同硫酸黏菌素可溶性粉。

【用法与用量】以硫酸黏菌素计。混饲：75~100 克/1 000 千克饲料。

【不良反应】内服或局部给药时猪对黏菌素的耐受性很好，但全身应用可引起肾毒性、神经毒性和神经肌肉阻断效应，黏菌素的毒性比多黏菌素 B 小。

【注意事项】(1) 超剂量使用可能引起肾功能损伤。

(2) 经口给药吸收极少，不宜用于全身感染性疾病的治疗。

3. 硫酸黏菌素注射液

【作用与用途】多肽类抗生素。用于治疗哺乳期仔猪大肠埃希菌病。

【用法与用量】以硫酸黏菌素计。肌内注射：一次量，哺乳期仔猪 2~4 毫克/千克体重。2 次/天，连用 3~5 天。

【不良反应】(1) 多黏菌素全身应用可引起肾毒性、神经毒性和神经肌肉阻断效应。

(2) 与能引起肾功能损伤的药物合用，可增强其毒性。

【注意事项】(1) 不能与碱性物质一起使用。

(2) 本品毒性大，安全范围窄，应严格按照推荐剂量使用。

【休药期】猪 28 天。

那西肽

那西肽属于畜禽专用抗生素。对革兰氏阳性菌的抗菌活性较强，如葡萄球菌、梭状芽孢杆菌对其敏感。作用机制是抑制细菌蛋白质合成，低浓度抑菌，高浓度杀菌。对猪有促进生长、提高饲料转化率的作用。

那西肽预混剂

【作用与用途】抗生素类药。用于猪促生长，可提高饲料转化率。

【用法与用量】以那西肽计。混饲：2.5~20 克/1 000 千克饲料。

【不良反应】按规定的用法与用量使用尚未见不良反应。

【注意事项】仅用于 70 千克以下的猪（育成种猪除外）。

【休药期】猪 7 天。

二、化学合成抗菌素

磺胺嘧啶

磺胺嘧啶属广谱抗菌药，通过与对氨基苯甲酸竞争二氢叶酸合成酶，从而阻碍敏感菌叶酸的合成而发挥抑菌作用。对大多数革兰氏阳性菌和部分革兰氏阴性菌有效，对球虫、弓形虫等也有效，但对螺旋体、立克次体、结核杆菌等无作用。对磺胺嘧啶较敏感的病原菌有：链球菌、肺炎球菌、沙门氏菌、化脓棒状杆菌、大肠杆菌等；一般敏感的有：葡萄球菌、变形杆菌、巴氏杆菌、产气荚膜杆菌、肺炎杆菌、炭疽杆菌、铜绿假单胞菌等。

磺胺嘧啶在使用过程中，因剂量和疗程不足等原因，使细菌易产生耐药性，尤以葡萄球菌最易产生，大肠杆菌、链球菌等次之。细菌对磺胺嘧啶产生耐药性后，对其他的磺胺类药也可产生不同程度的交叉耐药性，但与其他抗菌药之间无交叉耐药现象。

药物相互作用　磺胺嘧啶与苄胺嘧啶类（如 TMP）合用，可产生协同作用。某些含对氨基苯甲酰基的药物如普鲁卡因、丁卡因等在体内可生成对氨基苯甲酸（PABA），酵母片中含有细菌代谢所需要的 PABA，可降低本药作用，因此不宜合用。与噻嗪类或速尿等利尿剂同用，可加重肾毒性。

1. 磺胺嘧啶片

【作用与用途】主要用于治疗敏感菌引起的消化道、呼吸道感染及乳腺炎、子宫内膜炎等疾病，如大肠杆菌、沙门氏菌引起的腹泻，多杀性巴氏杆菌引起的猪肺疫、猪链球菌病等，也可用于弓形虫感染。

【用法与用量】以磺胺嘧啶计。内服：一次量，首次 140~200 毫克/千克体重，维持量减半。2 次/天，连用 3~5 天。

【不良反应】磺胺嘧啶或其代谢物可在尿液中产生沉淀，在高剂量和长期给药时更易产生结晶，引起结晶尿、血尿或肾小管堵塞。

【注意事项】（1）本品遇酸类可析出结晶，故不宜用 5%葡萄糖液稀释。

（2）长期或大剂量应用易引起结晶尿，应同时给予等量的碳酸氢钠，并给猪大量饮水。

（3）若出现过敏反应或其他严重不良反应时，立即停药，并给予对症治疗。

（4）可引起肠道菌群失调，长期用药可引起 B 族维生素和维生素 K 的合成和吸收减少，宜补充相应的维生素。

【休药期】猪5天。

2. 磺胺嘧啶钠注射液

【作用与用途】同磺胺嘧啶片。

【用法与用量】以磺胺嘧啶计。静脉注射：一次量，0.05~0.1克/千克体重，1~2次/天，连用2~3天。

【不良反应】(1) 磺胺嘧啶或其代谢物可在尿液中产生沉淀，在高剂量和长期给药时更易产生结晶，引起结晶尿、血尿或肾小管堵塞。

(2) 急性中毒多发生于静脉注射时，速度过快或剂量过大。主要表现为神经兴奋、共济失调、肌无力、呕吐、昏迷、厌食和腹泻等。

【注意事项】(1) 本品遇酸类可析出结晶，故不宜用5%葡萄糖液稀释。

(2) 长期或大剂量应用易引起结晶尿，应同时给予等量的碳酸氢钠，并给猪大量饮水。

(3) 若出现过敏反应或其他严重不良反应时，立即停药，并给予对症治疗。

(4) 不可与四环素、卡那霉素、林可霉素等配伍应用。

【休药期】猪10天。

复方磺胺嘧啶钠

复方磺胺嘧啶钠属广谱抑菌剂，对大多数革兰氏阳性菌和部分革兰氏阴性菌有效，对球虫、弓形体等也有效。磺胺嘧啶与甲氧苄啶二者合用可产生协同作用，可使细菌叶酸的代谢受到双重阻断，增强抗菌效果。磺胺药的作用可被能代谢成对氨基苯甲酸的药物如普鲁卡因、丁卡因所拮抗。此外，脓液以及组织分解产物也可提供细菌生长的必需物质，与磺胺药产生拮抗作用。

药物相互作用　某些含对氨基苯甲酰基的药物如普鲁卡因、丁卡因等在体内可生成对氨基苯甲酸，酵母片中含有细菌代谢所需要的对氨基苯甲酸，可降低本药作用，因此不宜合用。与噻嗪类或速尿等利尿剂同用，可加重肾毒性。磺胺类药物通常可以置换以下高蛋白结合率的药物，如甲氨蝶呤、保泰松、噻嗪类利尿药、水杨酸盐、丙磺舒、苯妥因，虽然这些相互作用临床意义还不完全清楚，但必须对被置换药物的增强作用进行监测。抗酸药与磺胺类药物合用，可降低其生物利用度。

复方磺胺嘧啶钠注射液

【作用与用途】磺胺类抗菌药。用于敏感菌及弓形虫感染。

【用法与用量】以磺胺嘧啶钠计。肌内注射：一次量，20~30毫克/千克体重，1~2次/天，连用2~3天。

【不良反应】急性反应如过敏反应，慢性反应表现为粒细胞减少、血小板减少、肝脏损害、肾脏损害及中枢神经毒性反应。易在尿中沉积，长期或大剂量应用易引起结晶尿。

【注意事项】（1）本品遇酸类可析出结晶，故不宜用5%葡萄糖液稀释。

（2）长期或大剂量应用，应同时应用碳酸氢钠，并给患畜大量饮水。

（3）若出现过敏反应或其他严重不良反应时，立即停药，并给予对症治疗。

【休药期】猪10天。

磺胺对甲氧嘧啶

磺胺对甲氧嘧啶对革兰氏阳性菌如化脓性链球菌、沙门氏菌和肺炎杆菌等均有良好的抗菌作用。磺胺药的作用可被对氨基苯甲酸及其衍生物（普鲁卡因、丁卡因）所拮抗。此外，脓液以及组织分解产物也可提供细菌生长的必需物质，与磺胺药产生拮抗作用。本品抗菌作用较磺胺嘧啶稍弱，但对球虫和弓形虫有良好的抑制作用。

药物相互作用　磺胺嘧啶与二氨基嘧啶类（抗菌增效剂）合用，可产生协同作用。某些含对氨基苯甲酰基的药物如普鲁卡因、丁卡因等在体内可生成PABA，酵母片中含有细菌代谢所需要的PABA，可降低本药作用，因此不宜合用。与噻嗪类或速尿等利尿剂同用，可加重肾毒性。

磺胺对甲氧嘧啶片

【作用与用途】磺胺类抗菌药。主要用于敏感菌感染引起的尿道感染，生殖、呼吸系统及皮肤感染等，也可用于球虫病。

【用法与用量】以磺胺对甲氧嘧啶计。内服：一次量，首次量50~100毫克/千克体重，维持量减半。1~2次/天，连用3~5天。

【不良反应】磺胺对甲氧嘧啶或其代谢物可在尿液中产生沉淀，在高剂量和长期给药时更易产生结晶，引起结晶尿、血尿或肾小管堵塞。

【注意事项】（1）易在泌尿道中析出结晶，应给猪大量饮水。大剂量、长期应用时宜同时给予等量的碳酸氢钠。

（2）肾功能受损时，排泄缓慢，应慎用。

（3）可引起肠道菌群失调，长期用药可引起B族维生素、维生素K的合成和吸收减少，宜补充相应的维生素。

（4）注意交叉过敏反应。在猪出现过敏反应时，立即停药并给予对症治疗。

【休药期】猪 28 天。

复方磺胺对甲氧嘧啶（钠）

复方磺胺对甲氧嘧啶（钠）对革兰氏阳性菌均有良好的抗菌作用。磺胺药在结构上类似对氨基苯甲酸，可与对氨基苯甲酸竞争细菌体内的二氢叶酸合成酶，阻碍二氢叶酸的合成，最终影响核酸的合成，抑制细菌的生长繁殖。磺胺药的作用可被对氨基苯甲酸及其衍生物（普鲁卡因、丁卡因）所拮抗。此外，脓液以及组织分解产物也可提供细菌生长的必需物质，与磺胺药产生拮抗作用。甲氧苄啶属于抗菌增效剂，可以抑制二氢叶酸还原酶的活性。二者合用可产生协同作用，增强抗菌效果。

药物相互作用　某些含对氨基苯甲酰基的药物，如普鲁卡因、丁卡因等在体内可生成对氨基苯甲酸，酵母片中含有细菌代谢所需要的对氨基苯甲酸，可降低本药作用，因此不宜合用。与噻嗪类或速尿等剂同用，可加重肾毒性。与抗凝血剂合用时，甲氧苄啶和磺胺类药物可延长其凝血时间。抗酸药与磺胺类药物合用，可降低其生物利用度。

1. 复方磺胺对甲氧嘧啶片

【作用与用途】磺胺类抗菌药。能双重阻断细菌叶酸代谢，增强抗菌效力。主要用于敏感菌引起的泌尿道、呼吸道及皮肤软组织等感染。

【用法与用量】以磺胺对甲氧嘧啶计。内服：一次量，20~25 毫克/千克体重。2~3 次/天，连用 3~5 天。

【不良反应】急性反应如过敏反应，慢性反应表现为粒细胞减少、血小板减少、肝脏损害、肾脏损害及毒性反应。

【注意事项】（1）本品遇酸类可析出结晶，故不宜用 5%葡萄糖液稀释。

（2）长期或大剂量应用易引起结晶尿，应同时应用碳酸氢钠，并给猪大量饮水。

（3）若出现过敏反应或其他严重不良反应时，立即停药，并给予对症治疗。

（4）肾功能受损失，排泄缓慢，应慎用。

（5）可引起肠道菌群失调，长期用药可引起 B 族维生素、维生素 K 的合成和吸收减少，宜补充相应的维生素。

【休药期】猪 28 天。

2. 复方磺胺对甲氧嘧啶钠注射液

【作用与用途】【不良反应】【注意事项】【休药期】同复方磺胺对甲氧嘧啶片。

【用法与用量】以磺胺对甲氧嘧啶钠计。肌内注射：一次量，15~20毫克/千克体重。1~2次/天，连用2~3天。

磺胺间甲氧嘧啶

磺胺间甲氧嘧啶属于广谱抗菌药物，是体内外抗菌活性最强的磺胺药，对大多数革兰氏阳性菌和阴性菌都要较强抑制作用，细菌对此药产生耐药性较慢。对革兰氏阳性菌和阴性菌如化脓性链球菌、沙门氏菌和肺炎杆菌等均有良好的抗菌作用。磺胺药的作用可被PABA及其衍生物（普鲁卡因、丁卡因）所拮抗，此外脓液以及组织分解产物也可提供细菌生长的必需物质，与磺胺药产生拮抗作用。

药物相互作用　磺胺间甲氧嘧啶与二氨基嘧啶类（抗菌增效剂）合用，可产生协同作用。某些含对氨基苯甲酰基的药物如普鲁卡因、丁卡因等在体内可生成PABA，酵母片中含有细菌代谢所需要的PABA，可降低本药作用，因此不宜合用。与噻嗪类或速尿等利尿剂同用，可加重肾毒性。

1. 磺胺间甲氧嘧啶片

【作用与用途】磺胺类抗菌药。主要用于敏感菌所引起的呼吸道、消化道、泌尿道感染及球虫病、猪弓形虫病等。

【用法与用量】以磺胺间甲氧嘧啶计。内服：一次量，首次量50~100毫克/千克体重，维持量减半。2次/天，连用3~5天。

【不良反应】磺胺或其代谢物可在尿液中产生沉淀，在高剂量和长期给药时更易产生结晶，引起结晶尿、血尿或肾小管堵塞。

【注意事项】（1）肾功能受损失，排泄缓慢，应慎用。

（2）长期或大剂量应用易引起结晶尿，应同时应用等量的碳酸氢钠，并给猪大量饮水。

（3）可引起肠道菌群失调，长期用药可引起B族维生素、维生素K的合成和吸收减少，宜补充相应的维生素。

（4）若出现过敏反应或其他严重不良反应时，立即停药，并给予对症治疗。

【休药期】猪28天。

2. 磺胺间甲氧嘧啶粉

【作用与用途】【休药期】同磺胺间甲氧嘧啶片。

【用法与用量】以磺胺间甲氧嘧啶计。内服：一次量，首次量 50~100 毫克/千克体重，维持量减半。2 次/天，连用 3~5 天。

【不良反应】长期使用可损害肾脏和神经系统，影响增重，并可能发生磺胺药中毒。

【注意事项】(1) 连续用药不宜超过 1 周。

(2) 长期使用应同时服用碳酸氢钠，以碱化尿液。

(3) 本品忌与酸性药物如维生素 C、氯化钙、青霉素等配伍。

(4) 磺胺药可引起肠道菌群失调，B 族维生素、维生素 K 的合成和吸收减少，此时宜补充相应的维生素。

(5) 长期使用，可影响叶酸的代谢和利用，应注意添加叶酸制剂。

3. 磺胺间甲氧嘧啶钠注射液

【作用与用途】【休药期】同磺胺间甲氧嘧啶片。

【用法与用量】以磺胺间甲氧嘧啶钠计。静脉注射：一次量，50 毫克/千克体重。1~2 次/天，连用 2~3 天。

【不良反应】(1) 磺胺或其代谢物可在尿液中产生沉淀，在高剂量和长期给药时更易产生结晶，引起结晶尿、血尿或肾小管堵塞。

(2) 磺胺注射液为强碱性溶液，对组织有强刺激性。

【注意事项】(1) 本品遇酸类可析出结晶，故不宜用 5%葡萄糖液稀释。

(2) 长期或大剂量应用易引起结晶尿，应同时应用碳酸氢钠，并给猪大量饮水。

(3) 若出现过敏反应或其他严重不良反应时，立即停药，并给予对症治疗。

4. 复方磺胺间甲氧嘧啶注射液

【作用与用途】【不良反应】【注意事项】【休药期】同磺胺间甲氧嘧啶注射液。

【用法与用量】以磺胺间甲氧嘧啶计。肌内注射：20 毫克/千克体重。1 次/天，连用 3 天。

5. 复方磺胺间甲氧嘧啶预混剂

【作用与用途】【休药期】同磺胺间甲氧嘧啶注射液。

【用法与用量】以磺胺间甲氧嘧啶计。混饲：200~250 克/1 000 千克饲料。

【不良反应】长期或大量使用可损害肾脏和神经系统，影响增重，并可能发生磺胺类药物中毒。

【注意事项】(1) 连续用药不应超过1周。

(2) 长期使用应同时服用碳酸氢钠，以碱化尿液。

6. 复方磺胺间甲氧嘧啶钠注射液

【作用与用途】【不良反应】【休药期】同磺胺间甲氧嘧啶钠注射液。

【用法与用量】以磺胺间甲氧嘧啶钠计。肌内注射：一次量，20~30毫克/千克体重。1~2次/天，连用2~3天。

【注意事项】(1) 本品不宜与乌洛托品合用。

(2) 肝肾功能受损猪慎用。

(3) 肌内注射有局部刺激性。

(4) 妊娠及哺乳的猪慎用。

7. 复方磺胺间甲氧嘧啶钠粉

【作用与用途】【不良反应】【注意事项】【休药期】同复方磺胺间甲氧嘧啶预混剂。

【用法与用量】以磺胺间甲氧嘧啶钠计。内服：一次量，20~25毫克/千克体重。2次/天，连用3~5天。

磺胺二甲嘧啶

磺胺二甲嘧啶对革兰氏阳性菌和阴性菌如化脓性链球菌、沙门氏菌和肺炎杆菌等均有良好的抗菌作用。磺胺药的作用可被PABA及其衍生物（普鲁卡因、丁卡因）所拮抗。此外脓液以及组织分解产物也可提供细菌生长的必需物质，与磺胺药产生拮抗作用。本品抗菌作用较磺胺嘧啶稍弱，但对球虫和弓形虫有良好的抑制作用。

药物相互作用　磺胺二甲嘧啶与苄胺嘧啶类（抗菌增效剂）合用，可产生协同作用。某些含对氨基苯甲酰基的药物如普鲁卡因、丁卡因等在体内可生成PABA，酵母片中含有细菌代谢所需要的PABA，可降低本药作用，因此不宜合用。与噻嗪类或速尿等利尿剂同用，可加重肾毒性。

1. 磺胺二甲嘧啶片

【作用与用途】磺胺类抗菌药。用于敏感菌感染，也可用于球虫和弓形虫感染。

【用法与用量】以磺胺二甲嘧啶计。内服：一次量，首次量140~200毫克/千克体重，维持量减半。1~2次/天，连用3~5天。

【不良反应】(1) 磺胺或其代谢物可在尿液中产生沉淀，在高剂量和长期给药时更易产生结晶，引起结晶尿、血尿或肾小管堵塞。

(2) 犬的主要不良反应包括：干性角膜结膜炎、呕吐、食欲不振、腹泻、发热、荨麻疹、多发性关节炎等。长期治疗还可能引起甲状腺机能减退。猫多表现为食欲不振、白细胞减少和贫血。马静脉注射可引起暂时性麻痹，内服可能产生腹泻。

(3) 磺胺注射液为强碱性溶液，肌内注射对组织有强刺激性。

【注意事项】(1) 易在尿道中析出结晶，应给予猪大量饮水。大剂量、长期应用时宜同时给予等量的碳酸氢钠。

(2) 肾功能受损时，排泄缓慢，应慎用。

(3) 可引起肠道菌群失调，长期用药可引起 B 族维生素、维生素 K 的合成和吸收减少，宜补充相应的维生素。

(4) 出现过敏反应或其他严重不良反应时，立即停药，并给予对症治疗。

【休药期】猪 15 天。

2. 磺胺二甲嘧啶钠注射液

【作用与用途】同磺胺二甲嘧啶片。

【用法与用量】以磺胺二甲嘧啶钠计。静脉注射：一次量，50~100 毫克/千克体重。1~2 次/天，连用 3~5 天。

【不良反应】(1) 磺胺或其代谢物可在尿液中产生沉淀，在高剂量和长期给药时更易产生结晶，引起结晶尿、血尿或肾小管堵塞。

(2) 磺胺注射液为强碱性溶液，对组织有强刺激性。

【注意事项】(1) 易在尿道中析出结晶，应给予猪大量饮水。大剂量、长期应用时宜同时给予等量的碳酸氢钠。

(2) 肾功能受损时，排泄缓慢，应慎用。

(3) 本品遇酸类可析出结晶，故不宜用 5% 葡萄糖液稀释。

(4) 出现过敏反应或其他严重不良反应时，立即停药，并给予对症治疗。

【休药期】猪 28 天。

3. 复方磺胺二甲嘧啶片

【作用与用途】磺胺类抗菌药。用于治疗仔猪黄痢、白痢。

【用法与用量】以磺胺二甲嘧啶计。内服：仔猪 25~50 毫克/千克体重。2 次/天，连用 3 天。

【不良反应】长期或大量使用可损害肾脏和神经系统，影响增重，并可能发生磺胺药中毒。

【注意事项】连续用药不宜超过 1 周。

【休药期】猪 15 天。

4. 复方磺胺二甲嘧啶钠注射液

【作用与用途】磺胺类抗菌药。主要用于治疗猪敏感菌感染，如巴氏杆菌病、乳腺炎、子宫内膜炎、呼吸道及消化道感染。

【用法与用量】以磺胺二甲嘧啶钠计。肌内注射：30 毫克/千克体重。1 次/2 天。

【不良反应】长期或大量使用可损害肾脏和神经系统，影响增重，并可能发生磺胺药中毒。

【注意事项】连续用药不宜超过 1 周。

【休药期】猪 28 天。

磺胺甲噁唑

磺胺甲噁唑对革兰氏阳性菌和阴性菌如化脓性链球菌、沙门氏菌和肺炎杆菌等均有良好的抗菌作用。磺胺药的作用可被 PABA 及其衍生物（普鲁卡因、丁卡因）所拮抗，此外脓液以及组织分解产物也可提供细菌生长的必需物质，与磺胺药产生拮抗作用。本品抗菌作用较磺胺嘧啶稍弱，但对球虫和弓形虫有良好的抑制作用。

药物相互作用　磺胺甲噁唑与二氨基嘧啶类（抗菌增效剂）合用，可产生协同作用。对氨苯甲酸及其衍生物如普鲁卡因、丁卡因等在体内可生成 PABA，酵母片中含有细菌代谢所需要的 PABA，可降低本药作用，因此不宜合用。与噻嗪类或速尿等利尿剂同用，可加重肾毒性。与口服抗凝药、苯妥英钠、硫喷妥钠等药物合用时，磺胺药物可置换这些药物与血浆蛋白结合，或抑制其代谢，使上诉药物的作用增强甚至产生毒性反应，因此需调整其剂量。具有肝毒性药物与磺胺药物合用时，可能引起肝毒性发生率增高。故应监测肝功能。

1. 磺胺甲噁唑片

【作用与用途】磺胺类抗菌药。用于治疗敏感细菌引起的猪呼吸道、消化道、泌尿道等感染。

【用法与用量】以磺胺甲噁唑计。内服：一次量，首次量 50~100 毫克/千克体重，维持量减半。2 次/天，连用 3~5 天。

【不良反应】磺胺或其代谢物可在尿液中产生沉淀，在高剂量和长期给药时更易产生结晶，引起结晶尿、血尿或肾小管堵塞。

【注意事项】（1）易在泌尿道中析出结晶，应给猪大量饮水。大剂量、长期应用时宜同时给予等量的碳酸氢钠。

（2）肾功能受损时，排泄缓慢，应慎用。

（3）可引起肠道菌群失调，长期用药可引起 B 族维生素、维生素 K 的合成和吸收减少，宜补充相应的维生素。

（4）注意交叉过敏反应。在猪出现过敏反应时，立即停药并给予对症治疗。

【休药期】猪 28 天。

2. 复方磺胺甲噁唑片

【作用与用途】磺胺类抗菌药。能双重阻断细菌叶酸代谢，增强抗菌效力。用于敏感菌引起猪的呼吸道、泌尿道等感染。

【用法与用量】以磺胺甲噁唑计。内服：一次量，25~50 毫克/千克体重。2 次/天，连用 3~5 天。

【不良反应】主要表现为急性反应如过敏反应，慢性反应表现为粒细胞减少、血小板减少、肝脏损害、肾脏损害及中枢神经毒性反应。

【注意事项】（1）对磺胺类药物有过敏史的猪禁用。

（2）易在泌尿道中析出结晶，应给猪大量饮水。大剂量、长期应用时宜同时给予等量的碳酸氢钠。

（3）肾功能受损时，排泄缓慢，应慎用。

（4）可引起肠道菌群失调，长期用药可引起 B 族维生素、维生素 K 的合成和吸收减少，宜补充相应的维生素。

（5）在猪出现过敏反应时，立即停药并给予对症治疗。

【休药期】猪 28 天。

磺胺脒

磺胺脒属于磺胺类抗菌药物，对大多数革兰氏阳性菌和阴性菌都有较强抑制作用。本品内服吸收很少。对革兰氏阳性菌和阴性菌如化脓性链球菌、沙门氏菌和肺炎球菌等均有良好的抗菌作用。磺胺药在结构上类似对氨基苯甲酸，可与对氨基苯甲酸竞争细菌体内的二氢叶酸合成酶，阻碍二氢叶酸的合成，最终影响核酸的合成，抑制细菌的生长繁殖。

药物相互作用　与苄氨嘧啶类（抗菌增效剂）合用，可产生协同作用。某些含对氨基苯甲酰基的药物如普鲁卡因、丁卡因等在体内可生成对氨基苯甲酸，酵母片中也含有细菌代谢所需要的对氨基苯甲酸，合用可降低本品作用。

磺胺脒片

【作用与用途】磺胺类抗菌药。用于肠道细菌性感染。

【用法与用量】以磺胺脒计。内服：一次量，100~200 毫克/千克体重。2 次/天，连用 3~5 天。

【不良反应】长期服用可能影响胃肠道菌群，引起消化道功能紊乱。

【注意事项】（1）新生 1~2 日龄仔猪的肠内吸收率高于幼龄猪。

（2）不宜长期服用，注意观察胃肠道功能。

【休药期】猪 28 天。

磺胺噻唑

磺胺噻唑属广谱抑菌剂，通过与对氨基苯甲酸竞争二氢叶酸合成酶，从而阻碍敏感菌叶酸的合成而发挥抑菌作用。对大多数革兰氏阳性菌和部分革兰氏阴性菌有效。对磺胺噻唑较敏感的病原菌有：链球菌、肺炎球菌、沙门氏菌、化脓棒状杆菌、大肠杆菌等；一般敏感的有：葡萄球菌、变形杆菌、巴氏杆菌、产气荚膜梭菌、肺炎杆菌、炭疽杆菌、铜绿假单胞菌等。

药物相互作用　磺胺噻唑与苄氨嘧啶类（如 TMP）合用，可产生协同作用。对氨苯甲酸及其衍生物如普鲁卡因、丁卡因等在体内可生成 PABA，酵母片中含有细菌代谢所需要的 PABA，可降低本药作用，因此不宜合用。与噻嗪类或速尿等利尿剂同用，可加重肾毒性。

1. 磺胺噻唑片

【作用与用途】磺胺类抗菌药。用于敏感菌感染。

【用法与用量】以磺胺噻唑计。内服：一次量，首次量 140~200 毫克/千克体重，维持量减半。2~3 次/天，连用 3~5 天。

【不良反应】（1）泌尿系统损伤，出现结晶尿、血尿和蛋白尿等。

（2）抑制胃肠道菌群，导致消化系统障碍等。

（3）破坏造血机能，出现溶血性贫血、凝血时间延长和毛细血管渗血。

（4）幼龄猪免疫系统抑制、免疫器官出血及萎缩。

【注意事项】磺胺噻唑及其代谢产物乙酰磺胺噻唑的水溶性比原药低，排泄时容易在肾小管析出结晶，尤其是在酸性尿中。因此，应与适量碳酸氢钠同服。

【休药期】猪 28 天。

2. 磺胺噻唑钠注射液

【作用与用途】【休药期】同磺胺噻唑片。

【用法与用量】以磺胺噻唑钠计。静脉注射：一次量，50~100 毫克/千克体重。2 次/天，连用 2~3 天。

【不良反应】表现为急性和慢性中毒两类。

（1）急性中毒：多发生于静脉注射其钠盐时，速度过快或剂量过大。主要表现为神经兴奋、共济失调、肌无力、呕吐、昏迷、厌食和腹泻等。牛、山羊还可见到视觉障碍、散瞳。

（2）慢性中毒：主要由于剂量偏大、用药时间过长而引起。主要症状为：泌尿系统损伤，出现结晶尿、血尿和蛋白尿等；抑制胃肠道菌群，导致消化系统障碍等；造血机能破坏，出现溶血性贫血、凝血时间延长和毛细血管渗血；幼龄猪免疫系统抑制免疫器官出血及萎缩。

【注意事项】（1）本品遇酸类可析出结晶，故不宜用 5% 葡萄糖液稀释。

（2）长期或大剂量应用易引起结晶尿，应同时应用碳酸氢钠，并给猪大量饮水。

（3）若出现过敏反应或其他严重不良反应时，立即停药，并给予对症治疗。

酞磺胺噻唑

酞磺胺噻唑内服后不易吸收，并在肠内逐渐释放出磺胺噻唑，通过抑制敏感菌的二氢叶酸合成酶，使二氢叶酸合成受阻进而呈现抑菌作用。

药物相互作用　与二氨基嘧啶类（抗菌增效剂）合用，可产生协同作用。某些含对氨基苯甲酰基的药物如普鲁卡因、丁卡因等在体内可生成对氨基苯甲酸，酵母片中含有细菌代谢所需要的对氨基苯甲酸，可降低本药作用，因此不宜合用。与噻嗪类或呋塞米等利尿剂同用，可加重肾毒性。

酞磺胺噻唑片

【作用与用途】磺胺类抗菌药。主要用于肠道细菌感染。

【用法与用量】以酞磺胺噻唑计。内服：一次量，100~150 毫克/千克体重。2 次/天，连用 3~5 天。

【不良反应】长期服用可能影响胃肠道菌群，引起消化道功能紊乱。

【注意事项】（1）新生仔猪（1~2 日龄仔猪等）的肠内吸收率高于幼龄猪。

（2）不宜长期服用，注意观察胃肠道功能。

【休药期】猪 28 天。

蒽诺沙星

蒽诺沙星属氟喹诺酮类动物专用的广谱杀菌药。对大肠杆菌、沙门氏菌、克雷伯氏菌、布鲁氏菌、巴氏杆菌、胸膜肺炎放线杆菌、丹毒杆菌、变形杆菌、黏质沙雷氏菌、化脓性棒状杆菌、败血波特氏菌、金黄色葡萄球菌、支原体、衣原体等均有良好作用，对铜绿假单胞菌和链球菌的作用较弱，对厌氧菌作用微弱。对敏感菌有明显的抗菌后效应。

药物相互作用　本品与氨基糖苷类或广谱青霉素合用，有协同作用。Ca^{2+}、Mg^{2+}、Fe^{3+}和Al^{3+}等重金属离子可与本品发生螯合，影响吸收。与茶碱、咖啡因合用时，可使血浆蛋白结合率降低，血中茶碱、咖啡因的浓度异常升高，甚至出现茶碱中毒症状。本品有抑制肝药酶作用，可使主要在肝脏中代谢药物的清除率降低，血药浓度升高。

蒽诺沙星注射液

【作用与用途】氟喹诺酮类抗菌药。用于猪细菌性疾病和支原体感染。

【用法与用量】以蒽诺沙星计。肌内注射：一次量，2.5 毫克/千克体重。1~2 次/天，连用 2~3 天。

【不良反应】（1）使幼龄猪软骨发生变性，影响骨骼发育并引起跛行及疼痛。

（2）消化系统的反应有食欲不振、腹泻等。

（3）皮肤反应有红斑、瘙痒、荨麻疹及光敏反应等。

【注意事项】（1）多中枢系统有潜在的兴奋作用，诱导癫痫发作。

（2）肾功能不良猪慎用，可偶发结晶尿。

（3）本品耐药菌株呈增多趋势，不应在亚治疗剂量下长期使用。

【休药期】猪 10 天。

甲磺酸达氟沙星

甲磺酸达氟沙星属于动物专用氟喹诺酮类药物，通过作用于细菌的 DNA 旋转酶亚单位，抑制细菌 DNA 复制和转录而产生杀菌作用。对大肠埃希菌、沙门氏菌、志贺氏菌等肠杆菌科的革兰氏阴性菌具有极好的抗菌活性；对葡萄球菌、支原体等具有良好至中等程度的抗菌活性；对链球菌（尤其是 D 群）、肠球菌、厌氧菌几乎无或没有抗菌活性

药物相互作用　与氨基糖苷类、广谱青霉素合用有协同抗菌作用。Ca^{2+}、Mg^{2+}、Fe^{3+}和Al^{3+}等金属离子与本品可发生螯合作用，影响其吸收。对肝药酶

有抑制作用，使其他药物（如茶碱、咖啡因）的代谢下降，清除率降低，血药浓度升高，甚至出现中毒症状。与丙磺舒合用可因竞争同一转运载体而抑制了其在肾小管的排泄，半衰期延长。

甲磺酸达氟沙星注射液

【作用与用途】氟喹诺酮类抗菌药。主要用于猪细菌及支原体感染。

【用法与用量】以达氟沙星计。肌内注射：一次量，1.25~2.5 毫克/千克体重。1 次/天，连用 3 天。

【不良反应】（1）使幼龄猪软骨发生变性，影响骨骼发育并引起跛行及疼痛。

（2）消化系统的反应有呕吐、食欲不振、腹泻等。

（3）皮肤反应有红斑、瘙痒、荨麻疹及光敏反应等。

【注意事项】（1）勿与含铁制剂在同一日内使用。

（2）孕猪及哺乳母猪禁用。

【休药期】猪 25 天。

乙酰甲喹

乙酰甲喹属于喹噁啉类抗菌药物，通过抑制菌体的 DNA 合成，对多数细菌具有较强的广谱抗菌作用，对革兰氏阴性菌作用更强，对猪痢疾密螺旋体有独特疗效。

1. 乙酰甲喹片

【作用与用途】抗菌药。主要用于密螺旋体所致的猪痢疾，也用于猪肠道细菌性感染等。

【用法与用量】以乙酰甲喹计。内服：一次量，50~100 毫克/千克体重。

【不良反应】按规定的用法与用量使用尚未见不良反应。

【注意事项】剂量高于临床治疗量 3~5 倍时，或长时间应用会引起毒性反应，甚至死亡。

【休药期】猪 35 天。

2. 乙酰甲喹注射液

【作用与用途】【不良反应】【注意事项】【休药期】同乙酰甲喹片。

【用法与用量】以乙酰甲喹计。肌内注射：一次量，2~5 毫克/千克体重。

第二节　抗寄生虫药

一、驱线虫药

阿苯达唑

阿苯达唑具有广谱驱虫作用。线虫对其敏感，对绦虫、吸虫也有较强作用（但需较大剂量），对血吸虫无效。作用机理主要是与线虫的微管蛋白结合发挥作用。阿苯达唑对线虫微管蛋白的亲和力显著高于哺乳动物的微管蛋白，因此对哺乳动物的毒性很小。本品不但对成虫作用强，对未成熟虫体和幼虫也有较强作用，还有杀虫卵作用。

药物相互作用　阿苯达唑与吡喹酮合用可提高前者的血药浓度。

阿苯达唑片

【作用与用途】抗蠕虫药。用于猪线虫病、绦虫病和吸虫病。

【用法与用量】以阿苯达唑计。内服：一次量，5~10 毫克/千克体重。

【不良反应】对妊娠早期母猪有致畸和胚胎毒性作用。

【注意事项】本品不用于妊娠前期 45 天的母猪。

【休药期】猪 7 天。

阿苯达唑粉

【作用与用途】【用法与用量】【不良反应】【注意事项】【休药期】同阿苯达唑片。

阿苯达唑混悬液

【作用与用途】【用法与用量】【不良反应】【注意事项】【休药期】同阿苯达唑片。

阿苯达唑颗粒

【作用与用途】【用法与用量】【不良反应】【注意事项】【休药期】同阿苯达唑片。

芬苯达唑

芬苯达唑为苯并咪唑类抗蠕虫药，抗虫谱不如阿苯达唑广，作用略强。对猪的红色猪圆线虫、蛔虫、食道口线虫成虫及幼虫有效。对猪胃肠道和呼吸道线虫有良效。

芬苯达唑片

【作用与用途】抗蠕虫药。用于猪线虫病和绦虫病。

【用法用量】以芬苯达唑计。内服：一次量，5~7.5毫克/千克体重。

【不良反应】在推荐剂量下使用，一般不会产生不良反应。由于死亡的寄生虫释放抗原，可继发产生过敏性反应，特别是在高剂量时。

【注意事项】可能伴有致畸胎和胚胎毒性的作用，妊娠前期禁用。

【休药期】猪3天。

芬苯达唑粉

【作用与用途】【用法与用量】【不良反应】【注意事项】【休药期】同芬苯达唑片。

芬苯达唑颗粒

【作用与用途】【用法与用量】【不良反应】【注意事项】【休药期】同芬苯达唑片。

奥苯达唑

奥苯达唑属于苯并咪唑类抗线虫药。线虫对其敏感，对绦虫、吸虫也有较强作用（但需较大剂量），对血吸虫无效。作用机理主要是与线虫的微管蛋白结合发挥作用。

药物相互作用　与吡喹酮合用可提高前者的血药浓度。

奥苯达唑片

【作用与用途】抗蠕虫药。用于猪胃肠道线虫病。

【用法与用量】以奥苯达唑计。内服：一次量，猪10毫克/千克体重。

【不良反应】按规定的用法与用量使用尚未见不良反应。

【注意事项】不用于妊娠前期45天的母猪。

【休药期】28天。

奥芬达唑

奥芬达唑为芬苯达唑的衍生物，属广谱、高效、低毒的新型抗蠕虫药，作用机理主要是与线虫的微管蛋白结合发挥作用。其驱虫谱不如阿苯达唑广，大致与芬苯达唑相同，但驱虫活性更强。

奥芬达唑片

【作用与用途】抗蠕虫药。主要用于猪的线虫病和绦虫病。

【用法与用量】以奥芬达唑计。内服：一次量，4毫克/千克体重。

【不良反应】具有致畸作用。

【休药期】猪 7 天。

奥芬达唑颗粒

【作用与用途】【用法与用量】【不良反应】【注意事项】【休药期】同奥芬达唑片。

阿维菌素

阿维菌素属于抗线虫药，对猪的蛔虫、红色猪圆线虫、兰氏类圆线虫、毛首线虫、食道口线虫、后圆线虫、有齿冠尾线虫成虫及未成熟虫体驱除率达 94%~100%，对肠道内旋毛虫（肌肉内旋毛虫无效）也极有效，对猪血虱和猪疥螨也有良好控制作用。对吸虫和绦虫无效。此外，阿维菌素作为杀虫剂，对水产和农业昆虫、螨虫以及火蚁等具有广谱活性。

药物相互作用　与乙胺嗪同时使用，可能产生严重的或致死性脑病。

1. 阿维菌素片

【作用与用途】大环内酯类抗寄生虫药。用于治疗猪的线虫病、螨病和寄生性昆虫病。

【用法与用量】以阿维菌素计。内服：一次量，0. 3 毫克/千克体重。

【不良反应】按规定的用法与用量使用尚未见不良反应。

【注意事项】（1）泌乳期禁用。

（2）阿维菌素的毒性较强，慎用。对虾、鱼及水生生物有剧毒，残存药物的包装品切勿污染水源。

（3）本品性质不太稳定，特别对光线敏感，可迅速氧化灭活，应注意贮存和使用条件

【休药期】猪 28 天。

2. 阿维菌素胶囊

【作用与用途】【用法与用量】【不良反应】【注意事项】【休药期】同阿维菌素片。

3. 阿维菌素粉

【作用与用途】【用法与用量】【不良反应】【注意事项】【休药期】同阿维菌素片。

4. 阿维菌素透皮溶液

【作用与用途】【不良反应】【注意事项】同阿维菌素片。

【用法与用量】以阿维菌素计。浇注或涂擦：一次量，猪 0. 5 毫克/千克

体重，由肩部向后沿背中线浇注。

【休药期】42 天。

5. 阿维菌素注射液

【作用与用途】【休药期】同阿维菌素片。

【用法与用量】以阿维菌素 B_1 计。皮下注射：0.3 毫克/千克体重。

【不良反应】注射部位有不适或暂时性水肿。

【注意事项】（1）泌乳期禁用。

（2）仅限于皮下注射，因为肌内、静脉注射易引起中毒反应。每个皮下注射点不宜超过 10 毫升。

（3）含甘油缩甲醛和丙二醇的阿维菌素注射剂仅适用于猪。

（4）阿维菌素对虾、鱼及水生生物有剧毒，残存药物的包装切勿污染水源。

多拉菌素

多拉菌素是广谱抗寄生虫药。对体内外寄生虫特别是某些线虫（圆虫）和节肢动物具有良好的驱杀作用，但对绦虫、吸虫及原生动物无效。其作用机制主要是增加虫体的抑制性递质 γ-氨基丁酸（GABA）的释放，从而阻断神经信号的传递，使肌肉细胞失去收缩能力，从而导致虫体死亡。哺乳动物的外周神经递质为乙酰胆碱，不会受到多拉菌素的影响。多拉菌素不易透过血脑屏障，对中枢神经系统损害极小，对猪比较安全。

多拉菌素注射液

【作用与用途】抗寄生虫类药。用于治疗猪的线虫病、血虱、螨病等外寄生虫病。

【用法与用量】以多拉菌素计。肌内注射：一次量，0.3 毫克/千克体重。

【不良反应】按规定的用法和用量使用尚未见不良反应。

【注意事项】（1）将本品置于儿童接触不到的地方。

（2）使用本品时操作人员不应进食或吸烟，操作后要洗手。

（3）在阳光照射下本品迅速分解灭活，应避光保存

（4）其残存药物对鱼类及水生生物有毒，应注意保护水资源。

【休药期】猪 28 天。

哌嗪

哌嗪对敏感线虫产生箭毒样作用。哌嗪对寄生于猪体内的某些特定线虫有

效，如对蛔虫具有优良的驱虫效果。

药物相互作用　与噻嘧啶或甲噻嘧啶产生拮抗作用，不应同时使用。泻药不宜与哌嗪同用，因为哌嗪在发挥作用前就会被排出。与氯丙嗪合用有可能会诱发癫痫发作。

1. 枸橼酸哌嗪片

【作用与用途】抗蠕虫药。主要用于猪蛔虫病，亦用于猪食道口线虫病。

【用法与用量】以枸橼酸哌嗪计。内服：一次量，25~30 毫克/千克体重。

【不良反应】在推荐剂量时，罕见不良反应。

【注意事项】（1）慢性肝、肾疾病以及胃肠蠕动减弱的猪慎用。

（2）因为哌嗪对幼虫驱除效果差，因此为达到彻底驱虫效果，猪在 2 个月内应重复进行治疗。

（3）一般情况下，哌嗪几乎无毒性，安全范围较大。但是哌嗪大剂量内服可引起呕吐、腹泻、共济失调。因此，应用本品不能同时并用泻剂、吩噻嗪类（如氢氯噻嗪）、噻嘧啶、甲噻嘧啶、氯丙嗪等，也不能和亚硝酸盐并用。

【休药期】猪 21 天。

2. 磷酸哌嗪片

【作用与用途】抗寄生虫药。主要用于猪蛔虫病。

【用法与用量】以磷酸哌嗪计。内服：一次量，25~30 毫克/千克体重。

【不良反应】在推荐剂量时，罕见不良反应。

【注意事项】（1）慢性肝、肾疾病以及胃肠蠕动减弱的猪慎用。

（2）因为哌嗪对幼虫驱除效果差，因此为达到彻底驱虫效果，猪在 2 个月内应重复进行治疗。

（3）一般情况下，哌嗪几乎无毒性，安全范围较大。但是哌嗪大剂量内服可引起呕吐、腹泻、共济失调。因此，应用本品不能同时并用泻剂、吩噻嗪类（如氢氯噻嗪）、噻嘧啶、甲噻嘧啶、氯丙嗪等，也不能和亚硝酸盐并用。

（4）对猪饮水或混饲给药时，应在 8~12 小时内用完，还应禁食一夜。

【休药期】猪 21 天。

左旋咪唑

本品属咪唑并噻唑类抗线虫药，对猪的大多数线虫具有活性。其驱虫作用机理是兴奋敏感蠕虫的副交感和交感神经节，总体表现为烟碱样作用；高浓度时，左旋咪唑通过阻断延胡索酸还原和琥珀酸氧化作用，干扰线虫糖代谢，最终对蠕虫起麻痹作用，排出活虫体。

除具有驱虫活性外，还能明显提高免疫反应。目前尚不明确其免疫促进作用机理，可恢复外周T淋巴细胞的细胞介导免疫功能，兴奋单核细胞的吞噬作用，对免疫功能受损动物作用更明显。

药物相互作用 具有烟碱作用的药物如噻嘧啶、甲噻嘧啶、乙胺嗪，胆碱酯酶抑制药如有机磷、新斯的明可增加左旋咪唑的毒性，不宜联用。左旋咪唑可增强布鲁氏菌疫苗等的免疫反应和效果。

1. 盐酸左旋咪唑片

【作用与用途】抗蠕虫药。主要用于猪的胃肠道线虫、肺线虫及猪肾虫病。

【用法与用量】以左旋咪唑计。内服：一次量，7.5毫克/千克体重。

【不良反应】可引起流涎或口鼻冒出泡沫。

【注意事项】（1）泌乳期母猪禁用。

（2）极度衰弱或有明显的肝肾损伤时，慎用或推迟使用。

（3）本品中毒时可用阿托品解毒和其他对症治疗。

【休药期】猪3天。

2. 盐酸左旋咪唑粉

【作用与用途】【用法与用量】【不良反应】【注意事项】【休药期】同盐酸左旋咪唑片。

3. 盐酸左旋咪唑注射液

【作用与用途】【不良反应】同盐酸左旋咪唑片。

【用法与用量】以左旋咪唑计。皮下、肌内注射：一次量，7.5毫克/千克体重。

【注意事项】（1）禁用于静脉注射。

（2）其他同盐酸左旋咪唑片。

【休药期】猪28天。

越霉素A

越霉素A属于抗生素类驱虫药，其驱虫机理是使寄生虫的体壁、生殖器管壁、消化道壁变薄和脆弱，致使虫体运动活性减弱而被排出体外，它还能阻碍雌虫子宫内卵膜的形成，由于这一作用使虫卵变成异常卵而不能成熟，阻断了寄生虫的生命循环周期。

本品对猪蛔虫、结节虫、鞭虫和鸡蛔虫等体内寄生虫的排卵具有抑制作用，对成虫具有驱除作用。还具有一定的抗菌作用，故被用作促生长剂。内服很少吸收，主要从粪便排出。

越霉素A预混剂

【作用与用途】抗生素类驱虫药。用于驱除猪蛔虫、猪鞭虫等。

【用法与用量】以越霉素A计。混饲：10~20克/1 000千克饲料。

【不良反应】按推荐剂量使用，暂未见不良反应。

【休药期】猪15天。

二、抗绦虫药

吡喹酮

吡喹酮具有广谱抗血吸虫和抗绦虫作用。对各种绦虫的成虫具有极高的活性，对幼虫也具有良好的活性；对血吸虫有很好的驱杀作用。吡喹酮对绦虫的准确作用机理尚未确定，可能是其与虫体包膜的磷脂相互作用，结果导致钠、钾与钙离子流出。在体外低浓度的吡喹酮似可损伤绦虫的吸盘功能并兴奋虫体的蠕动，较高浓度药物则可增强绦虫链体（节片链）的收缩（在极高浓度时为不可逆收缩）。此外，吡喹酮可引起绦虫包膜特殊部位形成灶性空泡，继而使虫体裂解。

药物相互作用　与阿苯达唑、地塞米松合用时，可降低吡喹酮的血药浓度。

1. 吡喹酮片

【作用与用途】抗蠕虫药。主要用于动物血吸虫病，也用于绦虫病和囊尾蚴病。

【用法与用量】以吡喹酮计。内服：一次量，10~35毫克/千克体重。

【休药期】猪28天。

2. 吡喹酮粉

【作用与用途】【用法与用量】【不良反应】【注意事项】【休药期】同吡喹酮片。

三、抗原虫药

地美硝唑

地美硝唑属于抗原虫药，具有广谱抗菌和抗原虫作用。不仅能抗厌氧菌、大肠弧菌、链球菌、葡萄球菌和密螺旋体，且能抗组织滴虫、纤毛虫、阿米巴原虫等。

药物相互作用 不能与其他抗组织滴虫药联合应用。

地美硝唑预混剂

【作用与用途】抗原虫药。用于防治密螺旋体引起的猪痢疾。

【用法与用量】以地美硝唑计。混饲：200~500克/1 000千克饲料。

【注意事项】（1）不能与其他抗组织滴虫药联合使用。

（2）禁用于促生长。

【休药期】猪28天。

盐酸吖啶黄

盐酸吖啶黄属于抗原虫药，静脉注射给药12~24小时后，猪体温下降，外周血循环中虫体消失。必要时，可间隔1~2天重复用药1次。在梨形虫发病季节，可每月注射一次，有良好预防效果。

盐酸吖啶黄注射液

【作用与用途】抗原虫药。用于梨形虫病。

【用法与用量】以盐酸吖啶黄计。静脉注射：常用量，一次量，3毫克/千克体重。

【不良反应】（1）毒性较强，注射后常出现心跳加速、不安、呼吸迫促、肠蠕动增强等不良反应。

（2）对组织有强烈刺激性。

【注意事项】缓慢注射，勿漏出血管。重复使用应间隔24~48小时。

【休药期】暂无规定。

四、杀虫药

双甲脒

双甲脒为广谱杀虫药，对各种螨、蜱、蝇、虱等均有效，主要为接触毒，兼有胃毒和内吸毒作用。双甲脒的杀虫作用在某种程度上与其抑制单氨氧化酶有关，而后者是参与蜱、螨等虫体神经系统胺类神经递质的代谢酶。因双甲脒的作用，吸血节肢昆虫过度兴奋，以致不能吸附动物体表而掉落。本品产生杀虫作用较慢，一般在用药后24小时才能使虱、蜱等解体，48小时可使螨从患部皮肤自行脱落。一次用药可维持药效6~8周，保护猪不再受外寄生虫的侵袭。此外，对大蜂螨和小蜂螨也有较强的杀虫作用。

双甲脒溶液

【作用与用途】杀虫药。主要用于杀螨；亦可用于杀灭蜱、虱等体外寄生虫。

【用法与用量】药浴、喷洒或涂擦。配成0.025%~0.05%的溶液。

【不良反应】（1）本品毒性较低。

（2）对皮肤和黏膜有一定刺激性。

【注意事项】（1）对鱼有剧毒，禁用。勿将药液污染鱼塘、河流。

（2）本品对皮肤有刺激性，使用时防止药液沾污皮肤和眼睛。

【休药期】猪8天。

辛硫磷

有机磷类杀虫药。辛硫磷通过抑制虫体内胆碱酯酶的活性而破坏正常的神经传导，引起虫体麻痹，直至死亡；辛硫磷对宿主胆碱酯酶活性也有抑制作用，使宿主肠胃蠕动增强，加速虫体排出体外。

辛硫磷浇泼溶液

【作用与用途】有机磷酸酯类杀虫药。用于驱杀猪螨、虱、蜱等体外寄生虫。

【用法与用量】以辛硫磷计。外用：30毫克/千克体重。沿猪脊背从两耳根浇洒到尾根（耳部感染严重者，可在每侧耳内另外浇洒0.076克）。

【不良反应】过量使用，猪可产生胆碱能神经兴奋症状。

【注意事项】（1）禁止与强氧化剂、碱性药物合用。

（2）禁止与其他有机磷化合物和胆碱酯酶抑制剂合用。

（3）避免与操作人员的皮肤和黏膜接触。

（4）妥善存放保管，避免儿童和动物接触。使用后的废弃物应妥善处理，避免污染河流、池塘及下水道。

【休药期】猪14天。

氰戊菊酯

氰戊菊酯属于拟除虫菊酯类杀虫药。对昆虫以触杀为主，兼有胃毒和驱避作用。氰戊菊酯对猪的多种体外寄生虫和吸血昆虫如螨、虱、蚤、蜱、蚊、蝇和虻等均有良好的杀灭效果。有害昆虫接触后，药物迅速进入虫体的神经系统，表现为强烈兴奋、抖动，很快转为全身麻痹、瘫痪，最后击倒而死亡。应用氰戊菊酯喷洒猪的体表，螨、虱、蚤等于用药后10分钟出现中毒，4~12小时后全部死亡。

氰戊菊酯溶液

【作用与用途】杀虫药。用于驱杀猪体外寄生虫，如蜱、虱、蚤等。

【用法与用量】喷雾。5%氰戊菊酯加水以 1：(250~500) 倍稀释。

【不良反应】按规定的用法与用量使用尚未见不良反应。

【注意事项】(1) 配制溶液时，水温以 12℃为宜，如水温超过 25℃会降低药效，水温超过 50℃时则失效。

(2) 避免使用碱性水，并忌与碱性药物合用，以防药液分解失效。

(3) 本品对蜜蜂、鱼虾、家蚕毒性较强，使用时不要污染河流、池塘、桑园、养蜂场所。

【休药期】猪 28 天。

马拉硫磷

马拉硫磷属于有机磷杀虫药，主要以触杀、胃毒和熏蒸杀灭虫害，无内吸杀虫作用，具有广谱、低毒、使用安全等特点。对蚊、蝇、虱、蜱、螨和臭虫等都有杀灭作用。

药物相互作用　与其他有机磷化合物以及胆碱酯酶抑制剂有协同作用，同时应用毒性增强。

精制马拉硫磷溶液

【作用与用途】杀虫药。用于杀灭体外寄生虫。

【用法与用量】药浴或喷雾。1：(233~350) 倍稀释（以马拉硫磷计算 0.2%~0.3%）的水溶液。

【不良反应】过量使用，猪可产生胆碱能神经兴奋症状。

【注意事项】(1) 本品不能与碱性物质或氧化物接触。

(2) 本品对眼睛、皮肤有刺激性；猪中毒时可用阿托品解毒。

(3) 猪体表用马拉硫磷后数小时内应避日光照射和风吹；必要时隔 2~3 周再药浴或喷雾一次。

(4) 1 月龄内猪禁用。

【休药期】猪 28 天。

敌百虫

精制敌百虫属于广谱杀虫药，不仅对消化道线虫有效，而且对某些吸虫如姜片吸虫、血吸虫等有一定的疗效。其作用机理是与虫体的胆碱酯酶结合，抑制胆碱酯酶的活性，使乙酰胆碱大量蓄积，干扰虫体神经肌肉的兴奋传递，导致敏感寄生虫麻痹而死亡。

药物相互作用　与其他有机磷杀虫剂、胆碱酯酶抑制剂和肌松药合用时，可增强对宿主的毒性。碱性物质能使敌百虫迅速分解成毒性更大的敌敌畏，因此忌用碱性水质配制药液，并禁与碱性药物合用。

1. 精制敌百虫片

【作用与用途】驱虫药和杀虫药。用于驱杀猪胃肠道线虫、猪姜片虫。

【用法与用量】以敌百虫计。内服：一次量，80~100 毫克/千克体重。外用：每 1 片兑水 30 毫升配成 1%溶液（以敌百虫计）。

【不良反应】敌百虫安全范围窄，治疗剂量可使猪出现轻度副交感神经兴奋反应，过量使用可出现中毒症状，主要表现为流涎、腹痛、缩瞳、呼吸困难、骨骼肌痉挛、昏迷甚至死亡。其毒性有明显的种属差异，对猪较安全。

【注意事项】（1）禁与碱性药物合用。

（2）妊娠猪及心脏病、胃肠炎的猪禁用。

（3）中毒时，用阿托品与解磷定等解救。

【休药期】猪 28 日。

2. 精制敌百虫粉

【作用与用途】【不良反应】【注意事项】【休药期】同精制敌百虫片。

【用法与用量】以敌百虫计。内服：一次量，241~301. 2 毫克/千克体重。

第三节　解热镇痛抗炎药

对乙酰氨基酚

对乙酰氨基酚具有解热、镇痛与抗炎作用。解热作用类似阿司匹林，但镇痛和抗炎作用较弱。其抑制丘脑前列腺素合成与释放的作用较强，抑制外周前列腺素合成与释放的作用较弱。对血小板及凝血机制无影响。主要作为中小动物的解热镇痛药，用于发热、肌肉痛、关节痛和风湿症。

对乙酰氨基酚片

【作用与用途】解热镇痛药。用于发热、肌肉痛、关节痛和风湿症等。

【用法与用量】以对乙酰氨基酚计。内服：一次量，1~2 克/千克体重。

【不良反应】偶见厌食、呕吐、缺氧、发绀，红细胞溶解、黄疸和肝脏损害等症。

【注意事项】大剂量可引起肝、肾损害，在给药后 12 小时内使用乙酰半胱氨酸或蛋氨酸可以预防肝损害。肝、肾功能不全猪及幼龄猪慎用。

【休药期】暂无规定。

安乃近

安乃近内服吸收迅速，解热作用较快，药效维持 3~4 小时。解热作用较显著，镇痛作用亦较强，并有一定的消炎和抗风湿作用。对胃肠蠕动无明显影响。

药物相互作用 不能与氯丙嗪合用，以免体温剧降。不能与巴比妥类及保泰松合用，因相互作用会影响肝微粒体酶活性。

1. 安乃近片

【作用与用途】用于猪肌肉痛、疝痛、风湿症及发热性疾病等。

【用法用量】以安乃近计。内服：一次量，2~5 克/千克体重。

【不良反应】长期应用可引起粒细胞减少。

【注意事项】可抑制凝血酶原的合成，加重出血倾向。

【休药期】猪 28 天。

2. 安乃近注射液

【作用与用途】【不良反应】【休药期】同安乃近片。

【用法与用量】以安乃近计。肌内注射：一次量，1~3 克/千克体重。

【注意事项】不宜于穴位注射，尤其不宜于关节部位注射。有可能引起肌肉萎缩和关节机能障碍。

阿司匹林

阿司匹林解热、镇痛效果较好，抗炎、抗风湿作用强。可抑制抗体产生及抗原抗体结合反应，阻止炎性渗出，抗风湿的疗效确实。较大剂量时还可抑制肾小管对尿酸的重吸收，增加尿酸排泄。

药物相互作用 其他水杨酸类解热镇痛药、双香豆素类抗凝血药、巴比妥类等与阿司匹林合用时，作用增强，甚至毒性增加。糖皮质激素能刺激胃酸分泌、降低胃及十二指肠黏膜对胃酸的抵抗力，与阿司匹林合用可使胃肠出血加剧。与碱性药物（如碳酸氢钠）合用，将加速阿司匹林的排泄，使疗效降低。但在治疗痛风时，同服等量的碳酸氢钠，可以防止尿酸在肾小管内沉积。

阿司匹林片

【作用与用途】解热镇痛药。用于发热性疾患、肌肉痛、关节痛。

【用法与用量】以阿司匹林计。内服：一次量，1~3克/千克体重。

【不良反应】（1）本品能抑制凝血酶原合成，连续长期应用可引发出血倾向。

（2）对胃肠道有刺激作用，剂量大时易导致食欲不振、恶心、呕吐乃至消化道出血，长期使用可引发胃肠溃疡。

【注意事项】（1）胃炎、胃溃疡患畜慎用，与碳酸钙同服，可减少对胃的刺激。不宜空腹投药。发生出血倾向时，可用维生素K治疗。

（2）解热时，动物应多饮水，以利于排汗和降温，否则会因出汗过多而造成水和电解质平衡失调或虚脱。

（3）老龄动物、体弱或体温过高患畜，解热时宜用小剂量，以免大量出汗而引起虚脱。

（4）猪发生中毒时，可采取洗胃、导泻、内服碳酸氢钠及静脉注射5%葡萄糖和0.9%氯化钠等解救。

【休药期】暂无规定。

氟尼辛葡甲胺

氟尼辛葡甲胺是一种强效环氧化酶抑制剂，具有镇痛、解热、抗炎和抗风湿作用。镇痛作用是通过抑制外周的前列腺素或其痛觉增敏物质的合成或它们的共同作用，从而阻断痛觉冲动传导所致。外周组织的抗炎作用可能是通过抑制环氧化酶、减少前列腺素前体物质形成，以及抑制其他介质引起局部炎症反应的结果。

药物相互作用　氟尼辛葡甲胺勿与其他非甾体类抗炎药同时使用，因为会加重对胃肠道的毒副作用，如溃疡、出血等。因血浆蛋白结合率高，与其他药物联合应用时，氟尼辛葡甲胺可能置换与血浆蛋白结合的其他药物或者自身被其他药物所置换，导致被置换的药物作用增强，甚至产生毒性。配合抗生素，用于母猪无乳综合征的辅助治疗。

氟尼辛葡甲胺注射液

【作用与用途】解热镇痛类抗炎药。用于猪的发热性、炎症性疾患、肌肉痛和软组织痛等。

【用法与用量】以氟尼辛葡甲胺计。肌内、静脉注射：一次量，2毫克/千克体重。1~2次/天，连用不超过5天。

【不良反应】肌内注射对局部有刺激作用。长期大剂量使用本品可能导致动物胃溃疡及肾功能损伤。

【注意事项】(1) 消化道溃疡患畜慎用。

(2) 不可与其他非甾体类抗炎药同时使用。

【休药期】猪 28 天。

氨基比林

氨基比林是一种环氧化酶抑制剂，通过抑制环氧化酶的活性，从而抑制前列腺素前体物——花生四烯酸转变为前列腺素这一过程，使前列腺素合成减少，进而产生解热、镇痛、抗炎和抗风湿作用。

复方氨基比林注射液

【作用与用途】解热镇痛药。主要用于猪的解热和抗风湿。

【用法与用量】以氨基比林计。肌内、皮下注射：一次量，0.25~0.5 克/千克体重。

【不良反应】剂量过大或长期应用，可引起高铁血红蛋白血症、缺氧、发绀、粒细胞减少症等。

【注意事项】连续长期使用可引起粒性白细胞减少症，应定期检查血象。

【休药期】猪 28 天。

水杨酸钠

水杨酸钠为解热镇痛抗炎药。其镇痛作用较阿司匹林、非那西汀、氨基比林弱。临床上主要用作抗风湿药。对于风湿性关节炎，用药数小时后关节疼痛显著减轻，肿胀消退，风湿热消退。另外，本品还有促进尿酸排泄的作用，可用于痛风。

药物相互作用　水杨酸钠可使血液中凝血酶原的活性降低，故不可与抗凝血药合用。与碳酸氢钠同时内服可减少本品吸收，加速本品排泄。

水杨酸钠注射液

【作用与用途】解热镇痛药。用于风湿症等。

【用法与用量】以水杨酸钠计。静脉注射：一次量，猪 2~5 克/千克体重。

【不良反应】(1) 长期大剂量应用，可引起耳聋、肾炎等。

(2) 因抑制凝血酶原合成而产生出血倾向。

【注意事项】(1) 本品仅供静脉注射，不能漏出血管之外。

(2) 猪中毒时出现呕吐、腹痛等症状，可用碳酸氢钠解救。

(3) 有出血倾向、肾炎及酸中毒的猪禁用。

【休药期】暂无规定。

第四节　促进组织代谢药

一、维生素类

维生素 A

维生素 A 具有促进生长、维持上皮组织如皮肤、结膜、角膜等正常机能的作用，并参与视紫红质的合成，增强视网膜感光力。另外，还参与体内许多氧化过程，尤其是不饱和脂肪酸的氧化。

药物相互作用　氢氧化铝可使小肠上段胆酸减少，影响维生素 A 的吸收。矿物油、新霉素能干扰维生素 A 和维生素 D 的吸收。维生素 E 可促进维生素 A 吸收，但服用大量维生素 E 时可耗尽体内贮存的维生素 A。大剂量的维生素 A 可以对抗糖皮质激素的抗炎作用。与噻嗪类利尿剂同时使用，可致高钙血症。

维生素 AD 油

【作用与用途】维生素类药。用于维生素 A、维生素 D 缺乏症；局部应用能促进创伤、溃疡愈合。

【用法与用量】以维生素 A 计。内服：一次量，猪 10～15 毫升/千克体重。

【不良反应】按规定的用法与用量使用尚未见不良反应。

【注意事项】(1) 用时应注意补充钙剂。

(2) 维生素 A 易因补充过量而中毒，中毒时应立即停用本品和钙剂。

【休药期】暂无规定。

维生素 B_1

本品在体内与焦磷酸结合成二磷酸硫胺（辅羧酶），参与体内糖代谢中丙酮酸、α-酮戊二酸的氧化脱羧反应，为糖类代谢所必需。维生素 B_1 对维持神经组织、心脏及消化系统的正常机能起着重要作用。缺乏时，血中丙酮酸、乳酸增高，并影响机体能量供应；禽及幼年家畜则出现多发性神经炎、心肌功能障碍、消化不良、生长受阻等。

药物相互作用　维生素 B_1 在碱性溶液中易分解，与碱性药物如碳酸氢钠、枸橼酸钠等配伍时，易变质。吡啶硫胺素、氨丙啉可拮抗维生素 B_1 的作用。

本品可增强神经肌肉阻断剂的作用。

维生素 B_1 片

【作用与用途】维生素类药。主要用于维生素 B_1 缺乏症，如多发性神经炎；也用于胃肠弛缓等。

【用法与用量】以维生素 B_1 计。内服：一次量，猪 25～50 毫克/千克体重。

【不良反应】按规定剂量使用，暂未见不良反应。

【注意事项】（1）吡啶硫胺素、氨丙啉与维生素 B_1 有拮抗作用，饲料中此类物质添加过多会引起维生素 B_1 缺乏。

（2）与其他 B 族维生素或维生素 C 合用，可对代谢发挥综合疗效。

【休药期】暂无规定。

维生素 B_2

维生素 B_2 是体内黄素酶类辅基的组成部分。黄素酶在生物氧化还原中发挥递氢作用，参与体内碳水化合物、氨基酸和脂肪的代谢，并对中枢神经系统的营养、毛细血管功能具有重要影响。

药物相互作用　本品能使氨苄西林、黏菌素、链霉素、红霉素和四环素等的抗菌活性下降。

1. 维生素 B_2 片

【作用与用途】维生素类药。用于维生素 B_2 缺乏症，如口炎、皮炎、结膜炎等。

【用法与用量】以维生素 B_2 计。内服：一次量，猪 20～30 毫克/千克体重。

【不良反应】按规定剂量使用，暂未见不良反应。

【注意事项】动物使用本品后，尿液呈黄色。

【休药期】暂无规定。

2. 维生素 B_2 注射液

【作用与用途】【不良反应】【注意事项】【休药期】同维生素 B_2 片。

【用法与用量】以维生素 B_2 计。皮下、肌内注射：一次量，猪 20～30 毫克/千克体重。

维生素 B_6

维生素 B_6 是吡哆醇、吡哆醛、吡哆胺的总称，它们在动物体内有着相似的生物学作用。维生素 B_6 在体内经酶作用生成具有生理活性的磷酸吡哆醛和磷酸吡哆醇，是氨基转移酶、脱羧酶及消旋酶的辅酶，参与体内氨基酸、蛋白质、脂肪和糖的代谢。此外，维生素 B_6 还在亚油酸转变为花生四烯酸等过程中发挥重要作用。

药物相互作用　与维生素 B_{12} 合用，可促进维生素 B_{12} 的吸收。

1. 维生素 B_6 片

【作用与用途】维生素类药。用于维生素 B_6 缺乏症，如皮炎和周围神经炎等。

【用法与用量】以维生素 B_6 计。内服：一次量，猪 0.5~1 克/千克体重。

【不良反应】按规定剂量使用，暂未见不良反应。

【注意事项】与维生素 B_{12} 合用，可促进维生素 B_{12} 的吸收。

【休药期】无需制定。

2. 维生素 B_6 注射液

【作用与用途】【不良反应】【注意事项】【休药期】同维生素 B_6 片。

【用法与用量】以维生素 B_6 计。皮下、肌内或静脉注射：一次量，猪 0.5~1 克/千克体重。

维生素 B_{12} 注射液

维生素 B_{12} 为合成核苷酸的重要辅酶成分，它参与体内甲基转移及叶酸代谢，促进 5-甲基四氢叶酸转变为四氢叶酸。缺乏时，可致叶酸缺乏，并由此导致 DNA 合成障碍，影响红细胞的发育与成熟。本品还促使甲基丙二酸转变为琥珀酸，参与三羧酸循环。此作用关系到神经髓鞘脂类的合成及维持有鞘神经纤维功能的完整。维生素 B_{12} 缺乏症的神经损害可能与此有关。

维生素 B_{12} 注射液

【作用与用途】维生素类药。用于维生素 B_{12} 缺乏所致的贫血、幼龄猪生长迟缓等。

【用法与用量】以维生素 B_{12} 计。肌内注射：一次量，猪 0.3~0.4 毫克/千克体重。

【不良反应】肌内注射偶可引起皮疹、瘙痒、腹泻以及过敏性哮喘。

【注意事项】在防治巨幼红细胞贫血症时，本品与叶酸配合应用可取得更好的效果。本品不得作静脉注射。

【休药期】暂无规定。

维生素C

维生素C在体内和脱氢维生素C形成可逆的氧化还原系统，此系统在生物氧化还原反应和细胞呼吸中起重要作用。维生素C参与氨基酸代谢及神经递质、胶原蛋白和组织细胞间质的合成，可降低毛细血管通透性，具有促进铁在肠内吸收，增强机体对感染的抵抗力，以及增强肝脏解毒能力等作用。

药物相互作用　与水杨酸类和巴比妥合用能增加维生素C的排泄。与维生素K_3、维生素B_2、碱性药物和铁离子等溶液配伍，可降低药效，不宜配伍。可破坏饲料中的维生素B_{12}，并与饲料中的铜、锌离子发生络合，阻断其吸收。

1. 维生素C片

【作用与用途】维生素类药。用于维生素C缺乏症、发热、慢性消耗性疾病。

【用法与用量】以维生素C计。内服：一次量，猪0.2~0.5克/千克体重。

【不良反应】给予高剂量时，尿酸盐、草酸盐或胱氨酸结晶形成的风险增加。

【注意事项】（1）与碱性药物（碳酸氢钠等）、铁离子、维生素B_2、维生素K_3等溶液配伍，可影响药效，不宜配伍。

（2）与水杨酸类和巴比妥合用能增加维生素C的排泄。

（3）大剂量应用时可酸化尿液，使某些有机碱类药物排泄增加。并减弱氨基糖苷类药物的抗菌作用。

（4）可破坏饲料中的维生素B_{12}，并与饲料中的铜、锌离子发生络合，阻断其吸收。

2. 维生素C注射液

【作用与用途】【不良反应】【休药期】同维生素C片。

【用法与用量】以维生素C计。肌内、静脉注射：一次量，猪0.2~0.5克/千克体重。

【注意事项】（1）与水杨酸类和巴比妥合用能增加维生素C的排泄。

（2）与碱性药物（碳酸氢钠等）、铁离子、维生素B_2、维生素K_3等溶液配伍，可影响药效，不宜配伍。

（3）大剂量应用时可酸化尿液，使某些有机碱类药物排泄增加。并减弱氨基糖苷类药物的抗菌作用。

（4）对氨基糖苷类、β-内酰胺类、四环素类等多种抗生素具有不同程度的灭活作用，因此，不宜与这些抗生素混合注射。

维生素 D_2

维生素 D_2 属于调节组织代谢药。维生素 D_2 对钙、磷代谢及幼龄猪骨骼生长有重要影响，主要生理功能是促进钙和磷在小肠内正常吸收。维生素 D_2 的代谢活性物质能调节肾小管对钙的重吸收，维持循环血液中钙的水平，并促进骨骼的正常发育。

药物相互作用　长期大量服用液状石蜡、新霉素可减少维生素 D 的吸收。苯巴比妥等药酶诱导剂能加速维生素 D 的代谢。

维生素 D_2 胶性钙注射液

【作用与用途】维生素类药。适用于各种因维生素 D 缺乏所引起的钙质代谢障碍，如软骨病与佝偻病等不适于口服给药者。

【用法与用量】以维生素 D_2 计。临用前摇匀。皮下、肌内注射：一次量，猪 10 000~20 000 单位/千克体重。

【不良反应】（1）过多的维生素 D 会直接影响钙和磷的代谢，减少骨的钙化作用，在软组织出现异位钙化，以及导致心律失常和神经功能紊乱等症状。

（2）维生素 D 过多还会间接干扰其他脂溶性维生素（如维生素 A、维生素 E 和维生素 K）的代谢。

【注意事项】（1）维生素 D 过多会减少骨的钙化作用，软组织出现异位钙化，且易出现心律失常和神经功能紊乱等症状。

（2）用维生素 D 时应注意补充钙剂，中毒时应立即停用本品和钙剂。

【休药期】无需制定。

维生素 D_3

维生素 D_3 是维生素 D 的主要形式之一，对钙、磷代谢及幼龄猪骨骼生长有重要影响，其主要功能是促进钙、磷在小肠内正常吸收。其代谢活性物质能调节肾小管对钙的重吸收、维持循环血液中钙的水平，并促进骨骼的正常发育。

药物相互作用　长期大量服用液体石蜡、新霉素可减少维生素 D 的吸收。苯巴比妥等药酶诱导剂能加速维生素 D 的代谢。

维生素 D_3 注射液

【作用与用途】维生素类药。用于防治维生素 D 缺乏所致的疾病，如佝偻病、骨软症等。

【用法与用量】以维生素 D_3 计。肌内注射：一次量，猪 1 500~3 000 单位/千克体重。

【不良反应】(1) 过多的维生素 D 会直接影响钙和磷的代谢，减少骨的钙化作用，在软组织出现异位钙化，以及导致心律失常和神经功能紊乱等症状。

(2) 维生素 D 过多还会间接干扰其他脂溶性维生素（如维生素 A、维生素 E 和维生素 K）的代谢。

【注意事项】应用此药注意补充钙制剂，中毒时应立即停用本品和钙制剂。

【休药期】暂无规定。

维生素 E

维生素 E 可阻止体内不饱和脂肪酸及其他易氧化物的氧化，保护细胞膜的完整性，维持其正常功能。维生素 E 与猪的繁殖机能也密切相关，具有促进性腺发育、促成受孕和防止流产等作用。另外，维生素 E 还能提高猪对疾病的抵抗力，增强抗应激能力。

药物相互作用　维生素 E 和硒同用具有协同作用。大剂量的维生素 E 可延迟抗缺铁性贫血药物的治疗效应。本品与维生素 A 同服可防止后者的氧化，增强维生素 A 的作用。液状石蜡、新霉素能减少本品的吸收。

1. 维生素 E 注射液

【作用与用途】维生素类药。用于治疗维生素 E 缺乏所致的疾病，如不孕症、白肌病等。

【用法与用量】以维生素 E 计。皮下、肌内注射：一次量，仔猪 100~500 毫克/千克体重。

【注意事项】(1) 维生素 E 和硒同用具有协同作用。

(2) 偶尔可引起死亡、流产或早产等过敏反应，可立即注射肾上腺素或抗组胺药物治疗。

(3) 大剂量维生素 E 可延迟抗缺铁性贫血药物的治疗效应。

(4) 液状石蜡、新霉素能减少本品的吸收。

(5) 注射体积超过 5 毫升时应分点注射。

【休药期】暂无规定。

2. 亚硒酸钠维生素 E 注射液

【作用与用途】维生素与硒补充药。用于治疗幼龄猪白肌病。

【用法用量】以维生素 E 计。肌内注射：一次量，仔猪 50~100 毫克/千克体重。

【不良反应】硒毒性较大，猪单次内服亚硒酸钠的最小致死剂量为 17 毫克/千克体重，病理损伤包括水肿、充血和坏死，可涉及许多系统。

【注意事项】（1）皮下或肌内注射有局部刺激性。

（2）硒毒性较大，超量肌内注射易致动物中毒，中毒时表现为呕吐、呼吸抑制、虚弱、中枢抑制、昏迷等症状，严重可致死亡。

【休药期】暂无规定。

3. 亚硒酸钠维生素 E 预混剂

【作用与用途】【不良反应】【休药期】同亚硒酸钠维生素 E 注射液。

【用法与用量】以维生素 E 计。混饲：一次量，猪 5~10 克/1 000 千克饲料。

烟酰胺

本品与烟酸统称为维生素 PP、抗癞皮病维生素。它与糖酵解、脂肪代谢、丙酮酸代谢，以及高能磷酸键的生成有着密切关系，在维持皮肤和消化器官正常功能方面亦起着重要作用。

猪烟酰胺缺乏症主要表现为代谢紊乱，尤其是被皮和消化系统疾病较多见。猪缺乏症表现为食欲下降、生长不良、口炎、腹泻、表皮脱落性皮炎和脱毛。

1. 烟酰胺片

【作用与用途】维生素类药。用于烟酸缺乏症。

【用法与用量】以烟酰胺计。内服：一次量，猪 3~5 毫克/千克体重。

【不良反应】按规定剂量使用，暂未见不良反应。

【休药期】暂无规定。

2. 烟酰胺注射液

【作用与用途】【不良反应】【休药期】同烟酰胺片。

【用法与用量】以烟酰胺计。肌内注射：一次量，0.2~0.6 毫克/千克体重，幼龄猪不得超过 0.3 毫克。

【注意事项】肌内注射可引起注射部位疼痛。

烟酸

烟酸在体内转化成烟酰胺，进一步生成辅酶Ⅰ和辅酶Ⅱ，在体内氧化还原反应中起传递氢的作用。它与糖酵解、脂肪代谢、丙酮酸代谢，以及高能磷酸键的生成有着密切关系，在维持皮肤和消化器官正常功能方面亦起着重要作用。

盐酸片

【作用与用途】维生素类药。用于防治烟酸缺乏症。

【用法与用量】以烟酸计。内服：一次量，猪 3~5 毫克/千克体重。

【不良反应】按规定剂量使用，暂未见不良反应。

【休药期】暂无规定。

二、钙磷与微量元素类

葡萄糖酸钙

生长期猪对钙、磷需求比成年动物大，泌乳期猪对钙、磷的需求又比处于生长期的猪高。当动物钙摄取不足时，会出现急性或慢性钙缺乏症。慢性症状主要表现为骨软症、佝偻病。骨骼因钙化不全可导致软骨异常增生、退化，骨骼畸形，关节僵硬和增大，运动失调，神经肌肉功能紊乱，体重下降等。急性钙缺乏症主要与神经肌肉、心血管功能异常有关。

药物相互作用 用洋地黄治疗的猪接受静脉注射钙易发生心律不齐。噻嗪类利尿药与大剂量钙联合使用可能会引起高钙血症。同时接受钙和镁补充有增加心律不齐的可能性。

葡萄糖酸钙注射液

【作用与用途】钙补充药。用于低血钙症及过敏性疾病，亦可用于解除镁离子引起的中枢抑制。

【用法与用量】以葡萄糖酸钙计。静脉注射：一次量，猪 5~15 克/千克体重。

【不良反应】心脏或肾脏疾病的猪，可能产生高钙血症。

【注意事项】应用强心苷期间禁用本品。注射宜缓慢。有刺激性，不宜皮下或肌内注射。注射液不可漏出血管外，否则导致疼痛及组织坏死。

【休药期】暂无规定。

氯化钙

钙在动物体内具有广泛的生理和药理作用：促进骨骼和牙齿正常发育，维持骨骼正常的结构和功能；维持神经纤维和肌肉的正常兴奋性，参与神经递质的正常释放；对抗镁离子的中枢抑制及神经肌肉兴奋传导阻滞作用；降低毛细血管膜的通透性；促进凝血等。

药物相互作用 用洋地黄治疗的猪接受静脉注射钙易发生心律不齐。噻嗪类利尿药与大剂量钙联合使用可能会引起高钙血症。静脉注射氯化钙可中和高镁血症或注射镁盐引起的毒性。注射钙剂可对抗非去极化型神经肌肉阻断剂的作用。维生素 A 摄入过量可促进骨钙的丢失，引起高钙血症。钙剂与大剂量的维生素 D 同时应用可引起钙吸收增加，并诱发高血钙症。

氯化钙注射液

【作用与用途】钙补充剂。用于低血钙症以及毛细血管通透性增加所致的疾病。

【用法与用量】以氯化钙计。静脉注射：一次量，猪 1~5 克/千克体重。

【不良反应】（1）钙剂治疗可能诱发高血钙症，尤其在心、肾功能不良的猪。

（2）静脉注射钙剂速度过快可引起低血压、心律失常和心跳停止。

【注意事项】（1）应用强心苷期间禁用本品。

（2）注射宜缓慢。

（3）有刺激性，不宜皮下或肌内注射。5%氯化钙溶液不可直接静脉注射，注射前应以 10~20 倍葡萄糖注射液稀释。

（4）注射液不可漏出血管外，否则导致疼痛及组织坏死。若发生漏出，受影响的局部可注射生理盐水、糖皮质激素和 1%普鲁卡因。

【休药期】暂无规定。

碳酸钙

药物相互作用 维生素 D、雌激素可增加对钙的吸收；与噻嗪类利尿药同时应用，可增加肾脏对钙的重吸收；与四环素类药物或苯妥英钠同用，可减少二者从胃肠道吸收；本药不易与洋地黄类药物合用，与含钾药物合用时，应注意心律失常的发生；本药与氧化镁等有轻泻作用的抗酸药联用，可减少嗳气、便秘等不良反应；与含铝抗酸药物合用，铝的吸收增多。

碳酸钙

【作用与用途】钙补充药。用于防治钙缺乏症。

【用法与用量】以碳酸钙计。内服：一次量，猪 3~10 克/千克体重。

【不良反应】按规定剂量使用，暂未见不良反应。

【注意事项】内服给药对胃肠道有一定的刺激性。

【休药期】暂无规定。

磷酸氢钙

钙和磷都是构成骨组织的重要元素，体内约85%的磷与钙以结合形式存在于骨和牙齿中。骨骼外的磷则具有更为广泛的作用，如参与构成细胞膜的结构物质，体内有机物的合成和降解代谢等。另外，磷以 $H_2PO_4^-$ 或 HPO_4^{2-} 形式存在于体液中，并可由尿排泄，对体液的酸碱平衡起着重要的调节作用。

磷酸氢钙片

【作用与用途】钙、磷补充药。用于钙、磷缺乏症。

【用法与用量】以磷酸氢钙计。内服：一次量，猪2克/千克体重。

【不良反应】按规定的用法与用量使用尚未见不良反应

【注意事项】（1）内服可减少四环素类、氟喹诺酮类药物从胃肠道吸收。

（2）与维生素D类同用可促进钙吸收，但大量可诱导高钙血症。

【休药期】暂无规定。

第五节　消毒防腐药

消毒防腐药是杀灭病原微生物或抑制其生长繁殖的一类药物。其中，消毒药指能杀灭病原微生物的药物，主要用于环境、猪舍、排泄物、用具和器械等非生物物质表面的消毒；防腐药指能抑制病原微生物生长繁殖的药物，主要用于抑制局部皮肤、黏膜和创伤等生物体表微生物，也用于食品、生物制品的防腐。二者没有绝对的界限，高浓度的防腐药也具有杀菌作用，低浓度的消毒药也具有抑菌作用。

各类消毒防腐药的作用机理各不相同，可归纳为以下3种。

（1）使菌体蛋白变性、沉淀。大部分的消毒防腐药是通过这一机理起作用的，其作用不具选择性，可损害一切活性物质，故称为“一般原浆毒”。如酚类、醛类、醇类、重金属盐类等。

（2）改变菌体细胞膜的通透性。如表面活性剂。

（3）干扰或损害细菌生命必需的酶系统。如氧化剂、卤素等。

消毒防腐剂的作用受病原微生物的种类、药物浓度和作用时间、环境温度和湿度、环境pH、有机物以及水质等的影响，使用时应加以注意。

一、酚类

苯酚（酚或石炭酸）

苯酚为原浆毒，使菌体蛋白凝固变性而呈现杀菌作用。0.1%~1%溶液有抑菌作用，1%~2%溶液有杀灭细菌和真菌作用，5%溶液可在48小时内杀死炭疽芽孢，对病毒的作用较弱。碱性环境、脂类和皂类等能减弱其杀菌作用。

【作用与用途】消毒防腐药。用于用具、器械和环境等消毒。

【用法用量】配成2%~5%溶液。

【注意事项】（1）由于苯酚对动物和人有较强的毒性，不能用于创面和皮肤的消毒。

（2）忌与碘、溴、高锰酸钾、过氧化氢等配伍应用。

【休药期】无需制定。

复合酚

本品为原浆毒，使菌体蛋白凝固变性而呈现杀菌作用。0.1%~1%溶液有抑菌作用，1%~2%溶液有杀灭细菌和真菌作用，5%溶液可在48小时内杀死炭疽芽孢，对病毒的作用较弱。碱性环境、脂类和皂类等能减弱其杀菌作用。由于苯酚对动物和人有较强的毒性，不能用于创面和皮肤的消毒。

【作用与用途】消毒防腐药。用于猪舍及器具等的消毒。

【用法与用量】喷洒：配成0.3%~1%的水溶液。浸涤：配成1.6%的水溶液。

【注意事项】（1）本品对皮肤、黏膜有刺激性和腐蚀性，对动物和人有较强的毒性，不能用于创面和皮肤的消毒。

（2）禁与碱性药物或其他消毒剂混用。

【休药期】无需制定。

甲酚皂溶液

甲酚为原浆毒消毒药，使菌体蛋白凝固变性而呈现杀菌作用。抗菌作用比苯酚强3~10倍，毒性大致相等，但消毒用量比苯酚低，故较苯酚安全。可杀灭一般繁殖型病原菌，对芽孢无效，对病毒作用较弱，是酚类中最常用的消毒药。

由于甲酚的水溶性较低，通常都用肥皂乳化配成50%甲酚皂溶液。甲酚皂溶液的杀菌性能与苯酚相似，其苯酚系数随成分与菌种不同而介于 1.6 和 5.0 之间。常用浓度可破坏肉毒梭菌毒素，能杀灭包括铜绿假单胞菌在内的细菌繁殖体，对结核杆菌和真菌有一定杀灭能力，能杀死亲脂性病毒，但对亲水性病毒无效。

【作用与用途】消毒防腐药。用于器械、猪舍、场地、排泄物消毒。

【用法与用量】喷洒或浸泡：配成 5%~10%的水溶液。

【注意事项】(1) 甲酚有特臭气味，不宜在肉联厂、乳牛厩舍、乳品加工车间和食品加工厂等应用，以免影响食品质量。

(2) 本品对皮肤有刺激性，注意保护使用者的皮肤。

【休药期】无需制定。

氯甲酚溶液

氯甲酚对细菌繁殖体、真菌和结核杆菌均有较强的杀灭作用，但不能有效杀灭细菌芽孢。有机物可减弱其杀菌效能。pH 较低时，杀菌效果较好。

【作用与用途】消毒防腐药。用于畜、禽舍及环境消毒。

【用法与用量】喷洒消毒：1：(33~100) 倍稀释。

【注意事项】(1) 本品对皮肤及黏膜有腐蚀性。

(2) 现用现配，稀释后不宜久贮。

【休药期】无需制定。

二、醛类

甲醛溶液

甲醛能杀死细菌繁殖体、芽孢（如炭疽芽孢）、结核杆菌、病毒及真菌等。甲醛对皮肤和黏膜的刺激性很强，但不会损坏金属、皮毛、纺织物和橡胶等。甲醛的穿透力差，不易透入物品深部发挥作用。甲醛具滞留性，消毒结束后即应通风或用水冲洗，甲醛的刺激性气味不易散失，故消毒时空间仅需相对密闭。

常用福尔马林，含甲醛不少于 36%（克/克）。

【作用与用途】主要用于猪舍熏蒸消毒，标本、尸体防腐。

【用法与用量】首先对空猪舍进行彻底清扫，高压水冲洗，晾干。按甲醛计，熏蒸消毒：每立方米空间 12.5~50 毫升的剂量，加等量水一起加热蒸发。也可加入高锰酸钾（30 克/米^3）即可产生高热蒸发，熏蒸消毒 12~14 小时。

然后开窗通风24小时。

【注意事项】（1）对动物皮肤、黏膜有强刺激性。药液污染皮肤，应立即用肥皂和水清洗。

（2）消毒后在物体表面形成一层具腐蚀作用的薄膜。

（3）甲醛气体有强致癌作用，尤其是肺癌。

（4）动物误服甲醛溶液，应迅速灌服稀氨水解毒。

【休药期】无需制定。

复方甲醛溶液

为甲醛、乙二醛、戊二醛和苯扎氯铵与适宜辅料配制而成。

【作用与用途】用于猪舍及器具消毒。

【用法与用量】将所需消毒的物体表面彻底清洁，然后按下面方法使用：常规情况下，1∶（200~400）倍稀释做猪舍的地板、墙壁及物品、运输工具等的消毒；发生疫病时，1∶（100~200）倍稀释消毒。

【注意事项】（1）对皮肤和黏膜有一定的刺激性，操作人员要作好防护措施。

（2）温度低于5℃时，可适当提高使用浓度。

（3）不宜与肥皂、阴离子表面活性剂、碘化物、过氧化物合用。

【休药期】无需制定。

浓戊二醛溶液

戊二醛为灭菌剂，具有广谱、高效和速效消毒作用。对革兰氏阳性和阴性细菌均有迅速的杀灭作用，对细菌繁殖体、芽孢、病毒、结核杆菌和真菌等均有很好的杀灭作用。水溶液pH值7.5~7.8时，杀菌作用最佳。

【作用与用途】消毒防腐药。用于猪舍及器具消毒。

【用法与用量】以戊二醛计。喷洒、浸泡消毒：配成2%溶液，消毒10~20分钟或放置至干。

【注意事项】（1）避免与皮肤、黏膜接触，如接触后应立即用水清洗干净。

（2）使用过程中不应接触金属器具。

【休药期】无需制定。

戊二醛溶液

【作用与用途】用于猪舍及器具的消毒。

【用法与用量】以戊二醛计。喷洒使浸透：配成 0.78%溶液，保持 5 分钟或放置至干。

【注意事项】（1）避免与皮肤、黏膜接触。如接触，应及时用水冲洗干净。

（2）不应接触金属器具。

【休药期】无需制定。

稀戊二醛溶液

【作用与用途】用于猪舍及器具的消毒。

【用法与用量】以戊二醛计。喷洒使浸透：配成 0.78%溶液，保持 5 分钟或放置至干。

【注意事项】避免与皮肤、黏膜接触。如接触，应及时用水冲洗干净。

【休药期】无需制定。

复方戊二醛溶液

为戊二醛和苯扎氯铵配制而成。

【作用与用途】用于猪舍及器具的消毒。

【用法与用量】喷洒：1∶150 倍稀释，9 毫升/米^2；涂刷：1∶150 倍稀释，无孔材料表面 100 毫升/米^2，有孔材料表面 300 毫升/米^2。

【注意事项】（1）易燃，为避免被灼烧，避免接触皮肤和黏膜，避免吸入，使用时需谨慎，应配备防护衣、手套、护面和护眼用具等。

（2）禁与阴离子表面活性剂及盐类消毒剂合用。

【休药期】无需制定。

季铵盐戊二醛溶液

为苯扎溴铵、葵甲溴铵和戊二醛配制而成。配有无水碳酸钠。

【作用与用途】用于猪舍日常环境消毒。可杀灭病毒、细菌、芽孢。

【用法与用量】以本品计。临用前，将消毒液碱化，每 100 毫升消毒液加无水碳酸钠 2 克，搅拌至无水碳酸钠完全溶解，再用自来水将碱化液稀释后喷雾或喷洒：200 毫升/米^2，消毒 1 小时。日常消毒：1∶（250～500）倍稀释；

杀灭病毒，1∶（100~200）倍稀释；杀灭芽孢，1∶（1~2）倍稀释。

【注意事项】（1）使用前，彻底清理猪舍。

（2）对具有碳钢或铝设备的猪舍进行消毒时，需在消毒1小时后及时清洗残留的消毒液。

（3）消毒液碱化后3天内用完。

（4）产品发生冻结时，用前进行解冻，并充分摇匀。

【休药期】无需制定。

三、季铵盐类

辛氨乙甘酸溶液

为双性离子表面活性剂。对化脓球菌、肠道杆菌等及真菌有良好的杀灭作用，对细菌芽孢无杀灭作用。具有低毒、无残留的特点，有较好的渗透性。

【作用与用途】用于猪舍、环境、器械和手的消毒。

【用法与用量】猪舍、环境、器械消毒：1∶（100~200）倍稀释；手消毒：1∶1 000倍稀释。

【注意事项】（1）忌与其他消毒药合用。

（2）不宜用于粪便、污秽物及污水的消毒。

【休药期】无需制定。

苯扎溴铵溶液

苯扎溴铵为阳离子表面活性剂，对细菌如化脓杆菌、肠道菌等有较好的杀灭作用，对革兰氏阳性菌的杀灭能力比革兰氏阴性菌为强。对病毒的作用较弱，对亲脂性病毒如流感病毒有一定杀灭作用，对亲水性病毒无效；对结核杆菌与真菌的杀灭效果甚微；对细菌芽孢只能起到抑制作用。

【作用与用途】用于手术器械、皮肤和创面消毒。

【用法用量】以苯扎溴铵计。创面消毒：配成0.01%溶液；皮肤、手术器械消毒：配成0.1%溶液。

【注意事项】（1）禁与肥皂及其他阴离子活性剂、盐类消毒剂、碘化物和过氧化物等合用，术者用肥皂洗手后，务必用水冲净后再用本品。

（2）不宜用于眼科器械和合成橡胶制品的消毒。

（3）配制手术器械消毒液时，需加0.5%亚硝酸钠以防生锈，其水溶液不得贮存于聚乙烯制作的容器内，以避免与增塑剂起反应而使药液失效。

（4）不适用于粪便、污水和皮革等的消毒。

（5）可引起人的药物过敏。

【休药期】无需制定。

葵甲溴铵溶液

癸甲溴铵溶液为阳离子表面活性剂，能吸附于细菌表面，改变菌体细胞膜的通透性，呈现杀菌作用。具有广谱、高效、无毒、抗硬水、抗有机物等特点，适用于环境、水体、器具等的消毒。

【作用与用途】用于猪舍、饲喂器具和饮水等消毒。

【用法与用量】以葵甲溴铵计。猪舍、器具消毒：配成 0.015%～0.05%溶液；饮水消毒：配成 0.0025%～0.005%溶液。

【注意事项】（1）原液对皮肤和眼睛有轻微刺激，避免与眼睛、皮肤和衣服直接接触，如溅及眼部和皮肤立即以大量清水冲洗至少 15 分钟。

（2）内服有毒性，一旦误服立即饮用大量清水或牛奶洗胃。

【休药期】无需制定。

度米芬

度米芬为阳离子表面活性剂，可用作消毒剂、除臭剂和杀菌防腐剂。对革兰氏阳性和阴性菌均有杀灭作用，但对革兰氏阴性菌需较高浓度。对细菌芽孢、耐酸细菌和病毒效果不显著。有抗真菌作用。在中性或弱碱性溶液中效果更好，在酸性溶液中效果下降。

【作用与用途】用于创面、黏膜、皮肤和器械消毒。

【用法与用量】创面、黏膜消毒：0.02%～0.05%溶液；皮肤、器械消毒：0.05%～0.1%溶液。

【不良反应】可引起人接触性皮炎。

【注意事项】（1）禁止与肥皂、盐类和其他合成洗涤剂、无机碱合用。避免使用铝制容器。

（2）消毒金属器械需加 0.5%亚硝酸钠防锈。

【休药期】无需制定。

醋酸氯己定

醋酸氯己定为阳离子表面活性剂，对革兰氏阳性、阴性菌和真菌均有杀灭作用，但对结核杆菌、细菌芽孢及某些真菌仅有抑制作用。抗菌作用强于苯扎溴铵，其作用迅速且持久，毒性低，无局部刺激作用。与苯扎溴铵联用对大肠杆菌有协同作用。本品不易被有机物灭活，但易被硬水中的阴离子沉淀而失去活性。

【作用与用途】用于皮肤、黏膜、人手及器械消毒。

【用法与用量】皮肤消毒：配成 0.5%醇溶液（用 70%乙醇配制）；黏膜、创面消毒：配成 0.05%溶液；手消毒：配成 0.02%溶液；器械消毒：配成 0.1%溶液。

【不良反应】按规定剂量配制使用，暂未见不良反应

【注意事项】（1）禁与汞、甲醛、碘酊、高锰酸钾等消毒剂配伍应用。

（2）本品不能与肥皂、碱性物质和其他阳离子表面活性剂混合使用；金属器械消毒时加 0.5%亚硝酸钠防锈。

（3）本品遇硬水可形成不溶性盐，遇软木（塞）可失去药物活性。

【休药期】无需制定。

月苄三甲氯铵溶液

月苄三甲氯铵具有较强的杀菌作用，金黄色葡萄球菌、猪丹毒杆菌、化脓性链球菌、口蹄疫病毒以及细小病毒等对其较敏感。

【作用与用途】用于猪舍及器具消毒。

【用法与用量】猪舍消毒，喷洒：1∶30 倍稀释；器具浸涤：1∶（100～150）倍稀释。

【注意事项】禁与肥皂、酚类、原酸盐类、酸类、碘化物等混用。

【休药期】无需制定。

四、碱类

氢氧化钠（苛性钠、火碱、烧碱）

为一种高效消毒剂，属原浆毒，能杀灭细菌、芽孢和病毒。2%～4%溶液可杀死病毒和细菌。30%溶液 10 分钟可杀死芽孢；4%溶液 45 分钟可杀死芽孢。

【作用与用途】用于猪舍、仓库地面、墙壁、工作间、入口处、运输车船和饲饮具等消毒。

【用法与用量】消毒：配成 1%～2%热溶液用于喷洒或洗刷消毒。2%～4%溶液用于病毒、细菌的消毒。5%溶液用于养殖场消毒池及对进出车辆的消毒。

【注意事项】(1) 遇有机物可使其杀灭病原微生物的能力下降。

(2) 消毒猪舍前应将猪赶出圈舍。

(3) 对组织有强腐蚀性，能损坏织物和铝制品等。

(4) 消毒剂应注意防护，消毒后适时用清水冲洗。

【休药期】无需制定。

碳酸钠

本品溶于水中可解离出 OH^- 起抗菌作用，但杀菌效力较弱，很少单独用于环境消毒。

【作用与用途】主要用于去污性消毒，如器械煮沸消毒；也可用于清洁皮肤、去除痂皮等。

【用法与用量】外用：清洁皮肤、去除痂皮，配成 0.5%~2%溶液；器械煮沸消毒：配成 1%溶液。

【休药期】无需制定。

五、卤素类

含氯石灰（漂白粉）

遇水生成次氯酸并释放活性氯和新生态氧而呈现杀菌作用。杀菌作用强，但不持久。含氯石灰对细菌繁殖体、芽孢、病毒及真菌都有杀灭作用，并可破坏肉毒梭菌毒素。1%澄清液作用 0.5~1 分钟即可抑制炭疽杆菌、沙门氏菌、猪丹毒杆菌和巴氏杆菌等多数繁殖型细菌的生长，1~5 分钟可抑制葡萄球菌和链球菌的生长，对结核杆菌和鼻疽杆菌效果较差。30%含氯石灰混悬液作用 7 分钟后，炭疽芽孢即停止生长。实际消毒时，含氯石灰与被消毒物的接触至少需 15~20 分钟。含氯石灰的杀菌作用受有机物的影响。含氯石灰中所含的氯可与氨和硫化氢发生反应，故有除臭作用。

【作用与用途】用于饮水消毒和猪舍、场地、车辆、排泄物等的消毒。

【用法与用量】饮水消毒：每 50 升水加本品 1 克，30 分钟后即可应用；猪舍、地面、排泄物等消毒：配成 5%~20%混悬液。

【不良反应】含氯石灰使用时可释放出氯气，引起流泪、咳嗽，并可刺激皮肤和黏膜。严重时可引起急性氯气中毒，表现为躁动、呕吐、呼吸困难。

【注意事项】(1) 对皮肤和黏膜有刺激作用。

(2) 对金属有腐蚀作用，不能用于金属制品；可使有色棉织物褪色。

（3）现配现用，久贮易失效，保存于阴凉干燥处。

【休药期】无需制定。

次氯酸钠溶液

【作用与用途】用于猪舍、器具及环境的消毒。

【用法与用量】以本品计。猪舍、器具消毒：1∶（50～100）倍稀释；常规消毒：1∶1 000 倍稀释。

【注意事项】（1）本品对金属有腐蚀性，对织物有漂白作用。

（2）可伤害皮肤，置于儿童不能触及的地方。

（3）包装物用后集中销毁。

【休药期】无需制定。

复合次氯酸钙粉

由次氯酸钙和丁二酸配合而成。遇水生成次氯酸，释放活性氯和新生态氧而呈现杀菌作用。

【作用与用途】用于空舍、周边环境喷雾消毒和猪饲养全过程的带猪喷雾消毒，饲养器具的浸泡消毒和物体表面的擦洗消毒。

【用法与用量】（1）配制消毒母液：打开外包装后，现将 A 包内容物溶解到 10 升水中，待搅拌完全溶解后，再加入 B 包内容物，搅拌至完全溶解。

（2）喷雾：猪舍和环境消毒，1∶（15～20）倍稀释，每立方米空间 150～200 毫升作用 30 分钟；带猪消毒：预防和发病时分别按 1∶20 倍和 1∶15 倍稀释，每立方米空间 50 毫升作用 30 分钟。

（3）浸泡、擦洗饲养器具：1∶30 倍稀释，按实际需要量作用 20 分钟。

（4）对特定病原体如大肠杆菌、金黄色葡萄球菌 1∶140 倍稀释，巴氏杆菌 1∶30 倍稀释，口蹄疫病毒 1∶2 100 倍稀释。

【注意事项】（1）配制消毒母液时，袋内的 A 包和 B 包必须按顺序一次性全部溶解，不得增减使用量。配制好的消毒液应在密封非金属容器中贮存。

（2）配制消毒液的水温不得超过 50℃和低于 25℃。

（3）若母液不能一次用完，应放于 10 升桶内，密闭，置凉暗处，可保存 60 天。

（4）禁止内服。

【休药期】无需制定。

复合亚氯酸钠

复合亚氯酸钠遇盐酸可生成二氧化氯而发挥杀菌作用。对细菌繁殖体、芽孢、病毒及真菌都有杀灭作用，并可破坏肉毒梭菌毒素。二氧化氯形成的多少与溶液的 pH 有关，pH 越低，二氧化氯形成越多，杀菌作用越强。

【作用与用途】消毒防腐药。用于猪舍饲喂器具及饮水等消毒，并有除臭作用。

【用法与用量】取本品 1 克，加水 10 毫升溶解，加活化剂 1.5 毫升活化后，加水至 150 毫升备用。猪舍、饲喂器具消毒：15~20 倍稀释。饮水消毒：200~1 700 倍稀释。

【注意事项】（1）避免与强还原剂及酸性物质接触。

（2）现用现配。

（3）本品浓度为 0.01%时，对铜、铝有轻度腐蚀。对碳钢有中度腐蚀。

【休药期】无需制定。

二氯异氰脲酸钠粉（优氯净）

含氯消毒剂。二氯异氰脲酸钠在水中分解为次氯酸和氰脲酸，次氯酸释放出活性氯和初生态氧，对细菌原浆蛋白产生氯化和氧化反应而呈杀菌作用。

【作用与用途】消毒药。主要用于猪舍、畜栏、器具及种蛋等消毒。

【用法与用量】以有效氯计。猪饲养场所、器具消毒：每升水 0.21~1 克；疫源地消毒：每升水 0.2 克。

【注意事项】所需消毒溶液现用现配，对金属有轻微腐蚀，可使有色棉织品褪色。

【休药期】无需制定。

三氯异氰脲酸粉

含氯消毒剂。在水中可水解生成有强氧化性的次氯酸，后者又可以放出活性氯和新生态氧，对细菌原浆蛋白产生氯化和氧化反应而呈现杀菌作用。

【作用与用途】主要用于猪舍、猪栏、器具及饮水消毒。

【用法与用量】以有效氯计。喷洒、冲洗、浸泡：猪饲养场地的消毒，配成 0.16%溶液；饲养用具，配成 0.04%溶液；饮水消毒，每升水中 0.4 毫克，作用 30 分钟。

【注意事项】本品对皮肤、黏膜有强刺激作用和腐蚀，对织物、金属有漂白和腐蚀作用，注意使用人员的防护，使用时不能用金属器皿。

【休药期】无需制定。

溴氯海因粉

为有机溴氯复合型消毒剂，能同时解离出溴和氯，分别形成次氯酸和次溴酸，有协调增效作用。溴氯海因具广谱杀菌作用，对细菌繁殖型芽孢、真菌和病毒有杀灭作用。

【作用与用途】用于猪舍、运输工具等的消毒。

【用法与用量】以本品计。喷洒、擦洗或浸泡：环境或运输工具细菌繁殖体的消毒，按 1：1 333 倍稀释。

【注意事项】（1）本品对炭疽芽孢无效。

（2）禁用金属容器盛放。

【休药期】无需制定。

碘

碘能引起蛋白质变性而具有极强的杀菌力，能杀死细菌、芽孢、霉菌、病毒和部分原虫。碘难溶于水，在水中不易水解形成次碘酸。在碘水溶液中具有杀菌作用的成分为元素碘（I_2）、三碘化物的离子（I_3^-）和次碘酸（HIO），其中次碘酸的量较少，但作用最强，I_2次之，解离的 I_3^-杀菌作用极微弱。在酸性条件下，游离碘增多，杀菌作用较强；在碱性条件下则相反。

与含汞化合物相遇，产生碘化汞而呈现毒性作用。

【用法与用量】常用制剂有碘甘油、碘酊等。因商品化碘消毒剂较多，具体用量见相关产品说明书。

【注意事项】（1）偶尔可见过敏反应。对碘过敏的猪禁用。

（2）禁止与含汞化合物配伍。

（3）必须涂于干的皮肤上，如涂于湿皮肤上不仅杀菌效力降低，而且容易引起发疱和皮炎。

（4）配制碘液时，若加入了过量的碘化物，可使游离碘变为碘化物，反而导致碘失去杀菌作用。配制的碘溶液应存放在密闭的容器内。

（5）若存放时间过长，颜色变浅，应测定碘含量，并将碘浓度补足后再用。

（6）碘可着色，沾有碘液的天然纤维织物不易洗除。

（7）长时间浸泡金属器械会产生腐蚀性。

【休药期】无需制定。

碘酊

碘酊是常用最有效的皮肤消毒药。含碘 2%，碘化钾 1.5%，加水适量，以 50%乙醇配制。

【作用与用途】用于手术前和注射前皮肤消毒和术野消毒。

【用法与用量】一般使用 2%碘酊，外用：涂擦消毒。

【注意事项】同碘。

【休药期】无需制定。

碘甘油

碘甘油刺激性较小。含碘 1%，碘化钾 1%，加甘油适量配制而成。

【作用与用途】用于黏膜表面消毒，治疗口腔、舌、齿龈、阴道等黏膜炎症与溃疡。

【用法与用量】涂擦皮肤。

【注意事项】同碘。

【休药期】无需制定。

碘附

碘附由碘、碘化钾、硫酸、磷酸等配制而成。

【作用与用途】消毒剂。用于猪舍、饲喂器具、手术部位和手术器械消毒。

【用法与用量】以本品计。喷洒、冲洗、浸泡：手术部位和手术器械消毒，用水 1：（3~6）倍稀释；猪舍、饲喂器具消毒，用水 1：（100~200）倍稀释。

【注意事项】同碘。

【休药期】无需制定。

碘酸混合溶液

【作用与用途】用于猪舍、用具及饮水的消毒。

【用法与用量】用于病毒消毒：配成 0.6%~2%溶液；猪舍及用具消毒：配成 0.33%~0.5%溶液。

【注意事项】同碘。

【休药期】无需制定。

聚维酮碘溶液

通过释放游离碘，破坏菌体新陈代谢，对细菌、病毒和真菌均有良好的杀灭作用。

【作用与用途】用于手术部位、皮肤和黏膜的消毒。

【用法与用量】以聚维酮碘计。皮肤消毒及治疗皮肤病：配成5%溶液；黏膜及创面冲洗：配成0.33%溶液。带猪消毒：配成0.5%溶液。

【注意事项】(1) 当溶液变为白色或淡黄色时失去消毒活性。

(2) 勿用金属容器盛装。

(3) 勿与强碱类物质及重金属混用。

【休药期】无需制定。

蛋氨酸碘溶液

为蛋氨酸与碘的络合物。通过释放游离碘，破坏菌体新陈代谢，对细菌、病毒和真菌均有良好的杀灭作用。

【作用与用途】主要用于猪舍消毒。

【用法与用量】以本品计。猪舍消毒：取本品稀释500～2 000倍后喷洒。

【注意事项】勿与维生素C等强还原剂同时使用。

【休药期】无需制定。

六、氧化剂类

过氧乙酸溶液

为强氧化剂，遇有机物放出新生态氧，通过氧化作用杀灭病原微生物。

【作用与用途】用于猪舍、用具（食槽、水槽）、场地的喷雾消毒及猪舍内空气消毒，也可用于带猪消毒，还可用于饲养人员手臂消毒。

【用法与用量】以本品计。喷雾消毒：畜禽厩舍1∶(200～400) 倍稀释；浸泡消毒：器具1∶500倍稀释；熏蒸消毒：5～15毫升/米^{3}空间；饮水消毒：每10升水加本品1毫升。

【注意事项】(1) 使用前将A、B液混合反应10小时后生成过氧乙酸消毒液。

(2) 本品腐蚀性强，操作时戴上防护手套，避免药液灼伤皮肤，稀释时避免使用金属器具。

(3) 当室温低于15℃时，A液会结冰，用温水浴融化溶解后即可使用。

（4）配好的溶液应置玻璃瓶内或硬质塑料瓶内低温、避光、密闭保存。

（5）稀释液易分解，宜现用现配。

【休药期】无需制定。

过硫酸氢钾复合物粉

【作用与用途】用于猪舍、空气和饮水等消毒。

【用法与用量】浸泡或喷雾：猪舍环境、饮水设备、空气消毒、终末消毒、设备消毒、脚踏盆消毒：1∶200 浓度稀释；饮水消毒：1∶1 000 浓度稀释。对于特定病原体消毒，如大肠杆菌、金黄色葡萄球菌、猪水疱病病毒：1∶400 倍稀释；链球菌：1∶800 倍稀释；口蹄疫病毒：1∶1 000 倍稀释。

【注意事项】（1）现用现配。

（2）不得与碱类物质混存或合并使用。

【休药期】无需制定。

七、酸类

醋酸

又名乙酸。对细菌、真菌、芽孢和病毒均有较强的杀灭作用。一般来说，对细菌繁殖体最强，其他依次为真菌、病毒、结核杆菌及芽孢。

【作用与用途】用于空气消毒等。

【用法与用量】空气消毒：稀醋酸（36%～37%）溶液加热蒸发，每 100 米^3 空间 20～40 毫升（加 5～10 倍水稀释）。

【注意事项】避免与眼睛接触，若与高浓度醋酸接触，立即用清水冲洗。

【休药期】无需制定。

第六节　中兽药制剂

一、散剂

（一）解表方

荆防败毒散

【主要成分】荆芥、防风、羌活、独活、柴胡等。

【性状】本品为淡灰黄色至淡灰棕色的粉末；气微香，味甘苦、微辛。

【功能】辛温解表，疏风祛湿。

【主治】风寒感冒，流感。

证见恶寒颤抖明显，发热较轻，耳奄头低，腰弓毛乍，鼻流清涕，咳嗽，口津润滑，舌苔薄白，脉象浮紧。

【用法与用量】猪 40~80 克。

【不良反应】按规定剂量使用，暂未见不良反应。

【注意事项】本品为治疗风寒感冒之剂，外感风热者不宜使用。

银翘散

【主要成分】金银花、连翘、薄荷、荆芥、淡豆豉等。

【性状】本品为棕褐色粉末；气香，味微甘、苦、辛。

【功能】辛凉解表，清热解毒。

【主治】风热感冒，咽喉肿痛，疮痈初起。

风热感冒：证见发热重，恶寒轻，咳嗽，咽喉肿痛，口干微红，舌苔薄黄，脉浮数。

疮痈初起：证见局部红肿热痛明显，兼见发热，口干微红，舌苔薄黄，脉浮数等风热表证证候。

【用法与用量】猪 50~80 克。

【不良反应】按规定剂量使用，暂未见不良反应。

【注意事项】本品为治疗风热感冒之剂，外感风寒者不宜使用。

小柴胡散

【主要成分】柴胡、黄芩、姜半夏、党参、甘草。

【性状】本品为黄色的粉末；气微香，味甘、微苦。

【功能】和解少阳，扶正祛邪，解热。

【主治】少阳证，寒热往来，不欲饮食，口津少，反胃呕吐。

证见精神时好时差，不欲饮食，寒热往来，耳鼻时冷时热，口干津少，苔薄白，脉弦。

【用法与用量】猪 30~60 克。

【不良反应】按规定剂量使用，暂未见不良反应。

【注意事项】暂无规定。

柴葛解肌散

【主要成分】柴胡、葛根、甘草、黄芩、羌活等

【性状】本品为灰黄色的粉末；气微香，味辛、甘。

【功能】解肌清热。

【主治】感冒发热。

证见恶寒发热，四肢不展，皮紧腰硬，精神不振，食欲减退，口色青白或微红，脉浮紧或浮数。

【用法与用量】猪 30~60 克。

【不良反应】按规定剂量使用，暂未见不良反应。

【注意事项】暂无规定。

桑菊散

【主要成分】桑叶、菊花、连翘、薄荷、苦杏仁、桔梗、甘草、芦根。

【性状】本品为棕褐色的粉末；气微香，味微苦。

【功能】疏风清热，宣肺止咳。

【主治】外感风热，咳嗽。

【用法与用量】猪 30~60 克。

【不良反应】按规定剂量使用，暂未见不良反应。

【注意事项】暂无规定。

（二）清热方

黄连解毒散

【主要成分】黄连、黄芩、黄柏、栀子。

【性状】本品为黄褐色的粉末，味苦。

【功能】泻火解毒。

【主治】三焦实热，疮黄肿毒。

证见体温升高，血热发斑，或疮黄疔毒，舌红口干，苔黄，脉数有力，狂躁不安等。

【用法与用量】猪 30~50 克。

【不良反应】按规定剂量使用，暂未见不良反应。

【注意事项】本方集大苦大寒之品于一方，泻火解毒之功效专一，但苦寒

之品易于化燥伤阴，故热伤阴液者不宜使用。

清瘟败毒散

【主要成分】石膏、地黄、水牛角、黄连、栀子等。

【性状】本品为灰黄色片（或糖衣片），味苦、微甜。

【功能】泻火解毒，凉血。

【主治】热毒发斑，高热神昏。

证见大热躁动，口渴，昏狂，发斑，舌绛，脉数。

【用法与用量】猪 50~100 克。

【不良反应】按规定剂量使用，暂未见不良反应。

【注意事项】热毒证后期无实热证候者慎用。

三子散

【主要成分】诃子、川楝子、栀子。

【性状】本品为姜黄色的粉末，气微，味苦、涩、微酸。

【功能】清热解毒。

【主治】三焦热盛，疮黄肿毒，脏腑实热。

疮症：多因外感热毒、火毒之气，使气血凝滞，经络阻塞所致。疮发无定处，遍体可生，形态不一。初起局部肿胀，硬而多有疼痛或发热，最终化脓破溃。轻者全身症状不明显，重者发热倦怠，食欲不振，口色红，脉数。

黄症：证见局部肿胀，初期发硬，继之扩大而软，软而无痛，久则破流黄水。穿刺为橙黄色稍透明的液体，凝固较慢。有的局部稍增温，口色鲜红，脉洪大。

【用法与用量】猪 10~30 克。

【不良反应】按规定剂量使用，暂未见不良反应。

【注意事项】暂无规定。

止痢散

【主要成分】雄黄、藿香、滑石。

【性状】本品为浅棕红色的粉末，气香，味辛、微苦。

【功能】清热解毒，化湿止痢。

【主治】仔猪白痢。

【用法与用量】仔猪 2~4 克。

【不良反应】按规定剂量使用，暂未见不良反应。

【注意事项】雄黄有毒，不能超量或长期服用。

公英散

【主要成分】蒲公英、金银花、连翘、丝瓜络、通草等。

【性状】本品为黄棕色的粉末，味微甘、苦。

【功能】清热解毒，消肿散痈。

【主治】乳痈初起，红肿热痛。

证见乳汁分泌不畅，乳量减少或停止，乳汁稀薄或呈水样，并含有絮状物；患侧乳房肿胀，变硬，增温，疼痛，不愿或拒绝哺乳；体温升高，精神不振，食欲减少，站立时两后肢开张，行走缓慢；口色红燥，舌苔黄，脉象洪数。

【用法与用量】猪 30~60 克。

【不良反应】按规定剂量使用，暂未见不良反应。

【注意事项】对中、后期乳腺炎可配合其他敏感抗菌药治疗。

龙胆泻肝散

【主要成分】龙胆、车前子、柴胡、当归、栀子等。

【性状】本品为淡黄褐色的粉末；气清香，味苦，微甘。

【功能】泻肝胆实火，清三焦湿热。

【主治】目赤肿痛，淋浊，带下。

目赤肿痛：证见结膜潮红、充血、肿胀、疼痛、眵盛难睁及羞明流泪。

淋浊：证见排尿困难，疼痛不安，弓腰努责，尿量少，频频排尿姿势，淋漓不断，尿色白浊或赤黄，或鲜红带血，气味臊臭。

带下：证见阴道流出大量污浊或棕黄色黏液脓性分泌物，分泌物中常含有絮状物或胎衣碎片，腥臭，精神沉郁，食欲不振，口色红赤，苔黄厚腻，脉象洪数。

【用法与用量】马、牛 250~350 克；羊、猪 30~60 克。

【不良反应】按规定剂量使用，暂未见不良反应。

【注意事项】脾胃虚寒者禁用。

白龙散

【主要成分】白头翁、龙胆、黄连。

【性状】本品为浅棕黄色的粉末；气微，味苦。

【功能】清热燥湿，凉血止痢。

【主治】湿热泻痢，热毒血痢。

湿热泻痢：证见精神沉郁，发热，食欲减少或废绝，口渴多饮，有时轻微腹痛，蜷腰卧地，排粪次数明显增多，频频努责，里急后重，泻粪稀薄或呈水样，腥臭甚至恶臭，尿短赤，口色红，舌苔黄厚，口臭，脉象沉数。

热毒血痢：证见湿热泻痢症状，粪中混有大量血液。

【用法与用量】猪 10~20 克。

【不良反应】按规定剂量使用，暂未见不良反应。

【注意事项】脾胃虚寒者禁用。

白头翁散

【主要成分】白头翁、黄连、黄柏、秦皮。

【性状】本品为浅灰黄色的粉末；气香，味苦。

【功能】清热解毒，凉血止痢。

【主治】湿热泄泻，下痢脓血。

证见精神沉郁，体温升高，食欲不振或废绝，口渴多饮，有时轻微腹痛，排粪次数明显增多，频频努责，里急后重，泻粪稀薄或呈水样，混有脓血黏液，腥臭甚至恶臭，尿短赤，口色红，舌苔黄厚，脉象沉数。

【用法与用量】猪 30~45 克。

【不良反应】按规定剂量使用，暂未见不良反应。

【注意事项】脾胃虚寒者禁用。

苍术香连散

【主要成分】黄连、木香、苍术。

【性状】本品为棕黄色的粉末；气香，味苦。

【功能】清热燥湿。

【主治】下痢，湿热泄泻。

下痢：证见精神短少，蜷腰卧地，食欲减少甚至废绝，反刍动物反刍减少或停止，鼻镜干燥；弓腰努责，泻粪不爽，里急后重，下痢稀糊，赤白相杂，或呈白色胶冻状，口色赤红，舌苔黄腻，脉数。

湿热泄泻：证见发热，精神沉郁，食欲减少或废绝，口渴多饮，有时轻微腹痛，蜷腰卧地，泻粪稀薄，黏腻腥臭，尿赤短，口色赤红，舌苔黄腻，口臭，脉象沉数。

【用法与用量】猪 15~30 克。

【不良反应】按规定剂量使用，暂未见不良反应。

【注意事项】暂无规定。

郁金散

【主要成分】郁金、诃子、黄芩、大黄、黄连等。

【性状】本品为灰黄色的粉末；气清香，味苦。

【功能】清热解毒，燥湿止泻。

【主治】肠黄，湿热泻痢。

证见耳鼻、全身温热，食欲减退，粪便稀溏或有脓血，腹痛，尿液短赤，口色红，苔黄腻。

【用法与用量】猪 45~60 克。

【不良反应】按规定剂量使用，暂未见不良反应。

【注意事项】暂无规定。

清肺散

【主要成分】板蓝根、葶苈子、浙贝母、桔梗、甘草。

【性状】本品为浅棕黄色的粉末；气清香，味微甘。

【功能】清肺平喘，化痰止咳。

【主治】肺热咳喘，咽喉肿痛。

证见咳声洪亮，气促喘粗，鼻翼扇动，鼻涕黄而黏稠，咽喉肿痛，粪便干燥，尿短赤，口渴贪饮，口色赤红，苔黄燥，脉洪数。

【用法与用量】猪 30~50 克。

【不良反应】按规定剂量使用，暂未见不良反应。

【注意事项】本方适用于肺热实喘，虚喘不宜。

香薷散

【主要成分】香薷、黄芩、黄连、甘草、柴胡等。

【性状】本品为黄色的粉末；气香，味苦。

【功能】清热解暑。

【主治】伤热，中暑。

伤热：证见身热汗出，呼吸气促，精神倦怠，耳耷头低，四肢无力，呆立如痴，食少纳呆，口干喜饮，口色鲜红，脉象洪大。

中暑：证见突然发病，身热喘促，全身肉颤，汗出如浆，烦躁不安，行走如醉，甚至神昏倒地，痉挛抽搐，口色赤紫，脉象洪数或细数无力。若不及时抢救，则很快出现呼吸浅表，四肢不温，脉微欲绝的气阴两脱之危象。

【用法与用量】猪 30~60 克。

【不良反应】按规定剂量使用，暂未见不良反应。

【注意事项】暂无规定。

消疮散

【主要成分】金银花、皂角刺（炒）、白芷、天花粉、当归等。

【性状】本品为淡黄色至淡黄棕色的粉末；气香，味甘。

【功能】清热解毒，消肿排脓，活血止痛。

【主治】疮痈肿毒初起，红肿热痛，属于阳证未溃者。

证见红肿热痛，舌红苔黄，脉数有力。脓未成者，本品可使之消散；脓已成者，本品可使之外溃。

【用法与用量】猪 40~80 克。

【不良反应】按规定剂量使用，暂未见不良反应。

【注意事项】疮已破溃或阴证不用。

清热散

【主要成分】大青叶、板蓝根、石膏、大黄、玄明粉。

【性状】本品为黄色的粉末，味苦、微涩。

【功能】清热解毒，泻火通便。

【主治】发热，粪干。

【用法与用量】猪 30~60 克。

【不良反应】按规定剂量使用，暂未见不良反应。

【注意事项】本方药味性多寒凉，易伤脾胃，影响运化，对脾胃虚弱的猪慎用。

普济消毒散

【主要成分】大黄、黄芩、黄连、甘草、马勃等。

【性状】本品为灰黄色的粉末，气香，味苦。

【功能】清热解毒，疏风消肿。

【主治】热毒上冲，头面、腮颊肿痛，疮黄疔毒。

【用法与用量】猪 40~80 克。

香葛止痢散

【主要成分】藿香、葛根、板蓝根、紫花地丁。

【性状】本品为浅灰黄色至浅黄棕色的粉末，气香。

【功能】清热解毒，燥湿醒脾，和胃止泻。

【主治】仔猪黄痢、白痢。

【用法与用量】每千克体重，带仔或产前一周母猪 0.5 克，分 2 次服用，连用 5 日。

【不良反应】按规定剂量使用，暂未见不良反应。

（三）泻下方

大承气散

【主要成分】大黄、厚朴、枳实、玄明粉。

【性状】本品为棕褐色的粉末，气微辛香，味咸、微苦、涩。

【功能】攻下热结，破结通肠。

【主治】结症，便秘。

热秘：证见精神不振，水草减少，耳鼻俱热，鼻盘干燥，或体温升高，粪球干小，弓腰努责，排粪困难，或完全不排粪，肚腹胀满，小便短赤，口色赤红，舌苔黄厚，脉象沉数。猪鼻盘干燥，有时可在腹部摸到硬粪块。本方适用于不完全阻塞性便秘。

【用法与用量】猪 60~120 克。

【不良反应】按规定剂量使用，暂未见不良反应。

【注意事项】妊娠猪禁用；气虚阴亏或表证未解者慎用。

三白散

【主要成分】玄明粉、石膏、滑石。

【性状】本品为白色的粉末，气微，味咸。

【功能】清胃，泻火，通便。

【主治】胃热食少，大便秘结，小便短赤。

胃热食少：证见精神不振，食少或不食，耳鼻温热，口臭，贪饮，粪干尿少，口舌干燥，口色赤红，舌苔黄干或黄厚，脉象洪数。猪呕吐。

大便秘结：证见精神沉郁，少食喜饮，排粪困难，弓腰努责，排少量干小粪球，肚腹膨大，口臭，口色干红，舌苔黄，脉象洪大或沉涩。

小便短赤：证见精神倦怠，食欲减退，排尿痛苦，尿少频数，淋漓不畅，尿色黄赤，口色赤红，苔黄，脉象滑数。

【用法与用量】猪 30~60 克。

【不良反应】按规定剂量使用，暂未见不良反应。

【注意事项】胃无实热，年老、体质素虚者和妊娠猪忌用。

木槟硝黄散

【主要成分】槟榔、大黄、玄明粉、木香。

【性状】本品为棕褐色的粉末，气香，味微涩、苦、咸。

【功能】行气导滞，泄热通便。

【主治】实热便秘，肠梗阻。

实热便秘：证见腹痛起卧，粪便不通，小便短赤或黄，口臭，口干舌红，苔黄厚，脉象沉数。猪鼻盘干燥，有时可在腹部摸到硬粪块。

肠梗塞：证见病初食欲、反刍减少，鼻汗时有时无，有时弓腰揭尾，常呈排便姿势，粪便干硬。后期鼻盘干燥，食欲废绝、反刍停止，大便难下，腹部微胀，呼吸喘促，有时起卧。

【用法与用量】猪 60~90 克。

【不良反应】按规定剂量使用，暂未见不良反应。

【注意事项】暂无规定。

通肠散

【主要成分】大黄、枳实、厚朴、槟榔、玄明粉。

【性状】本品为黄色至黄棕色的粉末，气香，味微咸、苦。

【功能】通肠泻热。

【主治】便秘，结症。

证见食欲大减或废绝，精神不安，腹痛起卧，回头顾腹，后肢蹴腹，排粪减少或粪便不通，粪球干小，肠音不整，继则肠音沉衰或废绝，口内干燥，舌苔黄厚，脉象沉实。

【用法与用量】猪 30~60 克。

【不良反应】按规定剂量使用，暂未见不良反应。

【注意事项】妊娠猪慎用。

（四）消导方

曲麦散

【主要成分】六神曲、麦芽、山楂、厚朴、枳壳等。

【性状】本品为黄褐色的粉末，气微香，味甜、苦。

【功能】消积破气，化谷宽肠。

【主治】胃肠积滞，料伤五攒痛。

胃肠积滞：证见食欲废绝，肚腹胀满，有时腹痛起卧，前肢刨地，后肢踢腹，粪便酸臭，口色赤红，舌苔黄厚，脉沉紧。

料伤五攒痛（蹄叶炎）：证见食欲大减，或只吃草不吃料，粪稀带水，有酸臭气味；站立时，腰曲头低，四肢攒于腹下；运步时，束步难行，步幅极短，气促喘粗；触诊蹄温升高，蹄前壁敏感；口色鲜红，脉象洪大。

【用法与用量】猪 40~100 克。

【不良反应】按规定剂量使用，暂未见不良反应。

【注意事项】暂无规定。

多味健胃散

【主要成分】木香、槟榔、白芍、厚朴、枳壳等。

【性状】本品为灰黄至棕黄色的粉末，气香，味苦、咸。

【功能】健胃理气，宽中除胀。

【主治】食欲减退，消化不良，肚腹胀满。

【用法与用量】猪 30~50 克。

【不良反应】按规定剂量使用，暂未见不良反应。

【注意事项】暂无规定。

肥猪菜

【主要成分】白芍、前胡、陈皮、滑石、碳酸氢钠。

【性状】本品为浅黄色的粉末，气香，味咸、涩。

【功能】健脾开胃。

【主治】消化不良，食欲减退。

【用法与用量】猪 25~50 克。

【不良反应】按规定剂量使用，暂未见不良反应。

【注意事项】暂无规定。

肥猪散

【主要成分】绵马贯众、制何首乌、麦芽、黄豆（炒）。

【性状】本品为浅黄色的粉末，气微香，味微甜。

【功能】开胃，驱虫，催肥。

【主治】食少，瘦弱，生长缓慢。

【用法与用量】猪 50~100 克。

【不良反应】按规定剂量使用，暂未见不良反应。

【注意事项】暂无规定。

木香槟榔散

【主要成分】木香、槟榔、枳壳（炒）、陈皮、醋青皮等。

【性状】本品为灰棕色的粉末，气香，味苦、微咸。

【功能】行气导滞，泄热通便。

【主治】痢疾腹痛，胃肠积滞，瘤胃臌气。

湿热痢疾：证见精神短少，腹痛蜷卧，食欲减少甚至废绝，反刍动物反刍减少或停止，鼻镜干燥；弓腰努责，泻粪不爽，次多量少，里急后重，下痢稀糊，赤白相杂，或呈白色胶冻状；口色赤红，舌苔黄腻，脉数。

胃肠积滞：包括胃食滞（瘤胃积食或宿草不转）和肠梗塞（肠梗阻或肠便秘）。前者证见食欲、反刍大减或废绝，按压瘤胃坚实，嗳气酸臭，回头顾腹，不时踢腹或起卧，呼吸迫促，口色红，或赤红，舌津少而黏，脉象洪数或沉而有力。后者病初证见食欲、反刍减少，鼻汗时有时无，有时弓腰揭尾，常呈排便姿势，粪便干硬。后期鼻镜干燥，食欲废绝、反刍停止，大便难下，腹部微胀，呼吸喘促，有时起卧。

【用法与用量】猪 60~90 克。

【不良反应】按规定剂量使用，暂未见不良反应。

【注意事项】暂无规定。

健胃散

【主要成分】山楂、麦芽、六神曲、槟榔。

【性状】本品为淡棕黄色至淡棕色的粉末，气微香，味微苦。

【功能】消食下气，开胃宽肠。

【主治】伤食积滞，消化不良。

证见精神倦怠，水草减少或废绝，肚腹胀满，粪便粗糙或稀软，完谷不化，口气酸臭，口色偏红，舌苔厚腻，脉象洪大有力。牛表现反刍停止，两肋微胀，严重时鼻无汗，大便泄溏、恶臭。

【用法与用量】马、牛 150~250 克；羊、猪 30~60 克。

【不良反应】按规定剂量使用，暂未见不良反应。

【注意事项】暂无规定。

消积散

【主要成分】炒山楂、麦芽、六神曲、炒莱菔子、大黄等。

【性状】本品为黄棕色至红棕色的粉末，气香，味微酸、涩。

【功能】消积导滞，下气消胀。

【主治】伤食积滞。

证见精神倦怠，厌食，肚腹胀满，粪便粗糙或稀软，有时完谷不化，口气酸臭。

【用法与用量】猪 60~90 克。

【不良反应】按规定剂量使用，暂未见不良反应。

【注意事项】本品乃属克伐之品，对于脾胃素虚，或积滞日久，耗伤正气者慎用。

猪健散

【主要成分】大黄、玄明粉、苦参、陈皮。

【性状】本品为棕黄色至黄棕色的粉末，味苦、咸。

【功能】消食导滞，通便。

【主治】消化不良，粪干便秘。

【用法与用量】猪 15~30 克。

【不良反应】按规定剂量使用，暂未见不良反应。

【注意事项】暂无规定。

强壮散

【主要成分】党参、六神曲、麦芽、炒山楂、黄芪等。

【性状】本品为浅灰黄色的粉末，气香，味微甘、微苦。

【功能】益气健脾，消积化食。

【主治】食欲不振，体瘦毛焦，生长迟缓。

【用法与用量】猪 30~50 克。

【不良反应】按规定剂量使用，暂未见不良反应。

【注意事项】暂无规定。

消食平胃散

【主要成分】槟榔、山楂、苍术、陈皮、厚朴等。

【性状】本品为浅黄色至棕色的粉末，气香，味微甜。

【功能】消食开胃。

【主治】寒湿困脾，胃肠积滞。

寒湿困脾：证见食少腹胀、倦怠懒动、不欲饮水、泄泻、排尿不利、舌苔白滑、脉迟缓。

胃肠积滞：证见消化不良，胃内积食不化，宿食停滞，食欲不振。

【用法与用量】猪 30~60 克。

【不良反应】按规定剂量使用，暂未见不良反应。

【注意事项】本品用于寒湿困脾，宿食停滞胃肠，属克伐之品，对于脾胃素虚，或积滞日久，耗伤正气者慎用。

胃肠活

【主要成分】黄芩、陈皮、青皮、大黄、白术等。

【性状】本品为灰褐色的粉末，气清香，味咸、涩、微苦。

【功能】理气，消食，清热，通便。

【主治】消化不良，食欲减少，便秘。

【用法与用量】猪 20~50 克。

【不良反应】按规定剂量使用，暂未见不良反应。

【注意事项】暂无规定。

健脾理中散

【主要成分】党参、干姜、甘草、白术。

【性状】本品为淡黄色至黄色的粉末，气香，味辛、微甜。

【功能】温中散寒，补气健脾。

【主治】脾胃虚寒，食少，泄泻，腹痛。

证见慢草不食，畏寒肢冷，肠鸣腹泻，完谷不化，时有腹痛，舌苔淡白，脉沉迟。

【用法与用量】猪 30~60 克。

【不良反应】按规定剂量使用，暂未见不良反应。

【注意事项】暂无规定。

龙胆末

【主要成分】龙胆。

【性状】本品为淡黄棕色的粉末，气微，味甚苦。

【功能】健胃。

【主治】食欲不振。

【用法与用量】猪 5~15 克。

【不良反应】按规定剂量使用，暂未见不良反应。

钩吻末

【主要成分】钩吻。

【性状】本品为棕褐色的粉末，气微，味辛、苦。

【功能】健胃，杀虫。

【主治】消化不良，虫积。

证见消瘦，被毛粗乱，食欲减退，大便干燥或泄泻，精神不安，有时磨牙，时有腹痛。

【用法与用量】猪 10~30 克。

【不良反应】按规定剂量使用，暂未见不良反应。

【注意事项】有大毒（对牛、羊、猪毒性较小）。妊娠猪慎用。

（五）化痰止咳平喘方

止咳散

【主要成分】知母、枳壳、麻黄、桔梗、苦杏仁等

【性状】本品为棕褐色的粉末，气清香，味甘、微苦。

【功能】清肺化痰，止咳平喘。

【主治】肺热咳喘。

证见咳嗽不爽，咳声宏大，气促喘粗，肷肋扇动，呼出气热，鼻涕黄而黏

稠。全身症状较重，体温常升高，汗出，精神沉郁或高度沉郁，食欲减少或废绝，咽喉肿痛，粪便干燥，尿液短赤，口渴贪饮，口色赤红，苔黄燥，脉洪数。

【用法与用量】猪 45~60 克。

【不良反应】按规定剂量使用，暂未见不良反应。

【注意事项】肺气虚没有热象的个体不可应用。

二陈散

【主要成分】姜半夏、陈皮、茯苓、甘草。

【性状】本品为淡棕黄色的粉末，气微香，味甘、微辛。

【功能】燥湿化痰，理气和胃。

【主治】湿痰咳嗽，呕吐，腹胀。

证见咳嗽痰多，色白，咳时偶见呕吐，舌苔白润，口津滑利，脉缓。

【用法与用量】猪 30~45 克。

【不良反应】按规定剂量使用，暂未见不良反应。

【注意事项】（1）肺阴虚所致燥咳忌用。

（2）本品辛香温燥，易伤津液，不宜长期投服。

麻杏石甘散

【主要成分】麻黄、苦杏仁、石膏、甘草。

【性状】本品为淡黄色的粉末，气微香，味辛、苦、涩。

【功能】清热，宣肺，平喘。

【主治】肺热咳喘。

证见发热有汗或无汗，烦躁不安，咳嗽气粗，口渴尿少，舌红，苔薄白或黄，脉浮滑而数。

【用法与用量】猪 30~60 克。

【不良反应】按规定剂量使用，暂未见不良反应。

【注意事项】本方治肺热实喘，风寒实喘不用。

清肺止咳散

【主要成分】桑白皮、知母、苦杏仁、前胡、金银花等。

【性状】本品为黄褐色粉末，气微香，味苦、甘。

【功能】清泻肺热，化痰止痛。

【主治】肺热咳喘，咽喉肿痛。

证见咳声洪亮，气促喘粗，鼻翼扇动，鼻涕黄而黏稠，咽喉肿痛，粪便干燥，尿短赤，口渴贪饮，口色赤红，苔黄燥，脉洪数。

【用法与用量】猪 30~50 克。

【不良反应】按规定剂量使用，暂未见不良反应。

【注意事项】本方适用于肺热实喘，虚喘不宜。

金花平喘散

【主要成分】洋金花、麻黄、苦杏仁、石膏、明矾。

【性状】本品为浅棕黄色的粉末，气清香，味苦、涩。

【功能】平喘，止咳。

【主治】气喘，咳嗽。

【用法与用量】猪 10~30 克。

【不良反应】按规定剂量使用，暂未见不良反应。

【注意事项】暂无规定。

定喘散

【主要成分】桑白皮、炒苦杏仁、莱菔子、葶苈子、紫苏子等。

【性状】本品为黄褐色的粉末，气微香，味甘、苦。

【功能】清肺，止咳，定喘。

【主治】肺热咳嗽，气喘。

肺热咳嗽：证见耳鼻体表温热，鼻涕黏稠，呼出气热，咳声洪大，口色红，苔黄，脉数。

气喘：证见咳嗽喘急，发热有汗或无汗，口干渴，舌红，苔黄，脉数。

【用法与用量】猪 30~50 克。

【不良反应】按规定剂量使用，暂未见不良反应。

【注意事项】暂无规定。

理肺止咳散

【主要成分】百合、麦冬、清半夏、紫苑、甘草等。

【性状】本品为浅黄色至黄色的粉末，气微香，味甘。

【功能】润肺化痰，止咳。

【主治】劳伤久咳，阴虚咳嗽。

劳伤久咳：证见食欲减退，精神倦怠，毛焦肷吊，日渐消瘦，久咳不止，咳声低微，动则咳甚并有汗出，鼻流黏涕，口色淡白，舌质绵软，脉象迟细。

阴虚咳嗽：证见频频干咳，久咳不止，昼轻夜重，痰少津干，干咳无痰或鼻有少量黏稠鼻涕，低烧不退，或午后发热，盗汗，舌红少苔，脉细数。

【用法与用量】猪 40~60 克。

【不良反应】按规定剂量使用，暂未见不良反应。

【注意事项】暂无规定。

清肺散

见清热方。

（六）温里方

四逆汤

【主要成分】淡附片、干姜、炙甘草。

【性状】本品为棕黄色的液体，气香，味甜、辛。

【功能】温中祛寒，回阳救逆。

【主治】四肢厥冷，脉微欲绝，亡阳虚脱。

亡阳虚脱：证见精神沉郁，恶寒战栗，呼吸浅表，食欲大减或废食，胃肠蠕动音减弱，体温降低，耳鼻、口唇、四肢末端或全身体表发凉，口色淡白，舌津湿润，脉沉细无力。

【用法与用量】猪 30~50 毫升。

【不良反应】按规定剂量使用，暂未见不良反应。

【注意事项】本方性属温热，湿热、阴虚、实热之证禁用；凡热邪所致呕吐、腹痛、泄泻者均不宜使用；妊娠母猪禁用；本品含附子不宜过量、久服。

理中散

【主要成分】党参、干姜、甘草、白术。

【性状】本品为淡黄色至黄色的粉末，气香，味辛、微甜。

【功能】温中散寒，补气健脾。

【主治】脾胃虚寒，食少，泄泻，腹痛。

证见慢草不食，畏寒肢冷，肠鸣腹泻，完谷不化，时有腹痛，舌苔淡白，脉沉迟。

【用法与用量】猪 30~60 克。

【不良反应】按规定剂量使用，暂未见不良反应。

【注意事项】暂无规定。

（七）祛湿方

八正散

【主要成分】木通、瞿麦、萹蓄、车前子、滑石等。

【性状】本品为淡灰黄色的粉末，气微香，味淡、微苦。

【功能】清热泻火，利尿通淋。

【主治】湿热下注，热淋、血淋、石淋、尿血。

热淋：证见精神倦怠，食欲减退，排尿痛苦，尿少频数，淋漓不畅，尿色黄赤，口色赤红，苔黄，脉象滑数。

血淋：证见排尿困难，淋漓涩痛，小便频数，尿中带血，尿色紫红，舌红苔黄，脉滑数。

石淋：证见小便短赤，淋漓不畅，排尿中断，时有腹痛，尿中带血，舌淡苔黄腻，脉滑数。

尿血：证见精神倦怠，食欲减少，小便短赤，尿中混有血液或血块，色鲜红或暗紫，口色红，脉细数。

【用法与用量】猪 30~60 克。

【不良反应】按规定剂量使用，暂未见不良反应。

【注意事项】暂无规定。

五皮散

【主要成分】桑白皮、陈皮、大腹皮、姜皮、茯苓皮

【性状】本品为黄褐色的粉末，气微香，味辛。

【功能】行气，化湿，利水。

【主治】浮肿。

【用法与用量】猪 45~60 克。

【不良反应】按规定剂量使用，暂未见不良反应。

【注意事项】暂无规定。

五苓散

【主要成分】茯苓、泽泻、猪苓、肉桂、白术（炒）。

【性状】本品为淡黄色的粉末，气微香，味甘、淡。

【功能】温阳化气，利湿行水。

【主治】水湿内停，排尿不利，泄泻，水肿，宿水停脐。

水湿内停：水湿积于肌肤则成水肿，积于胸中则成胸水，积于腹中则成腹水等。

宿水停脐：病初症状不显，而后逐渐出现两肷凹陷，腹部下垂，左右对称膨大，皮肤紧张；触诊下腹有荡水声和波动感。精神倦怠，耳耷头低，食欲减退，口色青黄，脉象沉涩；严重者，毛焦肷吊，日渐消瘦，有时四肢及腹下水肿。

泄泻：证见精神倦怠，泻粪似水或稀薄，小便不利，耳鼻俱凉，食少，反刍减少，口色青白，脉象沉迟。

【不良反应】按规定剂量使用，暂未见不良反应。

【用法与用量】猪 30~60 克。

【不良反应】按规定剂量使用，暂未见不良反应。

【注意事项】暂无规定。

平胃散

【主要成分】苍术、厚朴、陈皮、甘草

【性状】本品为棕黄色粉末，气香，味苦，微甜。

【功能】燥湿健脾，理气开胃。

【主治】脾胃不和，食少，粪稀软。

证见完谷不化、食少便稀，肚腹胀满，呕吐或嗳气增多。

【用法与用量】猪 30~60 克。

【不良反应】按规定剂量使用，暂未见不良反应。

【注意事项】暂无规定。

防己散

【主要成分】防己、黄芪、茯苓、肉桂、胡芦巴等。

【性状】本品为淡棕色的粉末，气香，味微苦。

【功能】补肾健脾，利尿除湿。

【主治】肾虚浮肿。

证见四肢、腹下或阴囊水肿，耳鼻四肢不温，舌质胖淡，苔白滑，脉沉细。

【用法与用量】猪 45~60 克。

【不良反应】按规定剂量使用，暂未见不良反应。

【注意事项】暂无规定。

藿香正气散

【主要成分】广藿香、紫苏叶、茯苓、白芷、大腹皮等。

【性状】本品为灰黄色的粉末，气香，味甘、微苦。

【功能】解表化湿，理气和中。

【主治】外感风寒，内伤食滞，泄泻腹胀。

内伤食滞：证见精神倦怠，食欲减退或废绝，肚腹胀满，常伴有轻微腹痛。粪便粗糙或稀软，有酸臭气味，有时带有未完全消化的食物。口内酸臭，口腔黏滑，舌苔厚腻，口色红，脉数或滑数。牛瘤胃触诊胃内食物呈面团状，反刍停止。犬、猫常伴有呕吐。

【用法与用量】猪 60~90 克。

【不良反应】按规定剂量使用，暂未见不良反应。

【注意事项】本品辛温解表，热邪导致的霍乱、感冒、阴虚火旺者忌用。

茵陈木通散

【主要成分】茵陈、连翘、桔梗、川木通、苍术等。

【性状】本品为暗黄色的粉末，气香，味甘、苦。

【功能】解表疏肝，清热利湿。

【主治】温热病初起。常用作春季调理剂。

证见发热，咽喉肿痛，口干喜饮，苔薄白，脉浮数。

【用法与用量】猪 30~60 克。

【不良反应】按规定剂量使用，暂未见不良反应。

【注意事项】暂无规定。

茵陈蒿散

【主要成分】茵陈、栀子、大黄。

【性状】本品为浅棕黄色的粉末，气微香，味微苦。

【功能】清热，利湿，退黄。

【主治】湿热黄疸。

可视黏膜黄色鲜明，发热烦渴，尿短少黄赤，粪便燥结，舌苔黄腻，脉弦数。

【用法与用量】猪 30~45 克。

【不良反应】按规定剂量使用，暂未见不良反应。

【注意事项】暂无规定。

（八）理气方

三香散

【主要成分】丁香、木香、藿香、青皮、陈皮等。

【性状】本品为黄褐色的粉末，气香，味辛、微苦。

【功能】破气消胀，宽肠通便。

【主治】胃肠臌气。

肠臌气：证见腹部尤其右肷部膨胀明显，腹壁紧张，叩之如鼓，初期呈轻度间歇性腹痛，很快转为持续而剧烈的腹痛，呼吸迫促，鼻翼扇动，起卧不安，食欲废绝，口干，口色青紫，脉象紧数。

胃臌胀：证见腹部急剧膨大，重者左肷部高过背脊，叩之如鼓，患猪站立不安，头颈伸直，四肢张开，回头观腹或后肢蹴腹，食欲废绝，张口流涎，呼吸困难，伸舌吼叫，口色红或赤紫，脉数。

【用法与用量】猪 30~60 克。

【不良反应】按规定剂量使用，暂未见不良反应。

【注意事项】血枯阴虚、热盛伤津者禁用。

（九）理血方

十黑散

【主要成分】知母、黄柏、栀子、地榆、槐花等。

【性状】本品为深褐色的粉末，味焦苦。

【功能】清热泻火，凉血止血。

【主治】膀胱积热，尿血，便血。

证见尿液短赤，排尿困难，淋漓不畅，时作排尿姿势却很少或无尿排出，重症可见尿中带血或砂石，浑浊，口色红，舌苔黄腻，脉数。

【用法与用量】猪 60~90 克。

【不良反应】按规定剂量使用，暂未见不良反应。

【注意事项】暂无规定。

益母生化散

【主要成分】益母草、当归、川芎、桃仁、炮姜等。

【性状】本品为黄绿色的粉末，气清香，味甘、微苦。

【功能】活血祛瘀，温经止痛。

【主治】产后恶露不行，血瘀腹痛。

恶露不行：证见精神不振，食欲减退，毛焦肷吊，体温偏高，口黏膜潮红，眼结膜发绀，不安，弓腰努责，排出腥臭带异色的脓液并夹杂条状或块状腐肉。

血瘀腹痛：证见肚腹疼痛，蹲腰踏地，回头顾腹，不时起卧，食欲减少；有时从阴道流出带紫黑色血块的恶露；口色发青，脉象沉紧或沉涩。若兼气血虚，又见神疲力乏，舌质淡红，脉虚无力。

【用法与用量】猪 30~60 克。

【不良反应】按规定剂量使用，暂未见不良反应。

【注意事项】本品为活血破瘀之剂，妊娠母猪慎用。

通乳散

【主要成分】当归、王不留行、黄芪、路路通、红花等。

【性状】本品为红棕色至棕色的粉末，气微香，味微苦。

【功能】通经下乳。

【主治】产后乳少，乳汁不下。

【用法与用量】猪 60~90 克。

【不良反应】按规定剂量使用，暂未见不良反应。

【注意事项】暂无规定。

槐花散

【主要成分】炒槐花、侧柏叶（炒）、荆芥炭、枳壳（炒）。

【性状】本品为黑棕色的粉末，气香，味苦、涩。

【功能】清肠止血，疏风行气。

【主治】肠风下血。

证见精神沉郁，食欲、反刍减少或停止，耳鼻俱热，口渴喜饮；病初粪便干硬，附有血丝或黏液，继而粪便稀薄带血，血色鲜红，小便短赤；口色鲜红，苔黄腻，脉滑数。

【用法与用量】猪 30~50 克。
【不良反应】按规定剂量使用，暂未见不良反应。
【注意事项】本方药性寒凉，不宜久服。

补益清宫散

【主要成分】党参、黄芪、当归、川芎、桃仁等。
【性状】本品为灰棕色的粉末，气清香，味辛。
【功能】补气养血，活血化瘀。
【主治】产后气血不足，胎衣不下，恶露不尽，血瘀腹痛。
【用法与用量】猪 30~100 克。
【不良反应】按规定剂量使用，暂未见不良反应。

白术散

【主要成分】白术、当归、川芎、党参、甘草等。
【性状】本品为棕褐色的粉末，气微香，味甘、微苦。
【功能】补气，养血，安胎。
【主治】胎动不安。
胎动不安：证见站立不安，回头顾腹，弓腰努责，频频排出少量尿液，阴道流出带血水浊液，间有起卧，右侧下腹部触诊，可感知胎动增加。
【用法与用量】猪 60~90 克。
【不良反应】按规定剂量使用，暂未见不良反应。
【注意事项】暂无规定。

（十）收涩方

乌梅散

【主要成分】乌梅、柿饼、黄连、姜黄、诃子。
【性状】本品为棕黄色的粉末，气微香，味苦。
【功能】清热解毒，涩肠止泻。
【主治】仔猪奶泻。
证见腹泻，粪便糊状含白色凝乳状小块，或水样，全身比较虚弱，舌质淡，脉象沉细无力。
【用法与用量】仔猪 10~15 克。

【不良反应】按规定剂量使用，暂未见不良反应。

【注意事项】本方收敛止泻作用较强，粪便恶臭或带脓血者慎用。

（十一）补益方

七补散

【主要成分】党参、白术（炒）、茯苓、甘草、炙黄芪等。

【性状】本品为淡灰褐色的粉末，气清香，味辛、甘。

【功能】培补脾肾，益气养血。

【主治】劳伤，虚损，体弱。

证见精神倦怠，头低耳耷，食欲减退，毛焦肷吊，多卧少立，口色淡白，脉虚无力；兼见粪便清稀，或直肠、子宫脱垂，咳嗽无力，呼吸气短，动则喘甚，自汗，易感风寒等。阳虚者，证见畏寒怕冷，四肢发凉，口色淡白，脉象沉迟；兼见腰膝痿软，起卧艰难，阳痿滑精，久泻不止。

【用法与用量】猪 45~80 克。

【不良反应】按规定剂量使用，暂未见不良反应。

【注意事项】暂无规定。

六味地黄散

【主要成分】熟地黄、酒萸肉、山药、牡丹皮、茯苓等。

【性状】本品为灰棕色的粉末，味甜、酸。

【功能】滋补肝肾。

【主治】肝肾阴虚，腰胯无力，盗汗，滑精，阴虚发热。

证见站立不稳，时欲倒地，腰胯疲弱，后躯无力，眼干涩，视力减退，或夜盲内障。低烧或午后发热，盗汗，口色红，苔少或无苔，脉细数。公猪举阳滑精，母猪发情周期不正常。

【用法与用量】猪 15~50 克。

【不良反应】按规定剂量使用，暂未见不良反应。

【注意事项】本品为阴虚证而设，体实及阳虚者忌用；感冒者慎用，以免表邪不解；本品药性较滋腻，脾虚、气滞、食少纳呆者慎用。

巴戟散

【主要成分】巴戟天、小茴香、槟榔、肉桂、陈皮等。

【性状】本品为褐色的粉末，气香，味甘、苦。

【功能】补肾壮阳，祛寒止痛。

【主治】腰胯风湿。

证见背腰僵硬，患部肌肉与关节疼痛，难起难卧，运步不灵，跛行明显，运动后有所减轻，重则卧地不起，髋结节等处磨破形成褥疮；全身症状有形寒肢冷，耳鼻不温，易汗，饮食欲减损，口色淡，苔白，脉沉迟无力。

【用法与用量】猪 45~60 克。

【不良反应】按规定剂量使用，暂未见不良反应。

【注意事项】有发热、口色红、脉数等热象时忌用，妊娠母猪慎用。

四君子散

【主要成分】党参、白术（炒）、茯苓、炙甘草。

【性状】本品为灰黄色的粉末，气微香，味甘。

【功能】益气健脾。

【主治】脾胃气虚，食少，体瘦。

证见体瘦毛焦，倦怠乏力，食少纳呆，粪便溏稀，完谷不化，口色淡白，脉弱。

【用法与用量】猪 30~45 克。

【不良反应】按规定剂量使用，暂未见不良反应。

【注意事项】暂无规定。

生乳散

【主要成分】黄芪、党参、当归、通草、川芎等。

【性状】本品为淡棕褐色的粉末，气香，味甘、苦。

【功能】补气养血，通经下乳。

【主治】气血不足的缺乳和乳少症。

【用法与用量】猪 60~90 克。

【不良反应】按规定剂量使用，暂未见不良反应。

【注意事项】暂无规定。

补中益气散

【主要成分】炙黄芪、党参、白术（炒）、炙甘草、当归、升麻、柴胡、陈皮等。

【性状】本品为淡黄棕色的粉末，气香，味辛、甘、微苦。

【功能】补中益气，升阳举陷。

【主治】脾胃气虚，久泻，脱肛，子宫脱垂。

脾胃气虚　证见食欲减少，精神不振，肷吊毛焦，体瘦形羸，四肢无力，怠行好卧，粪便稀软，完谷不化或水粪并下，口色淡白，脉沉细无力。严重者久泻，脱肛或子宫脱垂。

【用法与用量】猪 45~60 克。

【不良反应】按规定剂量使用，暂未见不良反应。

【注意事项】暂无规定。

百合固金散

【主要成分】百合、白芍、当归、甘草、玄参等。

【性状】本品为黑褐色的粉末，味微甘。

【功能】养阴清热，润肺化痰。

【主治】肺虚咳喘，阴虚火旺，咽喉肿痛。

证见干咳少痰，痰中带血，咽喉疼痛，舌红苔少，脉细数。

【用法与用量】猪 45~60 克。

【不良反应】按规定剂量使用，暂未见不良反应。

【注意事项】（1）外感咳嗽、寒湿痰喘者忌用。

（2）脾虚便溏、食欲不振者慎用。

催情散

【主要成分】淫羊藿、阳起石（酒淬）、当归、香附、益母草等。

【性状】本品为淡灰色的粉末，气香，味微苦、微辛。

【功能】催情。

【主治】不发情。

【用法与用量】猪 30~60 克。

【不良反应】按规定剂量使用，暂未见不良反应。

【注意事项】暂无规定。

参苓白术散

【主要成分】党参、茯苓、白术（炒）、山药、甘草等。

【性状】本品为浅棕黄色的粉末，气微香，味甘、淡。

【功能】补脾胃，益肺气。

【主治】脾胃虚弱，肺气不足。

脾胃虚弱：证见精神短少，完谷不化，久泻不止，体形羸瘦，四肢浮肿，肠鸣，小便短少，口色淡白，脉沉细。

肺气不足：证见久咳气喘，动则喘甚，鼻流清涕，畏寒喜暖，易出汗，日渐削瘦，皮燥毛焦，倦怠肯卧，口色淡白，脉象细弱。

【用法与用量】猪 45~60 克。

【不良反应】按规定剂量使用，暂未见不良反应。

【注意事项】暂无规定。

保胎无忧散

【主要成分】当归、川芎、熟地黄、白芍、黄芪等。

【性状】本品为淡黄色的粉末，气香，味甘、微苦。

【功能】养血，补气，安胎。

【主治】胎动不安。

证见站立不安，回头顾腹，弓腰努责，频频排出少量尿液，阴道流出带血水浊液，间有起卧，右侧下腹部触诊，可感知胎动增加。

【用法与用量】猪 30~60 克。

【不良反应】按规定剂量使用，暂未见不良反应。

【注意事项】暂无规定。

泰山盘石散

【主要成分】党参、黄芪、当归、续断、黄芩等。

【性状】本品为淡棕色的粉末，气微香，味甘。

【功能】补气血，安胎。

【主治】气血两虚所致胎动不安，习惯性流产。

胎动不安：证见站立不安，回头顾腹，弓腰努责，频频排出少量尿液，阴道流出带血水浊液，间有起卧，右侧下腹部触诊，可感知胎动增加。

【用法与用量】猪 60~90 克。

【不良反应】按规定剂量使用，暂未见不良反应。

【注意事项】暂无规定。

催奶灵散

【主要成分】王不留行、黄芪、皂角刺、当归、党参等。

【性状】本品为灰黄色的粉末，气香，味甘。

【功能】补气养血，通经下乳。

【主治】产后乳少，乳汁不下。

【用法与用量】猪 40~60 克。

【不良反应】按规定剂量使用，暂未见不良反应。

【注意事项】暂无规定。

母仔安散

【主要成分】铁苋菜、苍术、泽泻、山药、白芍。

【性状】本品为灰棕色粉末，味微酸、涩。

【功能】健脾益气，燥湿止痢。

【主治】用于预防仔猪黄痢、白痢。

【用法与用量】一次量，产后带仔母猪，50 克，一日 2 次，从产仔当日起，连服 3 日。

【不良反应】按规定剂量使用，暂未见不良反应。

【注意事项】用一个疗程可预防黄痢发生，用两个疗程对白痢的发生也有预防作用。

杜仲山楂散

【主要成分】女贞子、杜仲、山楂、黄芪、玄明粉。

【性状】本品为棕黄色的粉末，味微咸。

【功能】补肾益肝，开胃健脾。

【主治】脾肾虚弱，生长迟缓。

【用法与用量】混饲：每千克饲料，猪 5~10 克。

【不良反应】按规定剂量使用，暂未见不良反应。

（十二）安神开窍方

朱砂散

【主要成分】朱砂、党参、茯苓、黄连。

【性状】本品为淡棕黄色的粉末，味辛、苦。

【功能】清心安神，扶正祛邪。

【主治】心热风邪，脑黄。

心热风邪：证见全身出汗，肉颤头摇，气促喘粗，神志不清，左右乱跌，口色赤红，脉洪数。

脑黄：证见高热神昏，狂燥不安，前肢举起，爬越饲槽，不顾障碍，低头前冲或昂头奔驰，有时不住转圈。口色赤红，脉象洪数。

【用法与用量】猪 10~30 克。

【不良反应】按规定剂量使用，暂未见不良反应。

【注意事项】暂无规定。

通关散

【主要成分】猪牙皂、细辛。

【性状】本品为浅黄色的粉末，气香窜，味辛。

【功能】通关开窍。

【主治】中暑，昏迷，冷痛。

中暑：证见突然发病，身热喘促，全身肉颤，汗出如浆，烦躁不安，行走如醉，甚至神昏倒地，痉挛抽搐，口色赤紫，脉象洪数或细数无力。若不及时抢救，则很快出现呼吸浅表，四肢不温，脉微欲绝的气阴两脱之危象。

冷痛：证见间歇性腹痛，起卧不安，频频摆尾，前蹄刨地，肠鸣如雷，泻粪如水，鼻塞耳冷，蹇唇似笑，口色青黄，口津滑利，脉象沉迟；病情严重者，腹痛剧烈，急起急卧，打滚翻转。

【用法与用量】外用少许，吹入鼻孔取嚏。

【不良反应】按规定剂量使用，暂未见不良反应。

【注意事项】（1）热闭神昏，舌质红绛，脉数者，或冷汗不止，脉微欲绝，由闭证转为脱证时，不可使用。妊娠猪忌用。

（2）本药用量以取嚏为度，不宜过多，以防吸入气管发生意外；本药用于急救，中病即止。

枣胡散

【主要成分】酸枣仁、延胡索、川芎、茯苓、知母等。

【性状】本品为淡黄色至棕黄色的粉末，气微香，味微甘、微酸。

【功能】镇静安神，健脾消食。

【主治】缓解仔猪断奶应激。
【用法与用量】混饲：每千克体重，断奶仔猪 1 克，连用 14 日。
【不良反应】暂未发现不良反应。
【注意事项】暂无规定。

（十三）平肝方

千金散

【主要成分】蔓荆子、旋覆花、僵蚕、天麻、乌梢蛇等。
【性状】本品为淡棕黄色至浅灰褐色的粉末，气香窜，味淡、辛、咸。
【功能】熄风解痉。
【主治】破伤风。
【用法与用量】猪 30~100 克。
【不良反应】按规定剂量使用，暂未见不良反应。
【注意事项】暂无规定。

（十四）驱虫方

驱虫散

【主要成分】南鹤虱、使君子、槟榔、芜荑、雷丸等。
【性状】本品为褐色的粉末，气香，味苦、涩。
【功能】驱虫。
【主治】胃肠道寄生虫病。
【用法与用量】猪 30~60 克。
【不良反应】按规定剂量使用，暂未见不良反应。
【注意事项】暂无规定。

擦疥散

【主要成分】狼毒、猪牙皂（炮）、巴豆、雄黄、轻粉。
【性状】本品为棕黄色的粉末，气香窜，味苦、辛。
【功能】杀疥螨。
【主治】疥癣。
【用法与用量】外用适量。将植物油烧热，调药成流膏状，涂擦患处。
【不良反应】按规定剂量使用，暂未见不良反应。

【注意事项】不可内服。如疥癣面积过大，应分区分期涂药，并防止患病动物舔食。

（十五）外用方

生肌散

【主要成分】血竭、赤石脂、醋乳香、龙骨（煅）、冰片等。
【性状】本品为淡灰红色的粉末，气香，味苦、涩。
【功能】生肌敛疮。
【主治】疮疡。
【用法与用量】外用适量，撒布患处。
【不良反应】按规定剂量使用，暂未见不良反应。
【注意事项】暂无规定。

防腐生肌散

【主要成分】枯矾、陈石灰、血竭、乳香、没药等。
【性状】本品为淡暗红色的粉末，气香，味辛、涩、微苦。
【功能】防腐生肌，收敛止血。
【主治】痈疽溃烂，疮疡流脓，外伤出血。
证见痈疽疮疡破溃处流出黄色或绿色稠脓，带恶臭味，或夹杂有血丝或血块，疮面呈赤红色，有时疮面被褐色痂皮覆盖。
【用法与用量】外用适量，撒布创面。
【不良反应】按规定剂量使用，暂未见不良反应。
【注意事项】暂无规定。

青黛散

【主要成分】青黛、黄连、黄柏、薄荷、桔梗等。
【性状】本品为灰绿色的粉末，气清香，味苦、微涩。
【功能】清热解毒，消肿止痛。
【主治】口舌生疮，咽喉肿痛。
口舌生疮：唇舌肿胀溃烂，口流黏液，甚至带血，口臭难闻，采食困难。
咽喉肿痛：证见伸头直项，吞咽不利，口中流涎。
【用法与用量】将药适量装入纱布袋内，噙于猪口中。

【不良反应】按规定剂量使用，暂未见不良反应。
【注意事项】暂无规定。

桃花散

【主要成分】陈石灰、大黄。
【性状】本品为粉红色的细粉，味微苦、涩。
【功能】收敛，止血。
【主治】外伤出血。
【用法与用量】外用适量，撒布创面。
【不良反应】按规定剂量使用，暂未见不良反应。
【注意事项】暂无规定。

（十六）免疫增强剂

茯苓多糖散

【主要成分】茯苓。
【性状】本品为灰白色的粉末，气微香，味微甜。
【功能】增强免疫。
【主治】用于提高猪对猪瘟疫苗和猪伪狂犬病疫苗的免疫应答。
【用法与用量】混饲：每千克饲料，猪 100 毫克，疫苗免疫前 3 天给药，连用 14 日。
【不良反应】暂未发现不良反应。
【注意事项】暂无规定。

芪藿散

【主要成分】黄芪、淫羊藿。
【性状】本品为浅棕色的粉末。
【功能】补益正气，增强免疫。
【主治】用于提高猪对猪瘟疫苗的免疫应答。
【用法与用量】配合疫苗使用，混饲：仔猪 0.7~1 克，连用 3 天。
【不良反应】暂未发现不良反应。
【注意事项】暂无规定。

五加芪粉

【主要成分】黄芪、刺五加。
【性状】本品为棕黄色至棕褐色粉末，味微甘。
【功能】补中益气。
【主治】用于增强猪对猪瘟疫苗的早期免疫应答。
【用法与用量】混饲，每千克饲料，猪 0.4 克，疫苗免疫后连用 7 天。
【不良反应】暂未发现不良反应。
【注意事项】暂无规定。

黄芪多糖粉

【主要成分】黄芪多糖。
【性状】本品为棕褐色粉末，微香甜，味苦。
【功能】益气固本，增强机体抵抗力。
【主治】用于提高猪对猪瘟疫苗、猪口蹄疫疫苗的抗体水平。
【用法与用量】混饲，每千克饲料，猪 200 毫克，自由采食，疫苗免疫前 3 天给药，连用 7 天。
【不良反应】暂未发现不良反应。
【注意事项】暂无规定。

二、口服液

白头翁口服液

【主要成分】白头翁、黄连、秦皮、黄柏。
【性状】本品为棕红色的液体，味苦。
【功能】清热解毒，凉血止痢。
【主治】湿热泄泻，下痢脓血。
【用法与用量】猪 30~45 毫升。
【不良反应】按规定剂量使用，暂未见不良反应。

杨树花口服液

【主要成分】杨树花。
【性状】本品为红棕色的澄明液体。

【功能】化湿止痢。

【主治】痢疾，肠炎。

痢疾：证见精神短少，蜷腰卧地，食欲减少甚至废绝，鼻镜干燥；弓腰努责，泻粪不爽，里急后重，下痢稀糊，赤白相杂，或呈白色胶冻状，口色赤红，舌苔黄腻，脉数。

肠炎：证见发热，精神沉郁，食欲减少或废绝，口渴多饮，有时轻微腹痛，蜷腰卧地，泻粪稀薄，黏腻腥臭，尿赤短，口色赤红，舌苔黄腻，口臭，脉象沉数。

【用法与用量】猪 10~20 毫升。

【不良反应】按规定剂量使用，暂未见不良反应。

【注意事项】暂无规定。

黄栀口服液

【主要成分】黄连、黄芩、栀子、穿心莲、白头翁等。

【性状】本品为深棕色的液体，味甘、苦。

【功能】清热解毒，凉血止痢。

【主治】湿热下痢。

【用法与用量】混饮：每升水，猪 1.0~1.5 毫升。

【不良反应】按规定剂量使用，暂未见不良反应。

银黄提取物口服液

【主要成分】金银花提取物、黄芩提取物。

【性状】本品为棕黄色至棕红色的澄清液体。

【功能】清热疏风，利咽解毒。

【主治】风热犯肺，发热咳嗽。

【用法与用量】每升水，猪 1 毫升，连用 3 天。

【不良反应】按规定剂量使用，暂未见不良反应。

【注意事项】暂无规定。

藿香正气口服液

【主要成分】广藿香油、紫苏叶油、茯苓、白芷、大腹皮等。

【性状】本品为棕色的澄清液体，味辛、微甜。

【功能】解表祛暑，化湿和中。

【主治】外感风寒，内伤湿滞，夏伤暑湿，胃肠型感冒。
【用法与用量】每升饮水，猪 2 毫升，连用 3~5 日。
【不良反应】按规定剂量使用，暂未见不良反应。
【注意事项】暂无规定。

三、颗粒剂

甘草颗粒

【主要成分】甘草。
【性状】本品为黄棕色至棕褐色的颗粒，味甜、略苦涩。
【功能】祛痰止咳。
【主治】咳嗽。
【用法与用量】猪 6~12 克。
【不良反应】按规定剂量使用，暂未见不良反应。
【注意事项】一般不与海藻、大戟、甘遂等芫花合用。

连参止痢颗粒

【主要成分】黄连、苦参、白头翁、诃子、甘草。
【性状】本品为黄色至黄棕色的颗粒，味苦。
【功能】清热燥湿，凉血止痢。
【主治】用于沙门氏菌感染所致的泻痢。
【用法与用量】一次量，猪 1 克/千克体重，2 次/天。
【不良反应】按规定剂量使用，暂未见不良反应。
【注意事项】暂无规定。

玉屏风颗粒

【主要成分】黄芪、白术（炒）、防风。
【性状】浅黄色至棕黄色颗粒，味微苦、涩。
【功能】祛风固表，补而不恋邪，祛风而不伤正。
【主治】提高断奶仔猪免疫力。
【用法与用量】混饲，断奶仔猪 1 克/千克饲料，连用 7 天。
【不良反应】按规定剂量使用，暂未见不良反应。

【注意事项】暂无规定。

北芪五加颗粒

【主要成分】黄芪、刺五加。

【性状】本品为棕色颗粒，味甜、微苦。

【功能】益气健脾。

【主治】用于增强猪对猪瘟疫苗的免疫应答。

【用法与用量】混饲，每千克饲料，猪 4 克，连用 7 天。

【不良反应】按规定剂量使用，暂未发现不良反应。

【注意事项】暂无规定。

苦参止痢颗粒

【主要成分】苦参、白芍、木香。

【性状】本品为黄棕色至棕色颗粒。

【功能】清热燥湿，止痢。

【主治】主治仔猪白痢。

【用法与用量】灌服：仔猪 0.2 克/千克体重，连用 5 天。

【不良反应】按规定剂量使用，暂未发现不良反应。

【注意事项】暂无规定。

石香颗粒

【主要成分】苍术、关黄柏、石膏、广藿香、木香等。

【性状】本品为棕色至棕褐色的颗粒，气微香，味苦。

【功能】清热泻火，化湿健脾。

【主治】高温引起的精神委顿、食欲不振、生产性能下降。

【用法与用量】每千克体重，猪 0.15 克，连用 7 日；预防量减半。

【不良反应】按规定剂量使用，暂未见不良反应。

马针颗粒

【主要成分】马齿苋、三颗针。

【性状】本品为棕黄色至棕褐色的颗粒。

【功能与主治】清热解毒，止痢。主治仔猪黄痢、仔猪白痢。

【用法与用量】口服：一次量，仔猪 1 克/千克体重，1 次/天，连用 3 天。

【不良反应】暂未发现不良反应。
【注意事项】暂无规定。

板蓝根颗粒

【主要成分】板蓝根。
【性状】本品为（浅）黄色或棕褐色颗粒。
【功能】清热解毒，凉血利咽。
【主治】风热感冒，咽喉肿痛，口舌生疮，疮黄肿毒。
【用法与用量】猪 15~30 克。
【不良反应】暂未发现不良反应。
【注意事项】暂无规定。

紫锥菊颗粒

【主要成分】紫锥菊。
【性状】本品为黄绿色至浅黄棕色颗粒，味甜、微苦。
【功能】清热解毒，凉血利咽。

【主治】（1）可以解决母猪的病毒性感染问题。通过抑制病毒在体内的复制，净化机体内的病毒。如圆环病毒、蓝耳病毒、猪瘟病毒等。并且可以改善母猪母源抗体水平，改善母乳品质。

（2）提高仔猪的健康和抵抗力。紫锥菊可促进 T 淋巴细胞、B 淋巴细胞和巨噬细胞的免疫活性，增强机体的免疫应答和免疫水平，提高整个猪群的健康水平和抗应激能力。

（3）辅助治疗各种病毒性疾病。对无名高热、猪瘟、蓝耳、圆环等感染具有很强的辅助治疗作用。

【用法与用量】（1）改善母猪的各种问题：每吨料添加 1 千克，可全程添加。

（2）提高仔猪的健康和抵抗力：在断奶、转群等高强度应激时每吨料添加 1 千克。

（3）辅助治疗各种病毒性疾病：每吨料添加 1~2 千克。

【不良反应】暂未发现不良反应。
【注意事项】暂无规定。

四、注射液

穿心莲注射液

【主要成分】穿心莲，含穿心莲内酯、脱水穿心莲内酯、14-去氧穿心莲内酯等。

【性状】本品为黄色至黄棕色的澄明液体。

【功能】清热解毒。

【主治】肠炎，肺炎，仔猪白痢。

【用法与用量】肌内注射：猪 5~15 毫升。

【不良反应】过敏性休克、药疹、过敏性心肌损伤等。

【注意事项】脾胃虚寒慎用。

板蓝根注射液

【主要成分】板蓝根。

【性状】本品为棕色澄明灭菌溶液。

【功能】抗菌。

【主治】流感、仔猪白痢、肺炎及某些发热性疾患。

【用法与用量】常用量，肌内注射：猪 10~25 毫升。

【不良反应】人医报道，有过敏性休克，过敏性皮疹，上消化道出血，泌尿系统损害和多发性肉芽肿，肾脏损害。

【注意事项】（1）不可与碱性药物合用。

（2）有少量沉淀，加热溶解后使用，不影响疗效。

柴胡注射液

【主要成分】柴胡。

【性状】本品为无色或微乳白色的澄明液体，气芳香。

【功能】解热。

【主治】感冒发热。

【用法与用量】肌内注射：猪 5~10 毫升。

【不良反应】按规定剂量使用，暂未见不良反应。

【注意事项】本品为退热解表药，无发热者不宜。

鱼腥草注射液

【主要成分】鱼腥草，含癸酰乙醛、总黄酮等。

【性状】本品为无色或微黄色的澄明液体，有鱼腥味。

【功能】清热解毒，消肿排脓，利尿通淋。

【主治】肺痈（肺炎、肺脓肿），痢疾，乳痈（乳腺炎），淋浊。

肺痈：证见高热不退，咳喘频繁，鼻流脓涕或带血丝，舌红苔黄，脉数。

痢疾：证见下痢脓血，里急后重，泻粪黏腻，时有腹痛，口色红，苔黄，脉数。

乳痈：证见乳房胀痛，乳汁变性，混有凝乳块或血丝。

淋浊：证见尿频、尿急、尿痛、排尿不畅、淋漓不尽，或者尿中有血丝或沙石。

【用法与用量】肌内注射：猪 5~10 毫升。

【不良反应】可出现恶心、呕吐、呼吸困难、皮疹、寒战、高热、过敏性休克、局部静脉炎等。

【注意事项】暂无规定。

黄芪多糖注射液

【主要成分】黄芪多糖。

【性状】本品为黄色至黄褐色澄明液体，长久贮存或冷冻后有沉淀析出。

【功能】益气固本，诱导产生干扰素，调节机体免疫功能，促进抗体形成。

【主治】用于猪病毒性疾病、无名高热病及混合感染，特别对急性病例能迅速得到控制。猪无名高热病（蓝耳病变异株）、圆环病毒病、蓝耳病（繁殖与呼吸综合征）、猪传染性胃肠炎、猪病毒性腹泻、温和型及非典型猪瘟等。

【用法与用量】肌内或静脉注射：猪 0.1~0.2 毫升，1 日 1 次，连用 2 日。

【不良反应】按规定剂量使用，暂未见不良反应。

【注意事项】暂无规定。

四季青注射液

【主要成分】四季青叶。

【性状】本品为棕红色的澄明液体。

【功能】清热解毒。

【主治】用于治疗腹泻、仔猪血痢、肺炎及泌尿系统感染等。

【用法与用量】肌内注射：一次量，猪 10~20 毫升。

【不良反应】按规定剂量使用，暂未见不良反应。

双黄连注射液

【主要成分】金银花、黄芩、连翘。

【性状】本品为棕红色的澄明液体。

【功能】清热解毒，疏风解表。

【主治】外感风热，肺热咳喘。

【用法与用量】肌内注射，猪 10~20 毫升。

【不良反应】按规定剂量使用，暂未见不良反应。

黄藤素注射液

【主要成分】黄藤素。

【性状】本品为黄色的澄明液体。

【功能】清热解毒。

【主治】菌痢、肠炎。

【用法与用量】皮下或肌内注射，猪 10 毫升。

【不良反应】按规定剂量使用，暂未见不良反应。

银黄注射液

【主要成分】金银花、黄芩。

【性状】本品为浅棕至红棕色的澄清液体。

【功能】清热解毒，宣肺燥湿。

【主治】热毒壅盛，用于猪肺疫、猪喘气病的治疗。

【用法与用量】肌内或静脉注射：一次量，猪 0.15 毫升/千克体重，2 次/天，连用 5 天。

【不良反应】按规定剂量使用，暂未见不良反应。

苦参注射液

【主要成分】苦参。

【性状】本品为黄色至棕黄色澄明液体。

【功能】清热燥湿。

【主治】湿热泻痢。

【用法与用量】肌内注射：猪 0.2 毫升/千克体重，2 次/天，连用 4 天。

【不良反应】按规定剂量使用，暂未见不良反应。

博落回注射液

【主要成分】博落回。

【性状】本品为棕红色的澄明液体。

【功能】抗菌消炎。

【主治】仔猪白痢、黄痢。

【用法与用量】肌内注射：一次量，猪，体重 10 千克以下，2~5 毫升；体重 10~50 千克，5~10 毫升，2~3 次/天。

【不良反应】口服或肌内注射均能引起严重心律失常至心源性脑缺血综合征。

【注意事项】一次用量不得超过 15 毫升。

金根注射液

【主要成分】金银花、板蓝根

【性状】本品为红棕色澄明液体。

【功能】清热解毒，化湿止痢。

【主治】湿热泄痢；仔猪白痢、黄痢。

【用法用量】肌内注射：一次量，哺乳仔猪 2~4 毫升，断奶仔猪 5~10 毫升，1 日 2 次，连用 3 日。

【不良反应】按规定剂量使用，暂未见不良反应。

鱼金注射液

【主要成分】鱼腥草、金银花。

【性状】本品为几乎无色的澄明液体。

【功能】清热解毒，消肿排脓。

【主治】咽痛、肺痈、肠黄、痢疾、乳房肿痛。

【用法与用量】肌内注射：一次量，马、牛 20~40 毫升；羊、猪 10~20 毫升，1 日 2~4 次。

【不良反应】按规定剂量使用，暂未见不良反应。

苦木注射液

【主要成分】苦木。
【性状】本品为橙黄色的澄明液体。
【功能】清热，解毒。
【主治】风热感冒，肺热。
【用法与用量】肌内注射：小猪 10 毫升，连用 3 天。
【不良反应】按规定剂量使用，暂未见不良反应。

芩连注射液

【主要成分】黄芩、连翘、龙胆。
【性状】本品为淡棕黄色至棕黄色的澄明液体。
【功能】清肺热，利肝胆。
【主治】肺热咳喘，湿热黄疸。
【用法与用量】肌内注射：猪 10 毫升。
【不良反应】按规定剂量使用，暂未见不良反应。

柴辛注射液

【主要成分】柴胡、细辛。
【性状】本品为无色至微黄色的澄明液体。
【功能】解表退热，祛风散寒。
【主治】感冒发热。
【用法与用量】肌内注射：猪 3~5 毫升。
【不良反应】按规定剂量使用，暂未见不良反应。
【注意事项】（1）不宜长期使用，亦不宜与含藜芦的药物同用。
（2）妊娠母猪、弱猪及幼猪慎用。

板陈黄注射液

【主要成分】板蓝根、麻黄、陈皮。
【性状】本品为棕黄色至棕红色的澄明液体。
【功能】清热解毒，止咳平喘，理气化痰。
【主治】肺热咳喘。
【用法与用量】肌内注射：一次量，每千克体重，猪 0.2~0.4 毫升，1 日

2次，连用2日。

【不良反应】按规定剂量使用，暂未见不良反应。

地丁菊莲注射液

【主要成分】穿心莲、紫花地丁、野菊花。

【性状】本品为棕黄色或棕红色的澄明液体。

【功能】清热解毒，燥湿止痢。

【主治】仔猪白痢。

【用法与用量】肌内注射：仔猪5~10毫升。

【不良反应】按规定剂量使用，暂未见不良反应。

硫酸小檗碱注射液

【主要成分】硫酸小檗碱。

【性状】本品为黄色的澄明液体。

【功能】抗菌药。

【主治】用于肠道细菌性感染。

【用法与用量】肌内注射：猪2.5~5毫升。

【不良反应】按规定的用法与用量使用尚未见不良反应

【注意事项】本品不能静脉注射。遇冷析出结晶，用前浸入热水中，用力振摇，溶解成澄明液体并凉至与体温相同时使用。

大蒜苦参注射液

【主要成分】大蒜、苦参

【性状】本品为棕黄色或淡棕黄色的澄明液体。

【功能】清热燥湿，止泻止痢。

【主治】仔猪黄痢、仔猪白痢。

【用法与用量】肌内注射：每千克体重，仔猪0.2~0.25毫升。

【不良反应】按规定剂量使用，暂未见不良反应。

银黄提取物注射液

【主要成分】金银花提取物、黄芩提取物。

【性状】本品为棕黄色至棕红色的澄明液体。

【功能】清热疏风，利咽解毒。

【主治】风热犯肺，发热咳嗽。
【用法与用量】肌内注射：每千克体重，猪 0.1 毫升，连用 3 日。
【不良反应】按规定剂量使用，暂未见不良反应。
【注意事项】暂无规定。

银柴注射液

【主要成分】金银花、柴胡、黄芩、板蓝根、栀子。
【性状】本品为棕红色的澄明液体。
【功能】辛凉解表，清热解毒。
【主治】外感发热。
【用法与用量】肌内注射：一次量，猪 10 毫升，1 日 2 次，连用 3~5 日。
【不良反应】按规定剂量使用，暂未见不良反应。

第二章　猪场药物的安全使用

第一节　安全合理用药

一、《兽药管理条例》对兽药安全合理使用的规定

兽药的安全使用是指兽药使用既要保障动物疾病的有效治疗，又要保障对动物和人的安全。建立用药记录是防止临床滥用兽药，保障遵守兽药的休药期，以避免或减少兽药残留，保障动物产品质量的重要手段。2004 年 11 月 1 日起施行的《兽药管理条例》，历经 2014 年 7 月 29 日国务院令第 653 号部分修订、2016 年 2 月 6 日国务院令第 666 号部分修订、2020 年 3 月 27 日国务院令 726 令部分修订等多次修订后，已经逐步完善。新修订的《兽药管理条例》明确要求兽药使用单位，要遵守国务院兽医行政管理部门制定的兽药安全使用规定，并建立用药记录。

兽药安全使用规定，是指农业部（现农业农村部）发布的关于安全使用兽药以确保动物安全和人的食品安全等方面的有关规定，如饲料药物添加剂使用规范、食品动物禁用的兽药及其他化合物清单，动物性食品中兽药最高残留限量、兽用休药期规定，以及兽用处方药和非处方药分类管理办法等文件。用药记录是指由兽医使用者所记录的关于预防治疗诊断动物疾病所使用的兽药名称、剂量、用法、疗程、用药开始日期、预计停药日期、产品批号、兽药生产企业名称、处方人、用药人等的书面材料和档案。

为确保动物性产品的安全，饲养者除了应遵守休药期规定外，还应确保动物及其产品在用药期、休药期内不用于食品消费。如泌乳期奶牛在发生乳房炎而使用抗菌药等进行治疗期间，其所产牛奶应当废弃，不得用作食品。

新《兽药管理条例》还规定，禁止将原料药直接添加到饲料及动物饮水中或者直接饲喂动物。因为，将原料药直接添加到动物饲料或饮水中，一是剂

量难以掌握或是稀释不均匀有可能引起中毒死亡，二是国家规定的休药期一般是针对制剂规定的，原料药没有休药期数据会造成严重的兽药残留问题。

临床合理用药，既要做到有效地防治畜禽的各种疾病，又要避免对动物机体造成毒性损害或降低动物的生产性能，因此，必须全面考虑动物的种属、年龄、性别等对药物作用的影响，选择适宜的药物、适宜的剂型、给药途径、剂量与疗程等，科学合理地加以使用。

（一）新《兽药管理条例》关于兽药使用的主要内容

第 38 条　兽药使用单位，应当遵守国务院兽医行政管理部门制定的兽药安全使用规定，并建立用药记录。

第 39 条　禁止使用假、劣兽药以及国务院兽医行政管理部门规定禁止使用的药品和其他化合物。禁止使用的药品和其他化合物目录由国务院兽医行政管理部门制定公布。

第 40 条　有休药期规定的兽药用于食用动物时，饲养者应当向购买者或者屠宰者提供准确、真实的用药记录；购买者或者屠宰者应当确保动物及其产品在用药期、休药期内不被用于食品消费。

第 41 条　国务院兽医行政管理部门，负责制定公布在饲料中允许添加的药物饲料添加剂品种目录。

禁止在饲料和动物饮水中添加激素类药品和国务院兽医行政管理部门规定的其他禁用药品。

经批准可以在饲料中添加的兽药，应当由兽药生产企业制成药物饲料添加剂后方可添加。禁止将原料药直接添加到饲料及动物饮用水中或者直接饲喂动物。

禁止将人用药品用于动物。

第 42 条　国务院兽医行政管理部门，应当制定并组织实施国家动物及动物产品兽药残留监控计划。

县级以上人民政府兽医行政管理部门，负责组织对动物产品中兽药残留量的检测。兽药残留检测结果，由国务院兽医行政管理部门或者省、自治区、直辖市人民政府兽医行政管理部门按照权限予以公布。

动物产品的生产者、销售者对检测结果有异议的，可以自收到检测结果之日起 7 个工作日内向组织实施兽药残留检测的兽医行政管理部门或者其上级兽医行政管理部门提出申请，由受理申请的兽医行政管理部门指定检验机构进行复检。

兽药残留限量标准和残留检测方法，由国务院兽医行政管理部门制定发布。

第43条 禁止销售含有违禁药物或者兽药残留量超过标准的食用动物产品。

（二）食品动物禁用的兽药及其化合物清单

2002年4月农业部公告193号（表2-1）发布食品动物禁用的兽药及其他化合物清单。截至2002年5月15日，《禁用清单》序号1~18所列品种的原料药及其单方、复方制剂产品停止经营和使用。《禁用清单》序号19~21所列品种的原料药及其单方、复方制剂产品不准以抗应激、提高饲料转化率、促进动物生长为目的的在食品动物饲养过程中使用。

表2-1 食品动物禁用的兽药及其他化合物清单

序号	兽药及其他化合物名称	禁止用途	禁用动物
1	β-兴奋剂类：克仑特罗、沙丁胺醇、西马特罗及其盐、酯及制剂	所有用途	所有食品动物
2	性激素类：己烯雌酚及其盐、酯及制剂	所有用途	所有食品动物
3	具有雌激素样作用的物质：玉米赤霉醇、去甲雄三烯醇酮、醋酸甲孕酮及制剂	所有用途	所有食品动物
4	氯霉素及其盐、酯（包括：琥珀氯霉素）及制剂	所有用途	所有食品动物
5	氨苯砜及制剂	所有用途	所有食品动物
6	硝基呋喃类：呋喃唑酮、呋喃它酮、呋喃苯烯酸钠及制剂	所有用途	所有食品动物
7	硝基化合物：硝基酚钠、硝呋烯腙及制剂	所有用途	所有食品动物
8	催眠、镇静类：安眠酮及制剂	所有用途	所有食品动物
9	林丹（丙体六六六）	杀虫剂	所有食品动物
10	毒杀芬（氯化烯）	杀虫剂、清塘剂	所有食品动物
11	呋喃丹（克百威）	杀虫剂	所有食品动物
12	杀虫脒（克死螨）	杀虫剂	所有食品动物
13	双甲脒	杀虫剂	水生食品动物
14	酒石酸锑钾	杀虫剂	所有食品动物
15	锥虫胂胺	杀虫剂	所有食品动物
16	孔雀石绿	抗菌、杀虫剂	所有食品动物

（续表）

序号	兽药及其他化合物名称	禁止用途	禁用动物
17	五氯酚酸钠	杀螺剂	所有食品动物
18	各种汞制剂包括：氯化亚汞（甘汞）、硝酸亚汞、醋酸汞、吡啶基醋酸汞	杀虫剂	所有食品动物
19	性激素类：甲基睾丸酮、丙酸睾酮、苯丙酸诺龙、苯甲酸雌二醇及其盐、酯及制剂	促生长	所有食品动物
20	催眠、镇静类：氯丙嗪、地西泮（安定）及其盐、酯及制剂	促生长	所有食品动物
21	硝基咪唑类：甲硝唑、地美硝唑及其盐、酯及制剂	促生长	所有食品动物

注：食品动物是指各种供人食用或其产品供人食用的动物。

中华人民共和国农业部于2015年9月1日再次发布第2292号公告，经评价，认为洛美沙星、培氟沙星、氧氟沙星、诺氟沙星4种原料药的各种盐、酯及其各种制剂可能对养殖业、人体健康造成危害或者存在潜在风险。根据《兽药管理条例》第六十九条规定，决定在食品动物中停止使用洛美沙星、培氟沙星、氧氟沙星、诺氟沙星4种兽药，撤销相关兽药产品批准文号。公告指出，自公告发布之日起，除用于非食品动物的产品外，停止受理洛美沙星、培氟沙星、氧氟沙星、诺氟沙星4种原料药的各种盐、酯及其各种制剂的兽药产品批准文号的申请。自2015年12月31日起，停止生产用于食品动物的洛美沙星、培氟沙星、氧氟沙星、诺氟沙星4种原料药的各种盐、酯及其各种制剂，涉及的相关企业的兽药产品批准文号同时撤销。2015年12月31日前生产的产品，可以在2016年12月31日前流通使用。自2016年12月31日起，停止经营、使用用于食品动物的洛美沙星、培氟沙星、氧氟沙星、诺氟沙星4种原料药的各种盐、酯及其各种制剂。

2017年农业部发布2583号公告，禁止非泼罗尼及相关制剂用于食品动物。

农业部于2018年1月11日再次发布公告第2638号，自公告发布之日起，停止受理喹乙醇、氨苯胂酸、洛克沙胂等3种兽药的原料药及各种制剂兽药产品批准文号的申请。自2018年5月1日起，停止生产喹乙醇、氨苯胂酸、洛克沙胂等3种兽药的原料药及各种制剂，相关企业的兽药产品批准文号同时注销。2018年4月30日前生产的产品，可在2019年4月30日前流通使用。自2019年5月1日起，停止经营、使用喹乙醇、氨苯胂酸、洛克沙胂等3种兽药的原料药及各种制剂。

（三）禁止在饲料和动物饮用水中使用的药物品种目录

农业部公告第 176 号规定，凡生产含有药物饲料添加剂的饲料产品，必须严格执行《饲料药物添加剂使用规范》（168 号公告）（以下简称《规范》）的规定。凡生产含有《规范》附录中的饲料药物添加剂的饲料产品，必须执行《饲料标签》标准的规定。

禁止在饲料和动物饮用水中使用的药物品种目录如下。

1. 肾上腺素受体激动剂

（1）盐酸克仑特罗：中华人民共和国药典（以下简称药典）2000 年二部 P605。β_2肾上腺素受体激动药。

（2）沙丁胺醇：药典 2000 年二部 P316。β_2肾上腺素受体激动药。

（3）硫酸沙丁胺醇：药典 2000 年二部 P870。β_2肾上腺素受体激动药。

（4）莱克多巴胺：一种 β 兴奋剂，美国食品和药物管理局（FDA）已批准，中国未批准。

（5）盐酸多巴胺：药典 2000 年二部 P591。多巴胺受体激动药。

（6）西马特罗：美国氰胺公司开发的产品，一种 β 兴奋剂，FDA 未批准。

（7）硫酸特布他林：药典 2000 年二部 P890。β_2肾上腺受体激动药。

2. 性激素

（8）己烯雌酚：药典 2000 年二部 P42。雌激素类药。

（9）雌二醇：药典 2000 年二部 P1005。雌激素类药。

（10）戊酸雌二醇：药典 2000 年二部 P124。雌激素类药。

（11）苯甲酸雌二醇：药典 2000 年二部 P369。雌激素类药。中华人民共和国兽药典（以下简称兽药典）2000 年版一部 P109。雌激素类药。用于发情不明显动物的催情及胎衣滞留、死胎的排出。

（12）氯烯雌醚：药典 2000 年二部 P919。

（13）炔诺醇：药典 2000 年二部 P422。

（14）炔诺醚：药典 2000 年二部 P424。

（15）醋酸氯地孕酮：药典 2000 年二部 P1037。

（16）左炔诺孕酮：药典 2000 年二部 P107。

（17）炔诺酮：药典 2000 年二部 P420。

（18）绒毛膜促性腺激素（绒促性素）：药典 2000 年二部 P534。促性腺激素药。兽药典 2000 年版一部 P146。激素类药，用于性功能障碍、习惯性流产及卵巢囊肿等。

（19）促卵泡生长激素（尿促性素主要含卵泡刺激 FSHT 和黄体生成素 LH）：药典 2000 年二部 P321。促性腺激素类药。

3. 蛋白同化激素

（20）碘化酪蛋白：蛋白同化激素类，为甲状腺素的前驱物质，具有类似甲状腺素的生理作用。

（21）苯丙酸诺龙及苯丙酸诺龙注射液：药典 2000 年二部 P365。

4. 精神药品

（22）（盐酸）氯丙嗪：药典 2000 年二部 P676。抗精神病药。兽药典 2000 年版一部 P177。镇静药。用于强化麻醉以及使动物安静等。

（23）盐酸异丙嗪：药典 2000 年二部 P602。抗组胺药。兽药典 2000 年版一部 P164。抗组胺药。用于变态反应性疾病，如荨麻疹、血清病等。

（24）安定（地西泮）：药典 2000 年二部 P214。抗焦虑药、抗惊厥药。兽药典 2000 年版一部 P61。镇静药、抗惊厥药。

（25）苯巴比妥：药典 2000 年二部 P362。镇静催眠药、抗惊厥药。兽药典 2000 年版一部 P103。巴比妥类药。缓解脑炎、破伤风、士的宁中毒所致的惊厥。

（26）苯巴比妥钠。兽药典 2000 年版一部 P105。巴比妥类药。缓解脑炎、破伤风、士的宁中毒所致的惊厥。

（27）巴比妥：兽药典 2000 年版一部 P27。中枢抑制和增强解热镇痛。

（28）异戊巴比妥：药典 2000 年二部 P252。催眠药、抗惊厥药。

（29）异戊巴比妥钠：兽药典 2000 年版一部 P82。巴比妥类药。用于小动物的镇静、抗惊厥和麻醉。

（30）利血平：药典 2000 年二部 P304。抗高血压药。

（31）艾司唑仑。

（32）甲丙氨脂。

（33）咪达唑仑。

（34）硝西泮。

（35）奥沙西泮。

（36）匹莫林。

（37）三唑仑。

（38）唑吡旦。

（39）其他国家管制的精神药品。

5. 各种抗生素滤渣

（40）抗生素滤渣：该类物质是抗生素类产品生产过程中产生的工业三废，因含有微量抗生素成分，在饲料和饲养过程中使用后对动物有一定的促生长作用。但对养殖业的危害很大，一是容易引起耐药性，二是由于未做安全性试验，存在各种安全隐患。

（四）食品动物禁用兽药的有关公告

（1）食品动物禁用的兽药及其他化合物清单，农业部公告 193 号。

（2）禁止在饲料和动物饮用水中使用的药物品种目录，农业部公告 176 号。

（3）禁止在饲料和动物饮水中使用的物质，农业部公告 1519 号。

（4）兽药地方标准废止目录，序号 1 为 193 号公告的禁用品种补充，序号 2~5 为废止品种，农业部公告 560 号。

（5）兽药地升标汇编，废止目录见农业部 1435 号公告，1506 号公告，1759 号公告。

（6）在食品动物中停止使用洛美沙星、培氟沙星、氧氟沙星、诺氟沙星等 4 种原料药的各种盐、酯及其各种制剂，2016 年农业部公告 2292 号。

（7）禁止非泼罗尼及相关制剂用于食品动物，2017 年农业部公告 2583 号。

（8）在食品动物中停止使用喹乙醇、氨苯胂酸、洛克沙胂等 3 种兽药，2018 年农业部公告第 2638 号。

二、注意动物的种属、年龄、性别和个体差异

多数药物对各种动物都能产生类似的作用，但由于各种动物的解剖结构、生理机能及生化反应的不同，对同一药物的反应存在一定差异即种属差异，多为量的差异，少数表现为质的差异。如反刍兽对二甲苯胺噻唑比较敏感，剂量较小即可出现肌肉松弛镇静作用，而猪对此药则不敏感，剂量较大也达不到理想的肌肉松弛镇静效果；酒石酸锑钾能引起猪呕吐，但对反刍动物则呈现反刍促进作用。

家畜的年龄、性别不同，对药物的反应亦有差异。一般说来，幼龄、老龄动物的药酶活性较低，对药物的敏感性较高，故用量宜适当减少；雌性动物比雄性动物对药物的敏感性要高，在发情期、妊娠期和哺乳期用药，除了一些专

用药外，使用其他药物必须考虑母畜的生殖特性。如泻药、利尿药、子宫兴奋药及其他刺激性强的药物，使用不慎可引起流产、早产和不孕等，要尽量避免使用。有些药物如四环素类、氨基苷类等可通过胎盘或乳腺进入胎儿或新生动物体内而影响其生长发育，甚至致畸，故妊娠期、哺乳期要慎用或禁用。某些药物如青霉素肌内注射后可渗入牛奶、羊奶中，人食用后前者可引起过敏反应，后者可引起灰婴综合征，故泌乳牛、泌乳羊应禁用。在年龄、体重相近的情况下，同种动物中的不同个体，对药物的敏感性也存在差异，称为个体差异。如青霉素等药物可引起某些动物的过敏反应等，临床用药时应予注意。

三、注意药物的给药方法、剂量与疗程

不同的给药途径可直接影响药物的吸收速度和血药浓度的高低，从而决定着药物作用出现得快慢、维持时间长短和药效的强弱，有时还会引起药物作用性质的改变。如硫酸镁内服致泻，而静脉注射则产生中枢神经抑制作用；又如新霉素内服可治疗细菌性肠炎，因很少吸收，故无明显的肾脏毒性，肌内注射给药时肾脏毒性很大，严重者引起死亡，故不可注射给药，而气雾给药时可用于猪传染性萎缩性鼻炎等呼吸系统疾病的治疗。故临床上应根据病情缓急、用药目的及药物本身的性质来确定适宜的给药方法。对危重病例，宜采用注射给药；治疗肠道感染或驱除肠道寄生虫时，宜内服给药；对集约化饲养的畜禽，一般应采用群体用药法，以减轻应激反应；治疗呼吸系统疾病，最好采用呼吸道给药。

药物的剂量是决定药物效应的关键因素，通常是指防治疾病的用量。用药量过小不产生任何效应，在一定范围内，剂量越大作用越强，但用量过大则会引起中毒甚至死亡。临床用药要做到安全有效，就必须严格掌握药物的剂量范围，用药量应准确，并按规定的时间和次数用药。对安全范围小的药物，应按规定的用法用量使用，不可随意加大剂量。

为达到治愈疾病的目的，大多数药物都要连续或间歇性地反复用药一段时间，称之为疗程。疗程的长短多取决于动物饲养情况、疾病性质和病情需要。一般而言，对散养的动物常见病，对症治疗药物如解热药、利尿药、镇痛药等，一旦症状缓解或改善，可停止使用或进一步作对因治疗；而对集约化饲养的动物感染性疾病如细菌或霉形体性传染病，一定要用药至彻底杀灭入侵的病原体，即治疗要彻底，疗程要足够，一般用药需 3~5 天。疗程不足或症状改善即停止用药，一是易导致病原体产生耐药性，二是疾病易复发。

四、注意药物的配伍禁忌

临床上为了提高疗效，减少药物的不良反应，或治疗不同的并发症，常需同时或短期内先后使用两种或两种以上的药物，称联合用药。由于药物间的相互作用，联用后可使药效增强（协同作用）或不良反应减轻，也可使药效降低、消失（拮抗作用）或出现不应有的不良反应，后者称之为药理性配伍禁忌。联合用药合理，可利用增强作用提高疗效，如磺胺药与增效剂联用，抗菌效能可增强数倍至几十倍；亦可利用拮抗作用来减少副作用或作解毒，如用阿托品对抗水合氯醛引起的支气管腺体分泌的副作用，用中枢兴奋药解救中枢抑制药过量中毒等。但联用不当，则会降低疗效或对机体产生毒性损害。如含钙、镁、铝、铁的药物与四环素合用，因可形成难溶性的络合物，而降低四环素的吸收和作用；又如苯巴比妥可诱导肝药酶的活性，可使同用的维生素 K 减效，并可引起出血。故联合用药时，既要注意药物本身的作用，还要十分注意药物之间的相互作用。

当药物在体外配伍如混用时，亦会因相互作用而出现物理化学变化，导致药效降低或失效，甚至引起毒性反应，这些称为理化性配伍禁忌。如乙酰水杨酸与碱性药物配成散剂，在潮湿时易引起分解；维生素 C 溶液与苯巴比妥钠配伍时，能使后者析出，同时前者亦部分分解；吸附药与抗菌药配合，抗菌药被吸附而使疗效降低，等等；还有出现产气、变色、燃烧、爆炸等。此外，水溶剂与油溶剂配合时会分层；含结晶水的药物相互配伍时，由于条件的改变使其中的结晶水析出，使固体药物变成半固体或泥糊状态；两种固体混合时，可由于熔点的降低而变成溶液（液化）等。理化性配伍禁忌，主要是酸性碱性药物间的配伍问题。

无论是药理性还是理化性配伍禁忌，都会影响到药物的疗效与安全性，必须引起足够的重视。通常一种药物可有效治疗的不应使用多种药物，少数几种药物可解决问题的，不必使用许多药物进行治疗，即做到少而精、安全有效，避免盲目配伍。

五、注意药物在动物性产品中的残留

在集约化养殖业中，药物除了防治动物疾病的传统用途外，有些还作为饲料添加剂以促进生长，提高饲料报酬，改善畜产品质量，提高养殖的经济效益。但在产生有益作用的同时，往往又残留在动物性食品（肉、蛋、奶及其产品）中，间接危害人类的健康。所谓药物残留是指给动物应用兽药或饲料添加剂后，药物的原型及其代谢物蓄积或贮存在动物的组织、细胞、器官或可食性产品中。残留量以每千克（或每升）食品中的药物及其衍生物残留的重量表示，如毫克/千克或毫克/升、微克/千克或微克/升。兽药残留对人类健康主要有3个方面的影响：一是对消费者的毒性作用。主要有致畸、致突变或致癌作用（如硝基呋喃类、砷制剂已被证明有致癌作用，许多国家已禁用于食品动物）、急慢性毒性（如人食用含有盐酸克仑特罗的猪肺可发生急性中毒等）、激素样作用（如人吃了含有雌激素或同化激素的食品则会干扰人的激素功能）、过敏反应等。二是对人类肠道微生物的不良影响，使部分敏感菌受到抑制或被杀死，致使平衡破坏。有些条件性致病菌（如大肠杆菌）可能大量繁殖，或体外病原菌侵入，损害人类健康。三是使人类病原菌耐药性增加。抗菌药物在动物性食品中的残留可能使人类的病原菌长期接触这些低浓度的药物，从而产生耐药性；再者，食品动物使用低剂量抗菌药物作促生长剂时容易产生耐药性。临床致病菌耐药性的不断增加，使抗菌药的药效降低，使用寿命缩短。

为保证人类的健康，许多国家对用于食品动物的抗生素、合成抗菌药、抗寄生虫药、激素等，规定了最高残留限量和休药期。最高残留限量（MRL）原称允许残留量，是指允许在动物性食品表面或内部残留药物的最高量。具体地说，是指在屠宰以及收获、加工、贮存和销售等特定时期，直到被人消费时，动物性食品中药物残留的最高允许量。如违反规定，肉、蛋、奶中的药物残留量超过规定浓度，则将受到严厉处罚。近年来，因药物残留问题，严重影响了我国禽肉、兔肉、羊肉、牛肉的对外出口，故给食品动物用药时，必须注意有关药物的休药期规定。所谓休药期，系指允许屠宰畜禽及其产品（乳、蛋）允许上市前的停药时间。规定休药期，是为了减少或避免畜产品中药物的超量残留，由于动物种属、药物种类、剂型、用药剂量和给药途径不同，休药期长短亦有很大差别，故在食品动物或其产品上市前的一段时间内，应遵守休药期规定停药一定时间，以免造成出口产品的经济损失或影响人们的健康。对有些药物，还提出有应用限制，如有些药物禁用于犊牛，有些禁用于产蛋鸡群或泌乳牛等，使用药物时都需十分注意。

为了保证动物性产品的安全，近年来各国都对食品动物禁用药物品种作了明确的规定，我国兽药管理部门也规定了禁用药品清单。规模化养殖场专职兽医和食品动物饲养人员均应严格执行这些规定，严禁非法使用违禁药物。为避免兽药残留，还要严格执行兽药使用的登记制度，兽药及养殖人员必须对使用兽药的品种、剂型、剂量、给药途径、疗程或添加时间等进行登记，以备检查；还应避免标签外用药，以保证动物性食品的安全。

第二节　兽药的合理选购和贮存

一、正确选购兽药

近年来，随着畜牧业生产的快速发展和疾病的不断变化，兽药用量也大大增加，一批批兽药生产企业迅速崛起，兽药市场异常繁荣。与此同时，一些假、劣兽药也相继流入市场。按照兽药管理法规规定，假兽药是指：以非兽药冒充兽药的；兽药所含成分的种类、名称与国家标准、专业标准或者地方标准不符合的；未取得批准文号的；国务院农牧行政管理机关明文规定禁止使用的。劣兽药是指：兽药成分含量与国家标准、专业标准或者地方标准规定不符合的；超过有效期的；因变质不能药用的；因被污染不能药用的；其他与兽药标准规定不符合，但不属于假兽药的。面对品种繁多、真伪难辨的各种兽药，广大养殖户应做到正确选购和使用。如何在纷繁的兽药市场中选购兽药，应注意以下几个问题。

（一）到合法部门购买

购药时应选择信誉好、兽药 GSP 认证的、持有畜牧部门核发的《兽药经营许可证》和工商部门核发的《营业执照》的兽药经营部门购买，并应向卖方索要购药发票，注明所购药品的详细情况。

（二）兽药产品有无生产批准文号

使用过期兽药批准文号的兽药产品均为假兽药。兽药批准文号必须按农业农村部规定的统一编号格式，如果使用文件号或其他编号（如生产许可证号）代替、冒充兽药生产批准文号，该产品视为无批准文号产品，同样以假兽药进行处理。进口兽药必须有登记许可证号。

（三）成件的兽药产品有无产品质量合格证

检查内包装上是否附有检验合格标志，包装箱内有无检验合格证。

（四）仔细阅读兽药包装标签和说明书

兽药的包装、标签及说明书上必须注明兽药批准文号、注册商标、生产厂家、厂址、生产日期（或批号）、品名、有效成分、含量、规格、作用、用途、用法、用量、注意事项、有效期等，缺一不可。

（五）要注意药品的生产日期和有效期

购买和使用药品者，必须小心注意药物的生产日期和有效期限，不要购买和使用过期的药品。

（六）不要购买使用变质的药物

药物经过一段时间保存，尤其是当保存不善时，有的已发生潮解，有的会氧化、碳酸化、光化，以致药物解体、变色、发生沉淀等变化。南方气候炎热而潮湿，某些药物易发霉而变质。药物一旦变质，不但不能治病，并且由于其中可能含有多种毒性物质，会使动物发生不良反应甚至中毒。观察药物是否变质，一方面注意其外包装有无破损、变潮、霉变、污染等，用瓶包装的应检查瓶盖是否密封，封口是否严密，有无松动现象，检查有无裂缝或药液漏出；另一方面注意检查药品内在质量。

1. 片剂

外观应完整光洁、色泽均匀，有适宜的硬度，无花斑、黑点，无破碎、发黏、变色，无异臭味。

2. 粉针剂

主要观察有无粘瓶、变色、结块、变质等。

3. 散剂（含预混剂）

散剂应干燥疏松、颗粒均匀、色泽一致，无吸潮结块、霉变、发黏等现象。

4. 水针剂

水针剂要看其色泽、透明度、装量有无异常，外观药液必须澄清，无混浊、变色、结晶、生菌等现象，否则不能使用。

5. 中药材

主要看其有无吸潮霉变、虫蛀、鼠咬等。

另外，所购买的兽药虽没有以上情况，但按照说明用药后，没有效果的，可提取样品到当地兽药管理部门进行检验，如属不合格产品，可凭检验报告索赔损失。广大养殖户要积极参与打假，在购买和使用兽药时，如发现假劣兽药或因药品质量造成畜禽伤亡的，应及时向畜牧行政主管部门或向消费者协会等部门举报，并保存好实物证据，有关部门会维护消费者的合法权益。

（七）细心比较不同包装、不同规格的同一药品

有些含量低的制剂听起来很便宜，但按有效成分计算起来，往往比含量高的制剂更贵些。因为有效成分含量越低，需加入的赋形剂也就越多，同时包装成本增加，所以价格实际更高。

二、兽药的贮存与保管

兽药的贮存和保管方法应根据不同的兽药采用不同的贮存和保管方法，一般药物的包装上都有说明，应仔细阅读，妥善保管。药物如果保存不当，就会失效、变质、不能使用。促使药品变质、失效的外界主要因素有空气、湿度、光线、温度及时间、微生物和昆虫等。

在空气中易变质的兽药，如遇光易分解、易吸潮、易风化的药品应装在密封的容器中，于遮光、阴凉处保存。受热易挥发、易分解和易变质的药品，需在3~10℃条件下保存。化学性质作用相反的药品，应分开存放，如酸类与碱类药品。具有特殊气味的药品，应密封后与一般药品隔离贮存。专供外用的药品，应与内服药品分开贮存。杀虫、灭鼠药有毒，应单独存放。名称容易混淆的药品，要注意分别贮存，以免发生差错。药品的性质不同，应选用不同的瓶塞，如氯仿、松节油，宜用磨口玻璃塞，禁用橡皮塞，氢氧化钠则相反。另外，用纸盒、纸袋、塑料袋包装的药品，要注意防止鼠咬及虫蛀。

（一）药品保管的一般方法

1. 注射剂的保管

遇光易变质的水针剂如维生素等，应避光保存。遇热易变质的水针剂，如抗生素、生物制品、酚类等，应按规定的温度，根据不同的季节，选择适当的保存方法。炎热季节应注意经常检查，因温度过高，可促进氧化、分解等化学反应的进行，药物效价降低，加速药品变质。如生物制品应低温保存，抗生素类应置阴凉干燥处避光保存，胶塞铝盖包装的粉针剂，应注意防潮，贮存于干燥处，且不得倒置。

钙、钠盐类注射液如氯化钠、碳酸氢钠、氯化钙等，久贮后药液能侵蚀玻

璃，尤其对质量差的安瓿，使注射液产生浑浊或白色。因此，这类药液不宜久存，并注意检查其澄明度。水针剂冬季应注意防冻。

2. 片剂的保存

片剂应密闭在干燥处保存，防止受潮发霉变质。维生素 C、磺胺类药物等对光敏感的片剂，必须盛装在棕色瓶等避光容器内，避光保存。

3. 散剂的保存

散剂均应在干燥阴凉处密封保存，遇光易变质药品的散剂还需避光保存。

（二）有效期药品的保存

1. 抗生素

抗生素主要是控制湿度，应保存于阴凉干燥处。

2. 生物制品

生物制品具有蛋白质性质，因其是由微生物及其代谢产物制成的，所以怕热、怕光，有的还怕冻。各种生物药品的保存条件分述于本章第三节。

3. 危险药品的保存

危险药品是指受到光、热、空气等影响可引起爆炸、自燃、助燃或具有强腐蚀性、刺激性和剧毒性的药物，如易燃的乙醇、樟脑，氧化剂高锰酸钾，有腐蚀性的烧碱、苯酚等。对危险药品应按其特性分类存放，并间隔一定距离，不能与其他药品混放在一起，保存时注意避光、防晒、防潮、防撞击，要远离火源。

4. 毒剧药品的保存

毒剧药品包括毒药和剧药两大类。

毒药是指药理作用剧烈、安全剂量范围小，极量与致死量非常接近，超过极量在短期内即可引起中毒或死亡的药品，如敌百虫、盐酸士的宁等。

剧药是指药理作用强烈，极量与致死量比较接近，应用超过极量，会出现不良反应，甚至造成死亡的药物，如安钠咖注射液、己烯雌酚等。

毒剧药品的保存应做到：专柜存放，专人负责，品种之间要用隔板隔离，每个药品要有明显的标记，以免混错。

使用时控制用量和用药次数；称量要准确无误，现用现取，避免误服。

5. 中草药和中成药的保存

中草药和中成药的保存方法基本相同，主要是防虫蛀、防霉变、防鼠。夏季要注意防潮、防热、防晒、防霉、防蛀；冬季应注意防冻。中成药不宜久贮。

第三节　猪场常用生物制品与正确使用

一、疫苗

（一）疫苗的概念

由特定细菌、病毒、寄生虫、支原体、衣原体等微生物制成的，接种动物后能产生自动免疫和预防疾病的一类生物制剂。

（二）疫苗的分类

1. 根据对病菌的处理方法不同分类

（1）灭活疫苗　又称死疫苗。将细菌或病毒利用物理的或化学的方法处理，使其丧失感染性或毒性，而保持免疫原性，接种动物后能产生特异性免疫的一类生物制品。如O型猪口蹄疫灭活疫苗和猪气喘病灭活疫苗等。

灭活疫苗易于制备，成本低；稳定性高，疫苗安全性高；易于保存，储存及运输方便；易于制备多价疫苗。但灭活苗抗体产生慢，免疫力维持时间短，需要多次重复接种；主要诱发体液免疫，不能产生细胞免疫或黏膜免疫应答；接种剂量较大，不良反应多，易应激；通常需要用佐剂或携带系统来增强其免疫效果。

（2）活疫苗（弱毒疫苗）　微生物的自然强毒株通过物理的、化学的和生物的方法，使其对原宿主动物丧失致病力，或引起亚临床感染，但仍保持良好的免疫原性、遗传特性的毒株制成的疫苗。例如猪瘟兔化弱毒疫苗及猪蓝耳病弱毒疫苗等。

弱毒苗免疫活性高，接种较小的剂量即可产生坚强的免疫力；接种次数少，不需要使用佐剂，抗体产生快，免疫期长；能诱发全面、稳定、持久的体液、细胞和黏膜免疫应答。但弱毒苗的有效期短，稳定性较差，产生的抗体滴度下降快；运输、储存与保存条件要求较高；存在污染其他病毒甚至毒力反强的风险。

（3）基因缺失疫苗　本疫苗是用基因工程技术将强毒株毒力相关基因切除后构建的活疫苗，如伪狂犬病毒TK-/gE-/gG-缺失疫苗。

基因缺失苗安全性好，毒力不易返祖；免疫原性好，产生免疫力坚实；免疫期长，可适于局部接种，诱导产生黏膜免疫力；易于鉴别，区别疫苗毒和野毒。但是成本偏高；理论上存在基因重组可能。

（4）多价疫苗　是指将同一种细菌或病毒的不同血清型通过一定的工艺混合而制成的疫苗，如猪链球菌病多价灭活疫苗和猪传染性胸膜肺炎多价灭活疫苗等。其特点是：对多种血清型的微生物所致的疫病动物可获得比较完全的保护力，而且适于不同地区使用。

（5）联合疫苗　联苗是指由两种以上的细菌或病毒通过一定的工艺联合制成的疫苗，如猪丹毒猪巴氏杆菌二联灭活疫苗和猪瘟猪丹毒猪巴氏杆菌三联活疫苗。其特点是：可减少接种次数，使用方便，打一针防多病。

（6）亚单位疫苗　本类疫苗是从细菌或病毒粗抗原中分离提取某一种或几种具有免疫原性的生物学活性物质，除去“杂质”后而制成的疫苗。如大肠杆菌 k88、k99、987p 等。本类疫苗不含有微生物的遗传物质，因而无不良反应；使用安全，免疫效果较好。但生产工艺复杂，生产成本较高，不利于广泛应用。

（7）合成肽疫苗　用化学方法人工合成多肽作为抗原（如口蹄疫苗等）。其纯度高、稳定、免疫应激小。但人工合成多肽和天然肽链结构上做不到完全一致，免疫原性相对较差。

2. 根据疫苗的性质分类

（1）冻干疫苗　大多数的活疫苗都采用冷冻真空干燥的方式冻干保存，可延长疫苗的保存时间，保持疫苗的质量。一般要求病毒性冻干疫苗常在−15℃以下保存，保存期一般为 2 年。细菌性冻干疫苗在−15℃保存时，保存期一般为 2 年；2~8℃保存时，保存期 9 个月。其对猪体组织的刺激性比较小，安全性高。能迅速产生很高的免疫力，但免疫作用维持的时间较短。

（2）油佐剂疫苗　这类疫苗多为灭活疫苗，大多数病毒性灭活疫苗采用这种方式，这类疫苗 2~8℃保存，禁止冻结。油佐剂疫苗对猪体组织的刺激性较大，容易产生注射部位肿胀，引起慢性炎症反应。质量不佳或刺激性太强的油佐剂可能会造成注射部位组织坏死。大多数的油佐剂疫苗作用时间长，保护效果好，但免疫力提升速度慢。

（三）养猪场常用疫苗

1. 猪瘟兔化弱毒冻干苗

皮下或肌内注射，每次每头 1 毫升，注射后 4 天产生免疫力，免疫期保护为 1~1.5 年。为了克服母源抗体干扰，断奶仔猪可注射 3 头或 4 头份。此疫苗在−15℃条件下可以保存 1 年；0~8℃条件下，可以保存 6 个月；10~25℃

条件下，可以保存 10 天。

2. 猪丹毒疫苗

（1）猪丹毒冻干苗　皮下或肌内注射，每次每头 1 毫升，注射后 7 天产生免疫力，免疫期保护为 6 个月。此疫苗在-15℃条件下可以保存 1 年；0~8℃条件下，可以保存 9 个月；25~30℃条件下，可以保存 10 天。

（2）猪丹毒氢氧化铝灭活苗　皮下或肌内注射，10 千克以上的猪每次每头 5 毫升，10 千克以下的猪每次每头 3 毫升，注射后 21 天产生免疫力，免疫保护期为 6 个月。此疫苗在 2~15℃条件下，可以保存 1.5 年；28℃以下，可以保存 1 年。

3. 猪瘟、猪丹毒二联冻干苗

肌内注射，每头每次 1 毫升，免疫保护期为 6 个月。此疫苗在-15℃条件下可以保存 1 年；2~8℃条件下，可以保存 6 个月；20~25℃条件下，可以保存 10 天。

4. 猪肺疫菌苗

（1）猪肺疫氢氧化铝灭活苗　皮下或肌内注射，每头每次 5 毫升，注射后 14 天产生免疫力，免疫保护期为 6 个月。此疫苗在 2~15℃条件下，可以保存 1~1.5 年。

（2）口服猪肺疫弱毒菌苗　不论大小猪一般口服 3 亿个菌，按猪数计算好需要菌苗剂量，用清水稀释后拌入饲料，注意要让每一头猪都能吃上一定的料，口服 7 天后产生免疫力。免疫期为 6 个月。

5. 仔猪副伤寒弱毒冻干苗

皮下或肌内注射，每头每次 1 毫升，断乳后注射能产生较强免疫保护力。此疫苗-15℃条件下可以保存 1 年；在 2~8℃条件下，可以保存 9 个月；在 28℃条件下，可以保存 9~12 天。

6. 猪瘟、猪丹毒、猪肺疫三联活苗

肌内注射，每头每次 1 毫升，按瓶签标明用 20%氢氧化铝胶生理盐水稀释，注射后 14~21 天产生免疫力，猪瘟的免疫保护期为 1 年，猪丹毒、猪肺疫的免疫保护期均为 6 个月。未断奶猪注射后隔 2 个月再注苗一次。此疫苗在-15℃条件下可以保存 1 年；0~8℃条件下，可以保存 6 个月；10~25℃条件下，可以保存 10 天。

7. 猪喘气病疫苗

（1）猪喘气病弱毒冻干疫苗　用生理盐水注射液稀释，对怀孕 2 月龄内的母猪在右侧胸腔倒数第 6 肋骨与肩胛骨后缘 3.5~5 厘米外进针，刺透胸壁即行注射，每头5毫升。注射前后皆要严格消毒，每头猪一个针头。

（2）猪霉形体肺炎（喘气病）灭活菌苗　仔猪于1~2周龄首免，2周后第2次免疫，每次2毫升，肌内注射。接种后3天即可产生良好的保护作用，并可持续7个月之久。

8. 猪萎缩性鼻炎疫苗

（1）猪传染性萎缩性鼻炎灭活菌苗　本菌苗含猪支气管败血波德氏杆菌、巴氏杆菌A型和产毒素D型及巴氏杆菌A、D型类毒素。对猪萎缩性鼻炎提供完整的保护。每头猪每次肌内注射2毫升。母猪产前4周接种1次，2周后再接种1次，种公猪每年接种1次。母猪已接种者，仔猪于断奶前接种1次；母猪未接种者，仔猪于7~10日龄接种1次。如现场污染严重，应在首免后2~3周加强免疫1次。

（2）猪传染性萎缩性鼻炎油佐剂灭活菌苗　颈部皮下注射。母猪于产前4周注射2毫升，新进未经免疫接种的后备母猪应立即接种1毫升。仔猪生后1周龄注射0.2毫升（未免母猪所生），4周龄时注射0.5毫升，8周龄时注射0.5毫升。种公猪每年2次，每次2毫升。

9. 猪细小病毒疫苗

（1）猪细小病毒灭活氢氧化铝疫苗　使用时充分摇匀。母猪、后备母猪，于配种前2~8周，颈部肌内注射2毫升；公猪于8月龄时注射。注苗后14天产生免疫力，免疫期为1年。此疫苗在4~8℃冷暗处保存，有效期为1年，严防冻结。

（2）猪细小病毒病灭活疫苗　母猪配种前2~3周接种一次；种公猪6~7月龄接种一次，以后每年只须接种一次。每次剂量2毫升，肌内注射。

（3）猪细小病毒灭活苗佐剂苗　阳性猪群断奶后的猪，配种前的后备母猪和不同月龄的种公猪均可使用，对经产母猪无须免疫。阴性猪群，初产和经产母猪都须免疫，配种前2~3周免疫，种公猪应每半年免疫1次。以上每次每头肌内注射5毫升，免疫2次，间隔14天，免疫后4~7天产生抗体，免疫保护期为7个月。

10. 伪狂犬病毒疫苗

（1）伪狂犬病毒弱毒疫苗　乳猪第一次注射0.5毫升，断奶后再注射1毫升;3月龄以上架子猪1毫升；成年猪和妊娠母猪（产前1个月）2毫升，注射后6天产生免疫力，免疫保护期为一年。

（2）猪伪狂犬病灭活菌苗、猪伪狂犬病基因缺失灭活菌苗和猪伪猪犬病缺失弱毒菌苗　后两种基因缺失灭活苗用于扑灭计划。这三种苗均为肌内注射，程序是：小母猪配种前 3~6 周之间注射 2 毫升，公猪为每年注射 2 毫升，肥猪约在 10 周龄注射 2 毫升或 4 周后再注射 2 毫升。

11. 兽用乙型脑炎疫苗

为地鼠肾细胞培养减毒苗。在疫区于流行期前 1~2 个月免疫，5 月龄以上至 2 岁的后备公母猪都可皮下或肌内注射 0.1 毫升，免疫后 1 个月产生坚强的免疫力。

二、抗血清

（一）猪常用抗血清的种类及使用方法

1. 猪用抗炭疽血清

本品系以炭疽弱毒芽孢苗高度免疫马，采血分离血清，加适量防腐剂制成。

（1）性状　本品为微带荧光的橙黄色澄明液体，久置瓶底微有沉淀。

（2）用途　用于治疗或紧急预防家畜炭疽病。

（3）免疫期　免疫保护期为 10~14 日。

（4）用法与用量　猪在耳根后部或腿内侧皮下注射。本品也可供静脉注射。预防量：猪 16~20 毫升/次。治疗量：猪 50~120 毫升/次。治疗时，根据病情可以同样剂量重复注射。

（5）保存期　于 2~15℃阴冷干燥处保存，有效期为 3 年半。

（6）注意事项　① 治疗时，采用静脉注射疗效较好。如皮下或肌内注射剂量大，可分点注射。用注射器吸取血清时，不可把瓶底沉淀摇起。② 冻结过的血清不可使用。③ 个别猪注射本品后可能发生过敏反应，因此最好先少量注射，观察 20~30 分钟后，如无反应，再大量注射。发生严重过敏反应（过敏性休克）时，可皮下或静脉注射 0.1%肾上腺素 2~4 毫升。

2. 抗猪瘟血清

（1）制备方法　选择体重 60 千克以上、营养状况良好的健康猪，在观察确认健康后，先注射猪瘟兔化弱毒疫苗 2 毫升进行基础免疫，10~20 天后再用猪瘟强毒进行高度免疫。第一次肌内注射血毒 100 毫升，隔 10 天再注射血毒 200 毫升，再隔 10 天注射血毒 300 毫升。第三次免疫后采血，可采用多次采血法，第一次采血后 3~5 天进行第二次采血。用采得的血液分离血清，加入防腐剂后分装、保存。生产完毕后进行成品检验、无菌检验、安全性检验和效力检验等。

（2）物理性状　本品为略带棕红色的透明液体，久置后瓶底有少量灰白色沉淀。

（3）作用与用途　用于猪瘟的预防和紧急治疗，但对出现后躯麻痹和紫斑的病猪无效。

（4）免疫保护期　免疫保护期为 14 天左右。

（5）用法与用量　皮下、肌内或静脉注射都可。预防量为：体重 8 千克以下的猪 15 毫升，10～16 千克的猪 15～20 毫升，30～45 千克的猪 30～45 毫升，80 千克以上的猪 70～100 毫升。治疗量为预防量的 2 倍，可重复注射 1 次，被动免疫期为 14 天，但对危重病猪疗效不佳。

（6）不良反应　个别猪注射本品后出现过敏反应。最好先少量注射，观察 20～30 分钟，若无反应再大量注射。出现严重过敏反应（过敏性休克）时，可皮下或静脉注射 0.1%肾上腺素注射液 2～4 毫升紧急救治。

（7）注意事项　注射时要做局部消毒处理；治疗时采用静脉注射疗效较好，如皮下或肌内注射剂量大，可分点注射；用注射器吸取血清时，不能将瓶底沉淀摇起。冻结过的血清禁止使用。

3. 抗破伤风血清

（1）制备方法　本品系用马经破伤风类毒素基础免疫后，再用产毒力强的破伤风梭菌所产毒素制备的免疫原进行高度免疫，采血、分离血清，加适当防腐剂制成。或经处理制成精制抗毒素。

选择 5～12 岁营养良好的马匹，先用破伤风类毒素进行基础免疫，第一次注射精制破伤风类毒素油佐剂抗原 1 毫升，再用产毒力强的破伤风梭菌制备的免疫原进行加强免疫。

（2）物理性状　未精制的抗血清是微带乳光、呈橙红色或茶色的澄明液体；精制抗毒素为无色清亮液体。长期贮存后瓶底微有灰白色或白色沉淀，轻摇就能摇散。

（3）作用与用途　用于治疗或紧急预防猪的破伤风。

（4）免疫保护期　免疫保护期为 14～21 天。

（5）用法与用量　猪在耳根后或腿内侧皮下注射，也可在肌内或静脉注射。猪预防量为 1 200～3 000 单位，治疗量为 6 000～30 000 单位。若病情重，治疗时可用同样剂量重复注射。

（6）不良反应　个别猪会发生过敏反应，如发生严重过敏反应时，皮下或静脉注射 0.1%肾上腺素注射液，每头猪 2～4 毫升。

（7）注意事项　采用静脉注射疗效较好。如皮下或肌内注射剂量大，可分点注射；用注射器吸取血清时，不要将瓶底沉淀摇起；冻结过的血清禁止使用。

4. 抗猪伪狂犬病血清

（1）制备方法　本品系用健康猪经伪狂犬病活疫苗基础免疫后，再经伪狂犬病病毒高度免疫，采血、分离血清，加适当防腐剂后分装制成。

（2）物理性状　本品为黄褐色清亮液体，久置瓶底微有沉淀。

（3）作用与用途　用于治疗或紧急预防猪伪狂犬病。

（4）用法与用量　本品可皮下或肌内注射。预防量每次10~25毫升，治疗量加倍。必要时可间隔4~6天重复注射1次。

（5）免疫保护期　免疫保护期为14天。

（6）不良反应　可能出现过敏反应，如发生严重过敏反应时，可皮下或静脉注射0.1%肾上腺素注射液，每只猪注射2~4毫升。

（7）注意事项　冻结过的血清不可使用。用注射器吸取血清时要轻柔，勿将瓶底沉淀摇起。为防止猪出现过敏反应，要先行注射少量血清，观察20~30分钟，如无异常反应再大量注射。

5. 抗狂犬病血清

（1）制备方法　本品系用绵羊或山羊经狂犬病疫苗做基础免疫后，再用狂犬病毒弱毒株高度免疫，采血、分离血清，加防腐剂分装制成。

（2）物理性状　本品为淡黄色透明液体，久置瓶底微有灰白色沉淀。

（3）作用与用途　治疗或紧急预防猪的狂犬病。

（4）免疫保护期　免疫保护期为14天左右。

（5）用法与用量　肌内或皮下注射，治疗量1.5毫升/千克体重，预防量减半。

（6）不良反应　个别猪注射本品后容易出现过敏反应，应先少量注射，观察20~30分钟后，如正常反应再大剂量注射。如果过敏性休克，要迅速进行皮下或静脉注射2~4毫升0.1%肾上腺素注射液救治。

（7）注意事项　治疗时最好采用静脉注射法，如皮下或肌内注射剂量大，分点注射。用注射器吸取血清时，不能将瓶底沉淀摇起。冻结过的血清要废弃不用。

6. 抗口蹄疫O型血清

本免疫血清系用O型口蹄疫病毒弱毒株高度免疫牛或马后，采取血液，分离血清，经加工处理制成。

（1）性状　本品为淡红色或浅黄色透明液体，瓶底有少量灰白色沉淀。

（2）用途　用于治疗或紧急预防猪、牛、羊O型口蹄疫。

（3）用法与用量　供皮下注射。预防量：仔猪每头为1~5毫升，成年猪每千克体重为0.3~0.5毫升。治疗量：预防剂量加倍。

（4）免疫期　免疫期为14日左右。

（5）保存期　于2~15℃冷暗干燥处保存，有效期为2年。

（6）注意事项　冻结过的血清不能使用。用注射器吸取血清时，不要把瓶底沉淀摇起。为避免动物发生过敏反应，可先行注射少量血清，观察20~30分钟，如无反应，再大量注射。如发生严重过敏反应时，可皮下或静脉注射0.1%肾上腺素2~4毫升。

7. 抗猪丹毒血清

本品系用马经猪丹毒活疫苗基础免疫后，再用猪丹毒杆菌高度免疫，采血、分离血清，加适当防腐剂制成。

（1）性状　本品为略带乳光的橙黄色透明液体，久置瓶底微有灰白色沉淀。

（2）用途　用于治疗或紧急预防猪丹毒。

（3）免疫期　免疫期为14日。

（4）用法与用量　于耳根后部或后腿内侧皮下注射，也可静脉注射。预防量：仔猪3~5毫升，体重50千克以下的猪5~10毫升，50千克以上的10~20毫升。治疗量：仔猪5~10毫升，50千克以下的猪30~50毫升，50千克以上的，50~75毫升。

（5）保存期　于2~15℃阴冷干燥处保存，有效期为3年半。

（6）注意事项　同抗炭疽血清。

8. 抗猪巴氏杆菌病血清（抗猪出血性败血症血清，抗出败二价血清）

本品系用免疫原性良好的B型多杀性巴氏杆菌制成免疫原，经高度免疫牛或马后，采血、分离血清，加适当防腐剂制成。

（1）性状　本品为橙黄色或淡棕红色澄明液体，久置瓶底微有灰白色沉淀。

（2）用途　用于治疗或紧急预防猪的巴氏杆菌病（出血性败血症）。

（3）免疫期　免疫期为14日。

（4）用法与用量　本品可皮下、肌内或静脉注射。预防量：2月龄猪为10~20毫升，2~5月龄猪20~30毫升，5~10月龄猪为30~40毫升。治疗量：预防量加倍。

（5）保存期　于2~8℃阴冷干燥处保存，有效期为3年。

（6）注意事项　本血清为牛或马源，注射猪可能发生过敏反应，应注意观察。其余同抗炭疽血清。

（二）使用抗血清时应注意的问题

（1）抗血清的用量要按猪的体重和年龄不同确定。预防量一般为5~10毫升，以皮下注射为主，也可肌内注射。治疗量要按预防量加倍，并按病情重复注射。注射方法以静脉注射为主，以尽快奏效。剂量较小时也可肌内注射。不同的抗血清用量相差较大，使用时要按说明书的规定执行。

（2）静脉注射抗血清的量较大时，要把血清加温至30℃左右再注。

（3）皮下或肌内注射大量抗血清时，可分几个部位进行分点注射，并轻轻揉压使之分散。

（4）注射不同动物源抗血清（异源抗血清）时，有时会造成过敏反应，要事先脱敏。若注射后数分钟或30分钟内猪发生不安、呼吸急促、颤抖、出汗等症状，要马上抢救。在皮下注射肾上腺素。所以，使用抗血清应密切注意观察被接种猪只的表现，及早发现问题进行处理，尽可能减少损失。

第四节　猪场用药的计量与换算

一、基本概念

（一）什么是ppm

这是过去常用的计量单位，现已废除，现写成1×10^{-6}。但报刊文章时有出现，在此进行简单解释。

ppm用于表示混饲或混饮群体给药时的给药浓度。1ppm即百万分之一的浓度比例，相当于1吨饲料或1 000升水中含有1克的药物（纯品），也表示1千克饲料或1升水中含有1毫克药物（纯品）。

举例说明：有资料报道，为防止断奶后多系统衰竭综合征（PMWS）引起的继发感染，可在仔猪断奶后的饲料中添加泰妙菌素（支原净）100ppm+金霉素300ppm，连喂2周。这表明，每吨饲料中要加纯品的泰妙菌素100克和纯品金霉素300克。但在添加剂量上还要考虑药物的有效含量是多少？如果泰妙菌素预混剂浓度为80%，饲料级的金霉素预混剂含量为15%，那么，80%泰妙菌素预混剂的每吨饲料添加量应为100克÷80%＝125克，15%金霉素预混剂的每吨饲料添加量应为300克÷15%=2 000克，最后的结论是每吨饲料中应添加80%泰妙菌素预混剂125克和15%金霉素预混剂2 000克。

（二）药物的剂量单位有哪些

固体、半固体剂型药物常用剂量单位有：千克（kg）、克（g）、毫克（mg）、微克（μg），1千克=1 000克，1克=1 000毫克，1毫克=1 000微克。

液体剂型药物的常用剂量单位有：升（L）、毫升（mL）、1升=1 000毫升。

一些抗生素、激素、维生素等药物常用“单位（U）”“国际单位（IU）”来表示。抗生素多用国际单位表示，有时也以微克、毫克等重量单位表示。如青霉素G，1单位=0.6微克青霉素钠纯结晶粉，或0.625微克钾盐，80万青霉素钠应为0.48克；1克链霉素或1克庆大霉素=100万单位，1毫克=1 000单位。

（三）药物的含量怎样表示

用比号“：”表示药物剂量与净含量的关系。例如：某生产厂家出品的卡那霉素注射液规格标明10毫升：1.0克，表示10毫升药液中含净药量为1.0克。1克=1 000毫克，每毫升含100毫克（mg）。

（四）怎样计算个体给药剂量

当个别猪只发病要用药物治疗时，首先要看明白使用说明书是怎样规定的。如果已标明每千克体重注射多少毫升，就照此执行。但有时只标明每千克体重多少毫克，那就要进行换算。

剂量用药量=猪的体重（千克）×剂量率（毫克/千克）/制剂单位标示量（毫克/毫升、毫克/片、毫克/克）

举例：如10毫升：1.0克的卡那霉素注射液，标明肌内注射一次量为每千克体重15毫克，试问：10千克体重的猪应注射多少毫升？换算方法：首先应明确10毫升：1.0克即10毫升含卡那霉素1克，1克=1 000毫克，每毫升含100毫克，再计算10千克体重需多少毫克。

用药量=10千克×15毫克/千克/制剂单位标示量（毫克/毫升、毫克/片、毫克/克）得知10千克体重的猪每次应肌内注射1.5毫升。

（五）使用说明书上没标明每千克体重用量是多少怎么办

凡未标明每千克体重用量是多少毫升或多少毫克的，通常指的是 50 千克标准体重的猪的用量，可以除以 50，换算出每千克体重的大体用量。如 0.1% 肾上腺素注射液常用来抢救严重过敏疾病。某生产厂家在《用法与用量》一栏中标明，皮下注射：一次量猪 0.2～1.0 毫升，就是指 50 千克体重猪的用量，其他体重的猪可依次换算出大体用量。如兽医临床上最常用的解热镇痛药安乃近注射液厂家是这样标示的，规格：10 毫升：3.0 克，用法与用量：肌内注射，一次量猪 1～3 克。就是指 50 千克重的猪一次可肌内注射 3.3～10 毫升，其他体重的猪可依此推算出用量。

（六）猪与人用药量有何关系

可以参考如下推算方法，猪指 50 千克标准体重的猪，一般说来，50 千克体重猪的用药量是成人的 2 倍。人每千克体重用量乘以 2，就可推算出猪每千克体重的大体用量。

（七）不同投药途径的用药比例如何掌握

假设内服为 1，那么皮下或肌内注射可为 1/3～1/2，静脉注射 1/4，气管注射为 1/4。

（八）饮水给药与拌料给药的关系是什么

一般说来，饮水加药量是拌料给药量的 1/2 即可。因为饮水量大约是采食量的 2 倍左右。

二、计量换算

在集约化养猪的疾病控制中，一个最关键的措施就是群防群治，即将药物添加到饲料或饮水中来防治疾病。这种投药的特点是：① 能使药物达到对疾病群防群治的作用；② 方便经济。对于流行性疾病，不需要花时间和精力对每只猪进行注射或内服；③ 减少应激，降低猪应激性疾病的发生；④ 长期添加用药可达到对在某个猪场扎根的顽固性细菌性疾病的根治。因此，熟悉一个药物的口服剂量与饲料添加的剂量十分重要。

一般口服剂量以每千克体重使用药物量来表示，而饲料添加给药要确定单位重量饲料中添加药物的重量，即以饲料中的药物浓度表示，没有设计体重这一因素。实际上如果知道了一种药物的口服剂量，也可以算出药物在饲料、饮水中的添加量。例如，用某药预防猪病的口服剂量为每千克体重 5 毫克（5 毫克/千克体重），每天 1 次，换算成饲料中添加量是多少？猪的每日饲料消耗等于其体重的 5%（平均值），每千克体重消耗饲料 50 克，根据口服剂量，即 50 克饲料中应含 5 毫克（0. 005 克/50 克），相当于 1 吨饲料中添加药物 100 克。又如口服剂量为每千克体重 10 毫克，每天 2 次，即一天每千克体重用药 20 毫克，根据上述方法，饲料中的药物浓度为 20 毫克/50 克，即每吨饲料中添加药物 400 克。

三、添加方式

可以将药物添加到饲料中，也可以添加到饮水中。添加到饲料中一般适用于预防，添加到饮水中一般适用于治疗。因为猪发生传染病时，由于疾病原因致使食欲下降，严重时食欲废绝，此时通过饲料进入猪只体内的药量不足，一般达不到理想的治疗效果，但病猪特别是热性传染病猪只的饮水比较正常，有时略有增加，此时通过饮水添加用药则可达到预期效果。应该说明的是，在一般情况下，猪的饮水量是饲料量的 2 倍，以此推理，饮水中添加剂量应为饲料中添加剂量的 1/2。通过饮水添加用药，其药物应该是水溶性的；否则，药物会在饮水中沉积下来，造成用药不均，引起猪只中毒或治疗无效。

第三章　猪常见病毒性疾病的防治

第一节　以全身感染为主的病毒性疾病

一、猪瘟

猪瘟早年又称猪霍乱，是由猪瘟病毒引起的一种高度接触传染和致死性的病毒性疾病，是严重威胁养猪业发展的重大传染病之一。

（一）诊断要点

1. 病原及流行特点

由猪瘟病毒引起，各种年龄猪均可发病，且病死率高。

2. 临床症状与病理变化

（1）最急性型　突然发病，高热稽留（41～42℃），无明显症状，很快死亡。剖检时常缺乏明显病变，一般仅见浆膜、黏膜和内脏有少数出血点。

（2）急性型　体温升高，可达40.5～42℃，稽留热，精神沉郁、嗜睡、怕冷；有脓性结膜炎（眼流脓性分泌物）；病初便秘，粪便干燥呈小球状，后腹泻；病猪耳后、腹部、四肢内侧等毛稀皮薄处，出现大小不等的红点或红斑，指压不褪色；公猪包皮积有尿液，挤压时有恶臭混浊液体流出。小猪有神经症状。剖检时可见皮肤或皮下有出血点，全身浆膜、黏膜，尤其是喉头黏膜、会厌软骨、膀胱黏膜、胆囊、心外膜、肺及肠等有大小不等、多少不一的出血点或出血斑；淋巴结肿大、出血，呈暗红色，切面呈大理石样花纹；肾不肿大，呈土黄色，有针尖大小的出血点，切面肾皮质、肾盂、肾乳头也有出血点；脾不肿大，边缘有突出于表面的黑褐色的出血性梗死灶；扁桃体出血、坏死。

（3）慢性型　体温时高时低，食欲时好时坏，便秘与腹泻交替发生；病猪消瘦、贫血、全身衰弱，行走不稳或不能站立；有的病猪耳尖、尾端或四肢下部呈蓝紫色或坏死。剖检时在盲肠、结肠、回盲口处黏膜上形成扣状溃疡，或互相融合呈较大的溃疡坏死灶。

（4）温和型　临床症状轻微、不典型，病情缓和，病程长，发病率和死亡率都低，死亡的多为仔猪，成年猪或架子猪一般能耐过，常见于免疫接种不及时的猪群，以断奶后的仔猪及小猪多发。剖检变化不典型。

（5）繁殖障碍型　妊娠母猪感染后，不表现任何症状，但病毒可通过胎盘感染胎儿，引起流产、早产、木乃伊胎、死产、畸形，产出弱仔或外表健康的感染仔猪（多在生后15~20天发病、死亡）。出生后不久死亡的仔猪，皮肤和内脏器官（尤其是肾脏）有出血点。

3. 鉴别诊断

临床上急性猪瘟与急性猪丹毒、最急性猪肺疫、败血性链球菌病、猪副伤寒、猪黏膜病毒感染、弓形虫病有许多类似之处，其区别要点如下。

（1）急性猪丹毒　多发生于夏天，病程短，发病率和病死率比猪瘟低。体温很高，但仍有一定食欲。皮肤上的红斑，指压褪色，病程较长时，皮肤上有紫红色疹块。眼睛清凉有神，步态僵硬。死后剖检，胃和小肠有严重的充血、出血；脾肿大，呈樱桃红色；淋巴结和肾瘀血肿大。青霉素等治疗有显著疗效。

（2）最急性猪肺疫　气候和饲养条件剧变时多发，病死率比猪瘟低，咽喉部急性肿胀，呼吸困难，口鼻流泡沫，皮肤蓝紫，或有少数出血点。剖检时，咽喉部肿胀出血；肺充血水肿；颌下淋巴结出血，切面呈红色；脾不肿大。抗菌药治疗有一定效果。

（3）败血性链球菌病　本病多见于仔猪。除有败血症状外，常伴有多发性关节炎和脑膜脑炎症状，病程短。剖检见各器官充血、出血明显。心包液增量；脾肿大；有神经症状的病例，脑和脑膜充血、出血，脑脊髓液增量、浑浊，脑实质有化脓性脑炎变化。抗菌药物治疗有效。

（4）急性猪副伤寒　多见于2~4月龄的猪，在阴雨连绵季节多发，一般呈散发。先便秘后下痢，有时粪便带血，胸腹部皮肤呈蓝紫色。剖检肠系膜淋巴结显著肿大，肝可见黄色或灰色小点状坏死，大肠有溃疡，脾肿大。

（5）慢性猪副伤寒　与慢性猪瘟容易混淆。其区别点是：慢性副伤寒呈顽固性下痢，体温不高，皮肤无出血点，有时咳嗽。剖检时，大肠有弥漫性坏死性肠炎变化，脾增生肿大；肝、脾、肠系膜淋巴结有灰黄色坏死灶或灰白色结节，有时肺有卡他性炎症。

（6）猪黏膜病毒感染　黏膜病毒与猪瘟病毒同属瘟病毒属，主要侵害牛，猪感染后，多数没有明显症状或无症状。部分猪可出现类似温和型猪瘟的症状，难以区别，需采取脾、淋巴结做实验室检查。

（7）弓形虫病　弓形虫病也有持续高热、皮肤紫斑和出血点、大便干燥等症状，容易同猪瘟相混。但弓形虫病呼吸高度困难，磺胺类药治疗有效。剖检时，肺发生水肿；肝及全身淋巴结肿大，各器官有程度不等的出血点和坏死灶，采取肺和支气管淋巴结检查，可检出弓形虫。

（二）防治

1. 预防

（1）平时的预防措施　提高猪群的免疫水平，防止引入病猪，切断传播途径，严格按照免疫程序接种猪瘟疫苗，是预防猪瘟发生的重要措施。

（2）流行时的防治措施

① 封锁疫点。在封锁地点内停止生猪及猪产品的集市买卖和外运，最后1头病猪死亡或处理后3周，经彻底消毒，可以解除封锁。

② 处理病猪。对所有猪进行测温和临床检查，病猪以急宰为宜，急宰病猪的血液、内脏和污物等应就地深埋。污染的场地、用具和工作人员都应严格消毒，防止病毒扩散。可疑病猪予以隔离。对有带毒综合征的母猪，应坚决淘汰。这种母猪虽不发病，但可经胎盘感染胎儿，引起死胎、弱胎，生下的仔猪也可能带毒，这种仔猪对免疫接种有耐受现象，不产生免疫应答，而成为猪瘟的传染源。

③ 紧急预防接种。对病猪及可疑病猪，立即隔离饲养，贵重的种猪可用抗猪瘟血清治疗，30～50毫升/头，1次/天，皮下或耳静脉注射，连用1～3次。对发病猪场及附近尚未发病的猪只，立即全部用猪瘟兔化弱毒疫苗进行紧急注射。

④ 彻底消毒。病猪圈、垫草、粪水、吃剩的饲料和用具均应彻底消毒，最好将病猪圈的表土铲出，换上一层新土。在猪瘟流行期间，对饲养用具应每隔2～3天消毒1次，碱性消毒药均有良好的消毒效果。

2. 治疗

尚无有效的治疗药物，用高免血清治疗有一定效果。对未发病猪，可使用青霉素等防止继发感染。

二、非洲猪瘟

非洲猪瘟是由非洲猪瘟病毒科、非洲猪瘟病毒属的一种DNA病毒引起的疾病。由于该病能迅速传播并且对社会经济有重要影响，OIE将本病列为A类传染病。2018年8月3日，辽宁省沈阳市沈北新区发生一起非洲猪瘟疫情，这是我国首次发生非洲猪瘟疫情。

（一）诊断要点

1. 病原

本病的病原为非洲猪瘟病毒（ASFV）。它属于虹彩病毒科，虹科病毒属，形呈五角或六角形，大小为175~215纳米。呈20面体对称，有囊膜。基因组为双股线状DNA。在猪体内，非洲猪瘟病毒可在几种类型的细胞浆中，尤其是网状内皮细胞和单核巨噬细胞中复制。

2. 流行特点

猪与野猪对本病毒都具有自然易感性，各品种及各不同年龄之猪群同样有易感性，非洲和西班牙半岛有几种软蜱是ASFV的贮藏宿主和媒介，该病毒可在钝缘蜱中增殖，并使其成为主要的传播媒介。近来发现，美洲等地分布广泛的很多其他蜱种也可传播ASFV。一般认为，ASFV传入无病地区都与来自国际机场和港口的未经煮过的感染猪制品或残羹喂猪有关，或由于接触了感染的家猪的污染物、胎儿、粪便、病猪组织，并喂了污染饲料而发生。

3. 临床症状

潜伏期5~9天，病猪最初4天之内体温上升至40.5℃，呈稽留热，无其他症状，但在发烧期食欲如常，精神良好。到死亡前48小时，体温下降，停止吃食。身体虚弱，伏卧一角或呆立，不愿行动，脉搏加速，强迫行走时困难，特别是后肢虚弱，甚至麻痹。有些病猪咳嗽，呼吸困难，结膜发炎，有脓性分泌物。有的下痢或呕吐、鼻镜干燥。四肢下端发绀，白细胞总数下降，淋巴细胞减少。一般病猪在发烧后，约7日死亡。可见，非洲猪瘟通常是先出现体温升高，后出现其他症状，而猪瘟则随体温升高，几乎同时出现其他症状，可作为二者鉴别诊断的一个指标。

血液的变化很类似猪瘟，以白细胞减少为特征，约半数以上病猪比正常白细胞数减少50%。这种白细胞减少，是由广泛存在于淋巴组织中的淋巴细胞坏死，导致血液中淋巴细胞显著减少。白细胞减少时，正值体温开始上升，发热 4 天后，约减少 40%。此外，还发现未成熟的中性粒细胞增多，嗜酸、嗜碱性细胞等无变化，红细胞、血红素及血沉等未见异常。

病猪一般常在发热后 7 天，出现症状后 1~2 天死亡。死亡率接近 100%。

病猪自然恢复的极少。极少数病例转为慢性经过，多为幼龄病猪，呈间歇热型，并有发育不全、关节障碍、失明、角膜混浊等后遗症。

4. 病理变化

病理变化与猪瘟相似，出血性状和淋巴细胞核崩溃等病变，甚至比猪瘟明显。白猪皮肤稀毛处有很多明显发绀区，呈紫红色，胸、腹腔及心内有较多的黄色积液，偶尔混有血液，心包积水，心外膜、心内膜出血。全身淋巴结充血严重，有水肿，在胃、肝门、肾与肠系膜的淋巴结最严重，如血瘤状，脾外表变小，少数有肿胀、局部充血或梗死，喉头、会厌部有严重出血，肺小叶间质水肿，胆囊壁水肿，浆膜和结膜有出血斑。膀胱黏膜有出血斑。小肠有不同程度的炎症，盲肠和结肠充血、出血或溃疡。

5. 实验室诊断

在实验室诊断中，非洲猪瘟病毒抗原的检测常用红细胞吸附试验、直接免疫荧光试验和琼脂扩散沉淀试验。一般认为，红细胞吸附试验是非洲猪瘟确诊性的鉴别试验，并且是从野外样品分离病毒应用最广泛的方法。用直接免疫荧光试验可在组织抹片和冷冻组织切片，在 1 小时内检出病毒。非洲猪瘟病毒抗体检测常用的是间接免疫荧光试验、酶联免疫吸附试验和免疫印迹测定等。

（二）防治

1. 预防

由于目前在世界范围内没有研发出可以有效预防非洲猪瘟的疫苗，但高温、消毒剂可以有效杀灭病毒，所以做好养殖场生物安全防护是防控非洲猪瘟的关键。一是严格控制人员、车辆和易感动物进入养殖场；进出养殖场及其生产区的人员、车辆、物品要严格落实消毒等措施。二是尽可能封闭饲养生猪，采取隔离防护措施，尽量避免与野猪、钝缘软蜱接触。三是严禁使用泔水或餐余垃圾饲喂生猪。四是积极配合当地动物疫病预防控制机构开展疫病监测排查，特别是发生猪瘟疫苗免疫失败、不明原因死亡等现象，应及时上报当地兽医部门。

2. 紧急防控措施

我国目前尚无本病发生，但必须保持高度警惕，严禁从有病地区和国家进口猪及其产品。销毁或正确处置来自感染国家（地区）的船舶、飞机的废弃食物和泔水等。加强口岸检疫，以防本病传入。

一旦发现可疑疫情应立即上报，并将病料严密包装，迅速送检。同时按《中华人民共和国动物防疫法》规定，采取紧急、强制性的控制和扑灭措施。封锁疫区，控制疫区生猪移动。迅速扑杀疫区所有生猪，无害化处理动物尸体及相关动物产品。对栏舍、场地、用具进行全面清扫及消毒。详细进行流行病学调查，包括上下游地区的疫情调查。对疫区及其周边地区进行严密监测。

三、猪口蹄疫

口蹄疫是口蹄疫病毒感染引起的牛、羊、猪等偶蹄动物共患的一种急性、热性传染病，是一种人兽共患病。本病毒有甲型（A 型）、乙型（O 型）、丙型（C 型）、南非 1 型、南非 2 型、南非 3 型和亚洲 1 型 7 个血清主型，每个主型又有许多亚型。由于本病传播快、发病率高、传染途径复杂、病毒型多易变，而成为近年来危害养猪业的主要疫病之一。

（一）诊断要点

1. 病原及流行特点

由口蹄疫病毒引起，猪对口蹄疫病毒特别具有易感性，多发生于秋末、冬季和早春，尤其春季达到高峰。呈流行性或大流行性。

2. 临床症状与病理变化

以蹄部发生水疱和糜烂为特征。病初体温升高达 40~41℃，精神不振、减食。继而在蹄冠、蹄叉、蹄踵发红，形成水疱和溃烂，有继发感染时，蹄壳可能脱落，病肢不能着地，病猪不愿行走，常卧地不起；有的在鼻盘、口腔、齿龈、舌、乳房也可见到水疱和烂斑。仔猪可因心肌炎和急性肠炎死亡，大猪多呈良性经过。

死亡仔猪剖检可见胃、小肠、大肠黏膜有出血性炎症；心肌松软似煮熟样，切面有淡黄色斑或条纹，有“虎斑心”之称。

3. 鉴别诊断

（1）口蹄疫与猪水疱病区别　猪水疱病在症状上与口蹄疫极为相似，但牛、羊等家畜不发病；口蹄疫经常发烧，水疱病很少发烧，发烧也不严重，这是主要区别；口蹄疫和环境温度有关，温度低就容易出现，水疱病和环境温度关系不大；口蹄疫如果挑破脓疱，触及感染面，猪会很疼，尖叫，水疱病一般不会那么疼。

（2）与猪蹄裂相鉴别　猪口蹄疫在每年的秋冬季节多发，疾病的典型症状发生在蹄部，猪蹄裂病的高发季节也是在秋冬，疾病的临床症状也表现在蹄部，因此，经常有人混淆两种病，把蹄裂当成口蹄疫。猪口蹄疫与猪蹄裂病的区别如下。

① 口蹄疫临床典型症状表现为猪蹄冠、蹄趾间、蹄踵部形成水疱，水疱破溃以后，颜色发白，有些露出黏膜。病情严重的，蹄甲脱落。有些猪鼻镜也出现水疱，母猪乳头附近出现水疱，体温通常都会升高，是一种烈性传染病，传染非常快，通常会大群发病。

② 猪蹄裂病是指生猪蹄壳开裂或裂缝有轻微出血的一种肢蹄病，临床上主要表现为疼痛跛行，不愿走动，但生长受阻，繁殖能力下降。

③ 二者区分：蹄部病变的部位、体温是否升高、是否大群发病。

（二）防治

1. 预防

平时做好预防工作，严禁从疫区购买生猪，必须购买时应严格检疫；常发本病的地区可用与该地流行同型的口蹄疫灭活苗免疫接种。

2. 处置

发现病猪，立即向上级有关部门报告疫情，按照“早、快、严、小”的原则，实行封锁，对污染的猪舍、环境及用具严格消毒，对病猪按国家有关规定处理。

蹄部病变，先用3%来苏尔洗净，而后涂擦龙胆紫、碘甘油；口腔病变，用清水、食醋或0.1%高锰酸钾液冲洗，溃烂面可涂鱼石脂软膏、1%～2%明矾或碘甘油；乳房病变，可用肥皂水或2%～3%硼酸水清洗，然后涂氧化锌鱼肝油或青霉素软膏等；小猪发生恶性口蹄疫时，静脉或腹腔注射5%葡萄糖盐水30～50毫升，加维生素C 50毫克，皮下注射安钠咖0.26克。

四、猪水疱病

猪水疱病是由猪水疱病病毒引起的猪的一种急性、热性、接触性传染病，该病传染性强，发病率高。其临诊特征是猪的蹄部、鼻端、口腔黏膜、乳房皮肤发生水疱，类似于口蹄疫，但该病只引起猪发病，对其他家畜无致病性。

（一）诊断要点

由猪水疱病病毒引起，仅感染猪，无明显季节性；饲养密度大的猪场易发病，而分散饲养的农村和农户少见。

病猪体温升高至40~42℃，全身症状明显，在蹄冠、蹄叉、蹄踵或副蹄出现水疱和溃烂，病猪跛行，喜卧；重者继发感染，蹄壳脱落；部分病猪在鼻端、口腔黏膜出现水疱和溃烂；部分哺乳母猪乳房上也出现水疱。

应与猪口蹄疫、猪水疱性疹、水疱性口炎相区别。

（二）防治

发现疫情后，立即报有关部门，迅速确诊。按“早、快、严、小”的原则划定疫区，隔离封锁。病猪的粪尿堆积发酵。污染的环境、用具严格消毒。对疫区和受威胁区的猪只，可采用被动免疫或疫苗接种。对病猪可采用对症治疗，用0.1%高锰酸钾或新洁尔灭清洗患部，涂擦碘甘油、紫药水、鱼石脂等，有继发感染时，可并用抗生素治疗。

坚持自繁自养，不从疫区调入猪只及其肉产品，防止引入本病。搞好猪舍及环境的清洁卫生和消毒工作。在疫区和受威胁地区可用弱毒疫苗免疫接种。

五、猪圆环病毒病

猪圆环病毒病是近年来猪发生的一种新传染病。

猪圆环病毒病的病原体是猪圆环病毒（PCV-2）。此病毒主要感染断奶后仔猪，一般集中于断奶后2~3周和5~8周龄的仔猪。PCV分布很广，在美、法、英等国流行。猪群血清阳性率可达20%~80%，但是，实际上只有相对较小比例的猪或猪群发病。目前已知与PCV感染有关的有5种疾病：断奶后多系统衰竭综合征，猪皮炎肾病综合征，间质性肺炎，繁殖障碍，传染性先天性震颤。

（一）猪断奶后多系统衰竭综合征（PMWS）

猪断奶后多系统衰竭综合征，多发生在5~12周龄断奶猪和生长猪。

1. 诊断要点

（1）流行特点　哺乳仔猪很少发病，主要在断奶后2~3周发病。本病的主要病原是PCV-2（猪圆环病毒），其在猪群血清阳性率达20%~80%，多存在隐性感染。发病时病原还有 PRRSV（猪繁殖呼吸综合征病毒）、PRV（猪细小病毒）、MH（猪肺炎支原体）、PRV（猪伪狂犬病毒）、APP（猪胸膜炎放线杆菌），以及 PM（猪多杀性巴氏杆菌）等混合感染。PMWS 的发病往往与饲养密度大、环境恶劣（空气不新鲜、湿度大、温度低）、饲料营养差、管理不善等有密切关联。患病率为 3%~50%，致死率 80%~90%。

（2）临床症状　主要表现精神不振、食欲下降、进行性呼吸困难、消瘦、贫血、皮肤苍白、肌肉无力、黄疸、体表淋巴结肿大。被毛粗乱，怕冷，可视黏膜黄疸，下痢，嗜睡，腹股沟浅淋巴结肿大。由于细菌、病毒的多重感染而使症状复杂化与严重化。

（3）病理变化　皮肤苍白，有 20%出现黄疸。淋巴结异常肿胀，切面呈均匀的苍白色，肺呈弥漫性间质性肺炎；肾脏肿大，外观呈蜡样，其皮质和髓质有大小不一的点状或条状白色坏死灶。肝脏外观呈现浅黄色到橘黄色；脾稍肿大、边缘有梗死灶。胃肠道呈现不同程度的炎症损伤，结肠和盲肠黏膜充血或瘀血。肠壁外覆盖一层厚的胶冻样黄色膜。胰损伤、坏死。死后，其全身器官组织表现炎症变化，出现多灶性间质性肺炎、肝炎、肾炎、心肌炎以及胃溃疡等病变。

（4）实验室检查　主要是在病变部位检测到 PCV-2 抗原或核酸。应用 PCR 检测方法和病毒的分离。

2. 防治

目前尚无有效的治疗办法和疫苗。使用抗生素，加强饲养管理，有助于控制二重感染。

（1）支原净 0. 125 千克、强力霉素 0. 125 千克和阿莫西林 0. 125 千克，3 种药加入 1 000 千克饲料中拌匀喂饲。连用 1~2 周。

（2）按每千克体重支原净 125 毫克给病猪注射 2 次/天，连用 3~5 天。

（3）按每 1 000 千克饮水中加入支原净 0. 12~0. 18 千克，供病猪饮服，连用 3~5 天。

仔猪断奶前 1 周和断奶后 2~3 周，可选用以下措施。

（1）用优良的乳猪料或添加 1. 5%~3%柠檬酸、适量酶制剂，或用抗综合应激征的断奶安等药拌服。

（2）每千克日粮中添加支原净 50 毫克、强力霉素 0. 05 千克、阿莫西林 0. 05 千克。拌匀喂服。

（3）饮服口服补液盐水，并在补液盐水每 1 000 千克中加入 0. 05 千克支原净和 0. 05 千克水溶性阿莫西林。

（4）实行严格的全进全出制，防止不同来源、年龄的猪混养，减少各种应激，降低饲养密度，防止温差过大的变化，尤其后半夜保温，防贼风和有害气体。

（5）加强泌乳母猪的营养，添加氧化锌、丙酸，防止发生胃溃疡。

（二）猪皮炎和肾病综合征

（1）流行特点　英国于1993年首次报道此病，随后美国、欧洲和南非均有报道。通常只发生在8～18周龄的猪。发病率为0.5%～2%，有的可达到7%，通常病猪在3天内死亡，有的在出现临床症状后2～3周发生死亡。

（2）临床症状　病猪皮肤出现散在斑点状的丘疹，病发初期为红色小点，继而发展为红色、紫红色的圆形或不规则的隆起，并逐步由中心点变黑扩展为丘疹，病灶常呈现斑块状，有时这些斑块相互融合。尤其在会阴部和四肢最明显。体温有时升高。病变主要发生在背部、臀部和身体躯干两侧，并可延伸至腹部以及四肢，发病严重的患猪病变遍布全身各部位。体外寄生虫（疥螨）感染严重的猪场该病的症状相对较明显；个别猪出现发热、常堆聚在一起、跛行、食欲减退、逐渐消瘦、结膜炎，拉黄色水样粪便、呼吸急促、甚至继发其他疾病而衰竭死亡。

（3）病理变化　主要是出血性坏死性皮炎和动脉炎，以及渗出性肾小球性肾炎和间质性肾炎。因此而出现皮下水肿、胸水增多和心包积液。病原检测送检血清和病料中，可查出PCV-2病毒，又能查出猪繁殖和呼吸综合征病毒、细小病毒，并且都存在相应的抗体。

（三）猪间质性肺炎

本病主要危害6～14周龄的猪，发病率2%～3%，死亡率为4%～10%。眼观病变为弥漫性间质性肺炎，呈灰红色。实验室检查有时可见肺部存在PCV-2型病毒，其存在于肺细胞增生区和细支气管上皮坏死细胞碎片区域内，肺泡腔内有时可见透明蛋白。

（四）繁殖障碍

研究发现有些繁殖障碍表现可与PCV-2型病毒相联系。该病毒造成比如返情率增加，子宫内感染、木乃伊胎、孕期流产以及死产和产弱仔等。有些产下的仔猪中发现PCV-2型病毒血症。

在有很高比例新母猪的猪群中，可见到非常严重的繁殖障碍。急性繁殖障碍，如发情延迟和流产增加，通常可在 2~4 周后消失。但其后就在断奶后发生多系统衰竭综合征。用 PCR 技术对猪进行血清 PCV-2 型病毒监测，结果表明有些母猪有延续数月时间的病毒血症。

（五）仔猪先天性震颤

多在仔猪出生后第 1 周内发生，震颤由轻变重，卧下或睡觉时震颤消失，受外界刺激（如突发的噪声或寒冷等）时可以引发或是加重震颤，严重的影响吃奶，以致死亡。每窝仔猪受病毒感染的发病数目不等。大多是新引入的头胎母猪所产的仔猪。在精心护理 1 周后，存活的病仔猪多数于 3 周逐渐恢复。但是，有的猪直至肥育期仍然不断发生震颤。

猪皮炎肾病综合征、间质性肺炎、繁殖障碍、传染性先天性震颤的防治，可参考猪断奶后多系统衰竭综合征。

六、猪流行性感冒

猪流行性感冒简称猪流感，是由猪流行性感冒病毒引起的一种急性呼吸器官传染病。临床特征为突然发病，并迅速蔓延全群，表现为呼吸道炎症。

（一）诊断要点

1. 病原与流行特点

由 A 型流感病毒引起，有明显季节性流行，多发生于气候骤变的晚秋、冬季和初春，呈暴发。发病率高，死亡率较低。

2. 临床症状

猪群几乎同时突然发病，体温升高达 40.5~41.5℃，精神沉郁，饮食减少或停止；呼吸急促，呈腹式呼吸，阵发性咳嗽，打喷嚏；眼结膜潮红，眼、鼻有黏液性分泌物，鼻盘干燥；粪便干硬。肌肉和关节疼痛，常卧地不愿走动，捕捉时发出惨叫声。如无继发感染，一般多于 4~6 天后康复。如果继发感染，发生大叶性肺炎或肠炎，则病势加重，以至死亡。

3. 病理变化

主要在呼吸器官，鼻、喉、气管和支气管黏膜充血，表面有大量泡沫状黏液，有时混有血液；胸腔常有积水；肺部病变轻重不一，轻者可见肺边缘有炎症区或肺水肿，重者肺的病变部呈紫红色如鲜牛肉状，肺膨胀不全，周围组织气肿，呈苍白色，界限分明。颈部、肺部和纵隔淋巴结明显肿大、充血、水肿。脾肿大，胃肠黏膜有卡他性炎症。

4. 实验室检查

用灭菌棉拭子采取鼻腔分泌物，放入适量生理盐水中洗涮，加青霉素、链霉素处理，然后接种于10~12日龄鸡胚的羊膜腔和尿囊腔内，在35℃孵育72~96小时后，收集尿囊液和羊膜腔液，进行血凝试验和血凝抑制试验，鉴定其病毒。

5. 鉴别诊断

在临床诊断时，应注意与猪肺疫、猪传染性胸膜肺炎相区别。

（二）防治

1. 预防

首要的是防止易感猪与感染的动物接触。除康复猪带毒外，某些水禽和火鸡也可能带毒，应防止与这些动物接触。人发生A型流感时，应防止病人与猪接触。其次，是要进行严格的消毒，保持猪舍良好的环境卫生和饲养管理。据报道，目前，国外已制成猪流感病毒佐剂灭活苗，经2次接种后，免疫期可达8个月。

2. 治疗

目前尚无特效治疗药物。

一旦发生此病，对病猪应立即就地隔离，积极进行对症治疗，防止继发感染。解热镇痛可用30%安乃近注射液30毫克/千克体重肌内注射；或柴胡注射液，小猪3~5毫升，大猪5~10毫升；或复方氨基比林注射液50~60千克体重猪5~10毫升，肌内注射，每天早晚各1次，连用3~5天。严重气喘的病猪，可用氨茶碱注射液0.25~0.5克进行深部肌内注射。中药荆防败毒散治疗效果较好。

为防止继发感染，可适当使用青霉素、链霉素，但要注意休药期。

第二节　以繁殖障碍为主的病毒性疾病

一、猪繁殖与呼吸综合征（蓝耳病）

猪繁殖与呼吸综合征是1987年新发现的一种接触性传染病。主要特征是母猪呈现发热、流产、木乃伊胎、死产、弱仔等症状；仔猪表现异常呼吸症状和高死亡率。当时由于病原不明，症状不一，曾先后命名为“猪神秘病”“蓝耳病”“猪繁殖失败综合征”“猪不孕与呼吸综合征”等十几个病名，至1992年在猪病国际学术讨论会上才确定其病名为“猪繁殖与呼吸综合征”。

（一）诊断要点

1. 病原与流行特点

由猪繁殖与呼吸综合征病毒引起，只感染猪，以妊娠母猪和2~28日龄仔猪最易感；无明显季节性，呈地方流行性。

2. 临床症状

病猪体温升高，食欲减少，精神不振，少数病猪耳部发绀，呈蓝紫色，故称“蓝耳病”，妊娠母猪可见大批流产或早产，产死胎、木乃伊胎、弱仔，死产率可达80%~100%；仔猪出生后发生呼吸困难，体温升高，全身症状明显，致死率可达80%~100%；成年公猪和青年猪发病后也可出现全身症状，但较轻。

3. 病理变化

可见肺脏充血、淤血，呈深红色，肺小叶间质增宽，肺小叶明显，质地坚实。有的可见胸腔积液，肾周围、皮下、肠系膜淋巴结水肿。

4. 鉴别诊断

应与猪细小病毒病、伪狂犬病、日本乙型脑炎、繁殖障碍型猪瘟、布氏杆菌病、猪衣原体病等相鉴别。

（二）防治

1. 预防

加强饲养管理，搞好消毒工作，禁止从疫区引进猪只，引进猪只时要隔离检疫，疫区可用猪繁殖和呼吸综合征疫苗免疫接种。

2. 治疗

发生本病后，限制猪群流动，防止疫情扩大；及时清洗和消毒猪舍及环境，特别是处理好流产胎儿及胎衣等；对病猪可采取对症治疗和控制继发感染，并加强饲养管理，以减少死亡。

二、猪伪狂犬病

猪伪狂犬病是多种哺乳动物和鸟类的急性传染病。在临床上以中枢神经系统障碍、发热、局部皮肤持续性剧烈瘙痒为主要特征。

（一）诊断要点

1. 病原与流行特点

由伪狂犬病毒引起，猪、牛、羊等动物都可感染，多发生于冬、春季节。

2. 临床症状

新生仔猪及4周龄以内仔猪常突然发病，精神委顿，不食、呕吐或腹泻，兴奋不安，步态不稳，运动失调，全身肌肉痉挛，或倒地抽搐；有时呈不自主地前冲、后退或转圈运动；随病程进展，出现四肢麻痹，倒地侧卧，头向后仰，四肢划动，死亡率很高。

4月龄左右的猪多表现轻微发热，流鼻液，咳嗽，呼吸困难，有的出现腹泻，几天可恢复，也有部分出现神经症状而死亡。

妊娠母猪主要发生流产、死胎或木乃伊胎。产出的弱胎多在2~3天死亡；流产率可达50%。

成年猪一般呈隐性感染，有时可见上呼吸道卡他性炎症，发热、咳嗽、鼻腔流出分泌物，精神委顿等。

3. 病理变化

可见鼻腔卡他性或化脓性炎症，咽喉部黏膜水肿，有纤维素性坏死性伪膜覆盖；肺水肿，淋巴结肿大，脑膜充血水肿，脑脊髓液增多；胃肠卡他或出血性炎症。流产胎儿的肝、脾、淋巴结及胎盘绒毛膜有凝固性坏死。

4. 实验室检查

采取病猪脑组织，磨碎后，加生理盐水，制成10%悬液，同时每毫升加青霉素1 000单位、链霉素1毫克，放入4℃冰箱过夜，离心沉淀，取上清液于后腿外侧部皮下注射，家兔1~2毫升，接种后2~3天死亡。死亡前，注射部位的皮肤发生剧痒。患兔抓咬患部，以致呈现出血性皮炎，局部脱毛出血。同时可用免疫荧光试验、琼脂扩散试验、酶联免疫吸附试验和间接血凝试验等进行检查。

5. 鉴别诊断

对有神经症状的病猪，应与链球菌性脑膜炎、水肿病、食盐中毒等鉴别。母猪发生流产、死胎时，应与猪细小病毒病、猪繁殖与呼吸综合征、猪乙型脑炎、猪衣原体病等相区别。

（二）防治

1. 预防

（1）平时的预防措施

① 要从洁净猪场引种，并严格隔离检疫30天。

② 猪舍地面、墙壁及用具等每周消毒1次，粪尿进行发酵池或沼气池处理。

③ 捕灭猪舍鼠类等。

④ 种猪场的母猪应每3个月采血检查1次。

（2）流行时的预防措施

① 感染种猪场的净化措施　根据种猪场的条件可采取全群淘汰更新、淘汰阳性反应猪群、隔离饲养阳性反应母猪所生仔猪及注射伪狂犬病油乳剂灭活苗4种措施。接种疫苗的具体方法为：种猪（包括公母）每6个月注射1次，母猪于产前1个月再加强免疫1次。种用仔猪于1月龄左右注射1次，隔4~5周重复注射1次，以后每半年注射1次。种猪场一般不宜用弱毒疫苗。

② 肥育猪发病后的处理　发病后可采取全面免疫的方法，除发病仔猪予以扑杀外，其余仔猪和母猪一律注射伪狂犬病弱毒疫苗（K6：弱毒株），乳猪第1次注苗0.5毫升，断奶后再注苗1毫升；3月龄以上的中猪、成猪及怀孕母猪（产前1个月）2毫升。免疫期1年。也可注射伪狂犬病油乳剂灭活苗。同时，还应加强猪场疫病综合防治。

2. 治疗

在病猪出现神经症状之前，注射高免血清或病愈猪血液，有一定疗效，对携带病毒猪要隔离饲养。

三、猪细小病毒病

猪细小病毒病可引起猪的繁殖障碍，故又称猪繁殖障碍病。其特征为受感染的母猪，特别是初产母猪产出死胎、畸形胎和木乃伊胎，而母猪本身无明显症状。

（一）诊断要点

1. 病原与流行特点

由猪细小病毒引起，主要发生于初产母猪，一般呈地方流行性或散发，但初次感染的猪群呈急性暴发。

2. 母猪繁殖障碍

同一时期内有多头母猪（特别是初产母猪）发生久配不孕、流产、产出死胎、畸形胎、木乃伊胎、弱仔猪及健康仔猪，而母猪本身没有明显临床症状。

3. 剖检

母猪子宫内有轻微炎症，胎盘有部分钙化；感染胎儿可见充血、水肿、出血、体腔积液、脱水（木乃伊化）及坏死等病变。

4. 鉴别诊断

猪伪狂犬病、猪乙型脑炎、猪繁殖与呼吸综合征、猪衣原体病和猪布鲁氏菌病也可引起流产和死胎，应注意鉴别。

（二）防治

1. 预防

为了防止本病传入猪场，应从无病猪场引进种猪。若从本病阳性猪场引种猪时，应隔离观察14天，进行2次血凝抑制试验，当血凝抑制滴度在1：256以下或阴性时，才可以混群。

在本病流行的猪场，可采取自然感染免疫或免疫接种的方法，控制本病发生。即在后备种猪群中放进一些血清阳性的母猪，使其受到自然感染而产生主动免疫力。

我国自制的猪细小病毒灭活疫苗，注射后可产生较好的预防效果。

仔猪母源抗体的持续期为14~24周，在抗体滴度大于1：80时，可抵抗猪细小病毒的感染。因此，在断奶时将仔猪从污染猪群移到没有本病污染的地方饲养，可培育出血清阴性猪群。

2. 治疗

目前对本病尚无有效的治疗方法。

四、猪乙型脑炎

（一）诊断要点

1. 病原与流行特点

由日本乙型脑炎病毒引起，主要通过蚊子叮咬传播，多发生于7—9月。

2. 临床症状

猪常突然发病，体温升高达40~41℃，稽留热，精神委顿，食欲减少或废绝，粪干呈球状，表面附着灰色黏液；有的猪后肢呈轻度麻痹，步态不稳，关节肿大、跛行，有的病猪视力障碍，最后麻痹死亡。妊娠母猪多在妊娠后期突然发生流产，产出死胎、木乃伊胎和弱胎，弱胎产出后表现震颤、抽搐、癫痫等病状，同胎也见正常胎儿，发育良好；母猪流产后症状很快减轻，不影响下一次配种。公猪除有一般症状外，常发生一侧或两侧睾丸急性肿大，触之热痛，3~5天后肿胀消退，多数睾丸变小变硬，失去配种繁殖能力。

3. 病理变化

可见流产胎儿脑水肿，皮下血样浸润，肌肉水煮样，腹水增多；木乃伊胎儿从拇指大小到正常大小；肝、脾、肾有坏死灶；全身淋巴结出血；肺淤血、水肿。子宫黏膜充血、出血和有黏液。胎盘水肿或见出血。公猪睾丸实质充血、出血和小点坏死；睾丸硬化者体积缩小，与阴囊粘连。

4. 鉴别诊断

应与布鲁氏菌病、伪狂犬病等鉴别。

（二）防治

1. 预防

（1）灭蚊是预防本病的根本措施　夏季来临前，猪场环境卫生要彻底清扫消毒，修好排净沟，严禁猪场周边水塘、水坑积水变成死水，防止蚊子滋生。在蚊子猖獗季节，选用低毒的蚊蝇净喷洒灭蚊。同时，在猪舍门口、窗口定制纱网、纱窗，阻挡蚊子进入猪舍。

（2）免疫注射　本病流行地区，每年5—7月肌内注射猪乙型脑炎弱毒活疫苗（SA14-14-2株），仔猪、母猪和公猪1头份，南方热带地区可每半年注射一次，有很好的预防效果。

2. 治疗

本病无特效治疗方法。一般治疗可用5%葡萄糖溶液200~500毫升，维生素C 10毫升，混合一次静注。用10%磺胺嘧啶钠注射液20~30毫升，25%葡萄糖注射液40~60毫升，一次静脉注射，控制继发感染。

第三节　以腹泻为主的病毒性疾病

一、猪传染性胃肠炎

猪传染性胃肠炎是由病毒引起的猪的一种高度接触性肠道传染病。特征性的临床表现为呕吐、腹泻和脱水，可感染各种日龄的猪，但其危害程度与病猪的日龄、母源抗体状况和流行的强度有关。

（一）诊断要点

1. 病原与流行特点

猪传染性胃肠炎病毒属冠状病毒科、冠状病毒属，单股 RNA 病毒。病毒在空肠、十二指肠、肠系膜淋巴结含量最高。病毒不耐热，65℃加热 10 分钟死亡。相反，4℃以下病毒可以长时间保持感染性。在阳光下暴晒 6 小时即被灭活。紫外线能使病毒迅速灭活，病毒对乙醚、氯仿敏感，用 0.5%石炭酸在 37℃处理 30 分钟可杀死病毒。

由猪传染性胃肠炎病毒引起，只感染猪，以 10 日龄以内哺乳仔猪发病率和死亡率最高，随年龄增长死亡率逐渐下降，症状轻微的可自然康复。多流行于冬、春寒冷季节。新发病猪场几乎全群感染，呈流行性发生；老疫区呈地方性流行，猪群中不断发生。

2. 临床症状

仔猪突然呕吐，继而发生频繁水样腹泻，粪便呈黄色、淡绿或白色，其中常有未消化的乳凝块，并迅速脱水，体重下降，精神沉郁，皮毛粗乱无光，吃奶减少或停止，于 2~5 天内病亡，病愈仔猪多生长发育不良。

生长猪、育肥猪和种猪主要表现食欲减退或消瘦，水样腹泻，呈黄绿或灰褐色粪便并混有气泡，哺乳母猪泌乳减少或停止，3~7 天病情好转，极少死亡。

3. 病理变化

剖检死亡仔猪可见胃内充满乳块或食物，胃底黏膜充血，甚至小点出血；小肠壁变薄、充满黄绿色或灰白色液体，含有气泡和凝乳块，肠系膜充血、淋巴管肿胀。

（二）防治

1. 预防

（1）综合性防疫措施　包括执行各项消毒隔离规程，在寒冷季节注意仔猪舍的保温防湿，避免各种应激因素。在本病的流行地区，对预产期 20 天内的怀孕母猪及哺乳仔猪应转移到安全地区饲养，或进行紧急免疫接种。

（2）免疫接种　平时按免疫程序有计划地进行免疫接种，目前预防本病的疫苗有活疫苗和油剂灭活苗两种，活疫苗可在本病流行季节前对全场猪普遍接种，而油剂苗主要接种怀孕母猪，使其产生母源抗体，让仔猪从乳汁中获得被动免疫。

2. 治疗

治疗包括以下 3 方面，视具体情况选择一种或几种配合使用。

（1）特异性治疗　确诊本病之后，立即使用抗传染性胃肠炎高免血清，肌内或皮下注射，剂量按 1 毫升/千克体重。对同窝未发病的仔猪，可作紧急预防，用量减半。据报道，有人用康复猪的抗凝全血给病猪口服也有效，新生仔猪每头每天口服 10~20 毫升，连续 3 天，有良好的防治作用。也可将病猪让有免疫力的母猪代为哺乳。

（2）抗菌药物治疗　抗菌药物虽不能直接治疗本病，但能有效地防治细菌性疾病的并发或继发性感染。临诊上常见的有大肠杆菌病、沙门氏菌病、肺炎以及球虫病等，这些疾病能加重本病的病情，是引起死亡的主要因素，常用的肠道抗菌药有氟哌酸、新诺明、恩诺沙星、环丙沙星等。

（3）对症治疗　包括补液、收敛、止泻等。最重要的是补液和防止酸中毒，可静脉注射葡萄糖生理盐水或 5%碳酸氢钠溶液。亦可采用口服补液盐溶液灌服。同时还可酌情使用黏膜保护药如淀粉（玉米粉等），吸附药如木炭末，收敛药如鞣酸蛋白，以及维生素 C 等药物进行对症治疗。

二、猪流行性腹泻

猪流行性腹泻是由病毒引起的猪的一种高度接触性传染病。病猪主要表现为呕吐、腹泻和食欲下降，临诊上与猪传染性胃肠炎极为相似。本病于 20 世纪 70 年代中期首先在比利时、英国的一些猪场发现，以后在欧洲、亚洲许多国家和地区都有本病流行，近年来我国也证实存在本病。据流行病学调查的结果表明，本病的发生率大大超过猪传染性胃肠炎，其致死率虽不高，但影响仔猪的生长发育，使肥猪掉膘，加之医药费用的支出，给养猪业带来较大的经济损失。

（一）诊断要点

1. 病原及流行特点

由猪流行性腹泻病毒引起。

猪流行性腹泻病多发于寒冷的冬春季节，即 11 月至翌年 4 月之间。有时夏季也可发生该病。该病目前仅感染猪，未发现感染牛、羊等其他动物。不同年龄的猪都可发病，哺乳仔猪、断奶仔猪和育肥猪感染发病率 100%，成年母猪为 15%～19%。哺乳仔猪受害最严重，病死率可达 50%以上，但以两周龄内哺乳仔猪易感染、死亡率最高。与猪传染性胃肠炎症状相似，但猪流行性腹泻发病程度较轻、传播速度稍慢。一般是有一头猪发病后，同圈或邻圈的猪在 1 周内相继发病，4～5 周内传遍整个猪场，死亡率不高，有一定的自限性，经 1 个月左右流行恢复痊愈。

该病的传染来源主要是病猪和康复后带毒猪，通过食入被污染的饲料、饮水，经消化道感染；也可以通过空气经呼吸道传染，特别是密闭猪舍，湿度大，猪只集中的猪场更易传染。另外，如果哺乳仔猪刚出生不久就出现呕吐、水样腹泻症状的就有可能受饲料霉菌毒素影响，因为霉菌毒素可以造成怀孕母猪免疫力降低，母源抗体分泌少且持续时间短，导致初生哺乳仔猪无法从母乳中获得足够的猪流行性腹泻母源抗体而发病。

2. 临床症状

该病潜伏期短的 12～18 小时，一般为 1～8 天，多数病例 2～4 天，不同年龄的猪临床症状有一定的差异。

哺乳仔猪常在吃奶后突然发生呕吐，接着发生急剧水样腹泻，粪便初为白色，随后变黄或绿色，后期略带灰褐色并含有未消化的凝乳块或混有血样。一般体温不高，部分病猪初期体温出现轻热，发生腹泻后体温下降。病猪精神萎靡，被毛粗乱无光泽，颤栗，吃奶减少或停止吃奶，严重口渴，迅速脱水，很快消瘦，1 周内新生仔猪常于腹泻后 2～4 天内因脱水而死亡，也有 48 小时内死亡。5 日龄以内的仔猪致死率可达 100%，随着日龄的增长而致死率逐渐降低，病愈仔猪生长发育较缓慢，往往成为僵猪。

断奶猪、肥育猪以及母猪，突然发生水样腹泻，粪便呈灰色或灰褐色，发病一日至数日后减食、无力，体重迅速减轻，有时出现呕吐，持续腹泻 4～7 天，逐渐恢复正常；部分成年猪仅表现沉郁、厌食、呕吐等症状。如果没有继发其他疾病且护理得当，猪很少发生死亡。

哺乳母猪常与仔猪一起发病，表现食欲不振，有的呕吐，体温升高 1～2℃，泌乳减少或停止。一般 3～7 天恢复，极少发生死亡。

怀孕母猪和成年公猪感染后常不表现症状，少数的仅表现轻度水样腹泻，一般 3～10 日痊愈。

3. 病理变化

表现为尸体消瘦、皮肤暗灰色。皮下干燥，脂肪蜂窝组织表现不佳。肠管膨胀扩张，充满黄色液体，肠壁变薄，肠系膜充血，肠系膜淋巴结肿胀。主要病变在胃和小肠。仔猪胃肠膨胀，胃内容物呈鲜黄色并混有大量未消化乳白色凝乳块（或絮状小片），胃底黏膜轻度潮红充血，并有黏液覆盖，有时在黏膜下可见出血小点或出血斑。整个小肠肠管扩张，小肠壁变薄，呈半透明状，小肠内充满黄绿色或灰白色液状物，含有泡沫和未消化的小乳块，弹性降低，肠黏膜绒毛严重萎缩。肠系膜血管扩张，淋巴结肿胀，肠系膜淋巴管内见不到乳糜。将空肠纵向剪开，用生理盐水将肠内容物冲掉，在玻璃平皿内铺平，加入少量生理盐水，在低倍显微镜下观察，可见到空肠绒毛明显缩短。剖检病变局限于胃肠道，胃内充满内容物，外观呈特征性地弛缓，小肠壁变薄、半透明。显微病变从十二指肠至回肠末端，呈斑点状分布，受损区绒毛长度从中等到严重变短，变短的绒毛呈融合状，带有发育不良的刷状缘。

4. 实验室诊断

目前，诊断方法有免疫电镜、免疫荧光、间接血凝试验、ELISA、RT-PCR、中和试验等，其中免疫荧光和酶联免疫吸附试验是较常用的。

（二）防治

1. 预防

（1）严禁从疫区或病猪场引进猪只　预防疫源传入。

（2）立即隔离病猪　以 2%～4%的纯碱稀释液对厩舍、环境、用具等进行消毒。尚未发病的猪只应立即隔离到安全的地方饲养。

（3）病死猪应进行无害化处理　污染场地、用具等严格消毒。

（4）加强饲养管理　建立科学安全的措施，搞好猪舍的清洁卫生和消毒，经常清除粪便，禁止从疫区引进仔猪。猪只可用猪流行性腹泻弱毒疫苗或灭活疫苗进行预防接种。一旦发生本病，病猪及时隔离，猪舍、用具等用 2%氢氧化钠或 5%～10%石灰乳、漂白粉消毒，病猪在隔离条件下治疗。

（5）冬季做好保暖工作　换季和气候突变时要特别注意防贼风。

（6）建立健康猪群　培育健康仔猪，配合消毒，切断传染因素。仔猪按窝隔离，防止窜栏。育肥猪、母猪及断奶仔猪分别饲养，利用各种检疫办法清除病猪，避免扩大传染，逐步建立健康猪群。

2. 治疗

治疗本病无特效药，一般采取对症治疗，对失水过多的病猪，可减少喂料、增加饮水，以预防机体脱水和自体酸中毒。对发病猪只采取全群用药。

① 病猪群饮用口服补液盐溶液（氯化钠 3.5 克、氯化钾 1.5 克、碳酸氢钠 2.5 克、葡萄糖 20 克、兑水 1 000 毫升）。

② 庆大霉素 1 000~1 500 单位/千克，每隔 12 小时注射 1 次。

③ 盐酸环丙沙星注射液按 2.5 毫克/千克体重+硫酸小蘗碱注射液 5~10 毫升肌内注射，2 次/天，连用 3~5 天。

④ 白细胞干扰素 2 000~3 000 单位，1~2 次/天，皮下注射。

⑤ 磺胺脒 4 克，碱式硝酸铋 4 克，小苏打 2 克。混合 1 次喂服，2 次/天，连用 2~3 天。

三、猪轮状病毒感染

猪轮状病毒感染是由猪轮状病毒引起的幼龄猪急性肠道传染病，其主要症状为厌食、呕吐、下痢、脱水、体重减轻，中猪和大猪为隐性感染，没有症状。病原体除猪轮状病毒外，从犊牛、羔羊、马驹分离的轮状病毒也可感染仔猪引起不同程度的症状。

（一）诊断要点

1. 病原与流行特点

由猪轮状病毒引起，多发生于 8 周龄以内的仔猪，主要发生在冬季，呈地方流行性。

2. 临床症状

病初精神沉郁、食欲不振、不愿走动，有些仔猪吃奶后发生呕吐。继而腹泻，粪便呈黄色、灰色或黑色，多为水样或糊状。

3. 病理变化

可见胃弛缓、充满凝乳块和乳汁，肠壁变薄、呈半透明，其内容物呈液状。

4. 鉴别诊断

应与仔猪白痢、仔猪黄痢、仔猪红痢、传染性胃肠炎、仔猪副伤寒等鉴别。

（二）防治

1. 预防

主要依靠加强饲养管理，认真执行一般的兽医防疫措施，增强抵抗力。在流行地区，可用轮状病毒油佐剂灭活苗或猪轮状病毒弱毒双价苗对母猪或仔猪进行预防注射。油佐剂苗于怀孕母猪临产前 30 天，肌内注射 2 毫升；仔猪于 7 日龄和 21 日龄各注射 1 次，注射部位在后海穴（尾根和肛门之间凹窝处）皮下，每次每头注射 0.5 毫升。弱毒苗于临产前 5 周和 2 周分别肌内注射 1 次，每次每头 1 毫升。同时要使新生仔猪早吃初乳，接受母源抗体的保护，以减少发病和减弱病症。

2. 治疗

目前无特效的治疗药物。发现立即停止喂乳，以葡萄糖盐水或复方葡萄糖溶液（葡萄糖 43.20 克，氯化钠 9.20 克，甘氨酸 6.60 克，柠檬酸 0.52 克，柠檬酸钾 0.13 克，无水磷酸钾 4.35 克，溶于 2 升水中即成）给病猪自由饮用。同时，进行对症治疗，如投用收敛止泻剂，使用抗菌药物，以防止继发细菌性感染，一般都可获得良好效果。

第四章　猪常见细菌性疾病的防治

第一节　全身感染性细菌病

一、猪丹毒

猪丹毒是人兽共患传染病。临床特征是：急性型多呈败血症症状，高热；亚急性型表现在皮肤上出现紫红色疹块；慢性型表现纤维素性关节炎和疣状心内膜炎。猪丹毒是威胁养猪业的一种重要传染病。

（一）诊断要点

1. 病原与流行特点

猪丹毒杆菌为革兰氏阳性菌，呈小杆状或长丝状，不形成芽孢和荚膜，不能运动。分许多血清型，各型的毒力差别很大，猪丹毒杆菌的抵抗力很强，在掩埋的尸体内能活 7 个多月，在土壤内能存活 35 天。但对 2%福尔马林、3%来苏尔、1%火碱、1%漂白粉等消毒剂都很敏感。

各种年龄猪均易感，但以 3 个月以上的生长猪发病率最高，3 个月以下和 3 年以上的猪很少发病。牛、羊、马、鼠类、家禽及野鸟等也能感染本病，人类可因创伤感染发病。病猪、临床康复猪及健康带菌猪都是传染源。病原体随粪、尿、唾液和鼻分泌物等排出体外，污染土壤、饲料、饮水等，尔后经消化道和损伤的皮肤而感染。带菌猪在不良条件下抵抗力降低时，细菌也可侵入血液，引起自体内源性传染而发病。猪丹毒的流行无明显季节性，但夏季发生较多，冬季、春季只有散发。猪丹毒经常在一定的地方发生，呈地方性流行或散发。

2. 临床症状

人工感染的潜伏期为 3~5 天，短的 1 天发病，长的可在 7 天发病。临床症状一般分急性型、亚急性型和慢性型 3 种。

（1）急性型（败血症型）　见于流行初期。有的病例可能不表现任何症状突然死亡。多数病例症状明显。体温高达 42℃以上，恶寒颤抖，食欲减退或有呕吐，常躺卧地上，不愿走动，若强行赶起，站立时背腰拱起，行走时步态僵硬或跛行。结膜充血，眼睛清亮，很少有分泌物。大便干硬，有的后期发生腹泻。发病 1~2 日后，皮肤上出现大小和形状不一的红斑，以耳、颈、背、腿外侧较多见，开始指压时褪色，指去复原。病程 2~4 日，病死率 80%~90%。

怀孕母猪发生猪丹毒时可引起流产。哺乳仔猪和刚断奶小猪发生猪丹毒时，往往有神经症状，抽搐。病程不超过 1 天。

（2）亚急性型（疹块型）　败血症症状轻微，其特征是在皮肤上出现疹块。病初食欲减退，精神不振，不愿走动，体温 42℃，在胸、腹、背、肩及四肢外侧出现大小不等的疹块，先呈淡红，后变为紫红，以致黑紫色，形状为方形、菱形或圆形，坚实，稍凸起，少则几个，多则数 10 个，以后中央坏死，形成痂皮。经 1~2 周恢复。

（3）慢性型　一般由前两型转变而来。常见浆液性纤维素性关节炎、疣状心内膜炎和皮肤坏死 3 种。皮肤坏死一般单独发生，而浆液性纤维素性关节炎和疣状心内膜炎往往共存。食欲变化不明显，体温正常，但生长发育不良，逐渐消瘦，全身衰弱。浆液性纤维素性关节炎常发生于腕关节和肘关节，受害关节肿胀、疼痛、僵硬，步态呈跛行。疣状心内膜炎表现呼吸困难，心跳增速，听诊有心内杂音。强迫快速行走时，易发生突然倒地死亡。皮肤坏死常发生于背、肩、耳及尾部。局部皮肤变黑，硬如皮革，逐渐与新生组织分离，最后脱落，遗留一片无毛瘢痕。

3. 病理变化

急性型皮肤上有大小不一和形状不同的红斑或弥漫性红色；淋巴结充血肿大，有小出血点；胃及十二指肠充血、出血；肺瘀血、水肿；心肌出血；脾肿大充血，呈樱桃红色。肾瘀血肿大，呈暗红色，皮质部有出血点；关节液增加。亚急性型的特征是皮肤上有方形和菱形的红色疹块，内脏的变化比急性型轻。慢性型的房室瓣常有疣状心内膜炎。瓣膜上有灰白色增生物，呈菜花状。其次是关节肿大，在关节腔内有纤维素性渗出物。

4. 实验室检查

急性型采取肾、脾为病料；亚急性型在生前采取疹块部的渗出液；慢性型采取心内膜组织和患病关节液，制成涂片后，革兰氏染色法染色、镜检，如见有革兰氏阳性（紫色）的细长小杆菌，在排除李氏杆菌后，即可确诊。也可进行免疫荧光试验。

5. 鉴别诊断

应与猪瘟、猪链球菌病、最急性猪肺疫、急性猪副伤寒相鉴别。

（二）防治

1. 预防

平时要加强饲养管理，猪舍用具保持清洁，定期用消毒药消毒。同时按免疫程序注射猪丹毒菌苗。

发生猪丹毒后，应立即对全群猪测温，病猪隔离治疗，死猪深埋或烧毁。与病猪同群的未发病猪，用青霉素进行药物预防，待疫情扑灭和停药后，进行一次彻底消毒，并注射菌苗，巩固防疫效果。

2. 治疗

青霉素是治疗本病的首选药物，效果最好。注射用青霉素钾（钠）2 万~3 万单位/千克体重，肌内注射，2~3 次/天，待体温和食欲正常后，再继续用药 2~3 天方可停药。

二、猪链球菌病

猪链球菌病是一种人兽共患传染病。猪常发生化脓性淋巴结炎、败血症、脑膜脑炎及关节炎。败血症型和脑膜脑炎型的病死率较高，对养猪业的发展有较大的威胁。

（一）诊断要点

1. 病原及流行特点

猪链球菌病的病原体为多种溶血性链球菌。它呈链状排列，为革兰氏阳性球菌。不形成芽孢，有的可形成荚膜。需氧或兼性厌氧，多数无鞭毛。本菌抵抗力不强，对干燥、湿热均较敏感，常用消毒药都易将其杀死。

链球菌广泛分布于自然界。人和多种动物都有易感性，猪的易感性较高。各种年龄的猪均可感染，但败血症型和脑膜脑炎型多见于仔猪；化脓性淋巴结炎型多见于中猪。病猪、临床康复猪和健康猪均可带菌，当它们互相接触时，可通过口、鼻、皮肤伤口传染，一般呈地方流行性。

2. 临床症状

本病临床上可分为 4 型。

（1）败血症型　初期常呈最急性流行，往往头晚未见任何症状，次晨已死亡；或者停食，体温 41.5～42.0℃，精神委顿，腹下有紫红斑，也往往死亡。急性病例，常见精神沉郁，体温 41℃左右，呈稽留热，食欲减退或废绝，眼结膜潮红，流泪，有浆液性鼻液，呼吸浅表而快。有些病猪在患病后期，耳尖、四肢下端、腹下有紫红色或出血性红斑，有跛行，病程 2～4 天。

（2）脑膜脑炎型　病初体温升高，不食，便秘，有浆液性或黏液性鼻液。继而出现运动失调、转圈、空嚼、磨牙、仰卧，直至后躯麻痹，侧卧于地，四肢抽搐，作游泳状划动等神经症状，甚至昏迷不醒。部分猪出现多发性关节炎，病程 1～2 天。

（3）关节炎型　由前两型转来，或者原发性关节炎症状。表现一肢或几肢关节肿胀，疼痛，有跛行，甚至不能起立。病程 2～3 周。

值得注意的是，上述 3 型很少单独发生，常常混合存在或相伴发生。

（4）化脓性淋巴结炎（淋巴结脓肿）型　多见于颌下淋巴结、咽部和颈部淋巴结肿胀，坚硬，热痛明显，影响采食、咀嚼、吞咽和呼吸。有的咳嗽、流鼻液。至化脓成熟，肿胀中央变软，皮肤坏死，自行破溃流脓，以后全身症状好转，局部逐渐痊愈。病程一般为 3～5 周。

3. 病理变化

剖检可见鼻黏膜充血及出血，喉头、气管充血，常有大量泡沫。肺充血肿胀。全身淋巴结有不同程度的肿大、充血和出血。脾肿大 1～3 倍，呈暗红色，边缘有黑红色出血性梗死区。胃和小肠黏膜有不同程度的充血和出血，肠系膜淋巴结肿大，呈紫红色，肾肿大、充血和出血，脑膜充血和出血，有的脑切面可见针尖大的出血点。脑膜充血、出血甚至溢血，个别脑膜下积液，脑组织切面有点状出血，其他病变与败血型相同。剖检可见关节腔内有黄色胶冻样或纤维素性、脓性渗出物，淋巴结脓肿。有些病例心瓣膜上有菜花样赘生物。

败血症型死后剖检，呈现败血症变化，各器官充血、出血明显，心包液增量，脾肿大，各浆膜有浆液性炎症变化等。脑膜脑炎型死后剖检，脑膜充血、出血，脑脊髓液浑浊、增量，有多量的白细胞，脑实质有化脓性脑炎变化等。关节炎型死后剖检，关节囊内有黄色胶脓样液体或纤维素性脓性物质。

4. 实验室检查

根据不同的病型采取相应的病料，如脓肿、化脓灶、肝、脾、肾、血液、关节囊液、脑脊髓液及脑组织等，制成涂片，用碱性美蓝染色液和革兰氏染色液染色，显微镜检查，见到单个、成对、短链或呈长链的球菌，革兰氏染色呈紫色（阳性），可以确认为本病。也可进行细菌分离培养鉴定。

5. 鉴别诊断

败血症型猪链球菌病易与急性猪丹毒、猪瘟相混淆，应注意区别。

（二）防治

1. 预防

① 加强饲养管理，降低饲养密度，圈舍中可设置铁链，让仔猪玩耍，以减少咬伤。如有咬伤或其他外伤，要及时消毒处理伤口，防止病原菌感染。

② 保持猪舍清洁卫生、通风良好，圈舍及饲养用具应定期消毒，以减少病原菌的污染。

③ 仔猪在出生断脐和以后仔猪去势时，应用碘酊进行充分消毒，以防止链球菌经脐带和伤口感染。

④ 定期进行猪链球菌疫苗的免疫接种，可减少猪链球菌病的发生。但由于猪链球菌的血清型较多，难以达到理想的预防效果，规模化猪场可制作自家疫苗进行免疫预防，可有效控制猪链球菌病的发生。

⑤ 做好免疫预防接种工作，妊娠母猪在产前 30 天左右、仔猪在断奶前后接种猪链球菌活疫苗具有较好的预防效果。

2. 治疗

按不同病型进行相应治疗。

对淋巴结脓肿型，待脓肿成熟后，及时切开，排出脓汁，用 3%双氧水或 0. 1%高锰酸钾液冲洗后，涂以碘酊。对败血症型及脑膜脑炎型，早期要大剂量使用抗生素或磺胺类药物。青霉素 40 万～100 万单位/（头·次），每天肌内注射 2～4 次；庆大霉素 1～2 毫克/千克体重，每日肌内注射 2 次。环丙沙星 2. 5～10. 0 毫克/千克体重，每 12 小时注射 1 次，连用 3 天，疗效明显。

三、猪附红细胞体病

猪附红细胞体病是由附红细胞体寄生于猪的红细胞表面或游离于血浆、组织液及脑脊液中引起的一种人畜共患病，会造成病畜黄疸、贫血等症状。

（一）诊断要点

1. 病原及流行特点

病原是猪附红细胞体。猪附红细胞体只感染家养猪，不感染野猪。各种品种、性别、年龄的猪均易感，但以仔猪和母猪多见，其中哺乳仔猪的发病率和死亡率较高，被阉割后几周的仔猪尤其容易感染发病。猪附红细胞体在猪群中的感染率很高，可达 90%以上。

病猪和隐性感染带菌猪是主要传染源。隐性感染带菌猪在有应激因素存在时，如饲养管理不良、营养不良、温度突变、并发其他疾病等，可引起血液中附红细胞体数量增加，出现明显临诊症状而发病。耐过猪可长期携带该病原，成为传染源。猪附红细胞体可通过接触、血源、交配、垂直及媒介昆虫（如蚊子）叮咬等多种途径传播。动物之间可通过舔伤口、互相斗咬或喝被血液污染的尿液，以及被污染的注射器、手术器械等媒介物而传播；交配或人工授精时，可经污染的精液传播；感染母猪能通过子宫、胎盘使仔猪受到感染。

猪附红细胞体病一年四季都可发生，但多发生于夏、秋和雨水较多的季节，以及气候易变的冬、春季节。气候恶劣、饲养管理不善、疾病等应激因素均能导致病情加重，疫情传播面积扩大，经济损失增加。猪附红细胞体病可继发于其他疾病，也可与一些疾病合并发生。

2. 临床症状

猪附红细胞体病因畜种和个体体况的不同，临床症状差别很大。主要引起：仔猪体质变差，贫血，肠道及呼吸道感染增加；育肥猪日增重下降，急性溶血性贫血；母猪生产性能下降等。

哺乳仔猪：5 日内发病症状明显，新生仔猪出现身体皮肤潮红，精神沉郁，哺乳减少或废绝，急性死亡，一般 7~10 日龄多发，体温升高，眼结膜皮肤苍白或黄染，贫血症状，四肢抽搐、发抖、腹泻、粪便深黄色或黄色黏稠，有腥臭味，死亡率在 20%~90%，部分很快死亡。大部分仔猪临死前四肢抽搐或划地，有的角弓反张。部分治愈的仔猪会变成僵猪。

育肥猪：根据病程长短不同可分为 3 种类型：急性型病例较少见，病程 1~3 天。亚急性型病猪体温升高，达 39.5~42℃。病初精神委顿，食欲减退，颤抖转圈或不愿站立，离群卧地。出现便秘或拉稀，有时便秘和拉稀交替出现。病猪耳朵、颈下、胸前、腹下、四肢内侧等部位皮肤红紫，指压不褪色，成为“红皮猪”，是本病的特征之一。有的病猪两后肢发生麻痹，不能站立，卧地不起。部分病畜可见耳廓、尾、四肢末端坏死。有的病猪流涎，心悸，呼吸加快，咳嗽，眼结膜发炎，病程 3~7 天，或死亡或转为慢性经过。慢性型患猪体温在 39.5℃左右，主要表现贫血和黄疸。患猪尿呈黄色，大便干如栗状，表面带有黑褐色或鲜红色的血液。生长缓慢，出栏延迟。

母猪：症状分为急性和慢性两种。急性感染的症状为持续高热（体温可高达 42℃），厌食，偶有乳房和阴唇水肿，产仔后奶量少，缺乏母性。慢性感染猪呈现衰弱，黏膜苍白及黄疸，不发情或屡配不孕，如有其他疾病或营养不良，可使症状加重，甚至死亡。

3. 病理变化

主要有黄疸和贫血，全身皮肤黏膜、脂肪和脏器显著黄染，常呈泛发性黄疸。全身肌肉色泽变淡，血液稀薄呈水样，凝固不良。全身淋巴结肿大，潮红、黄染、切面外翻，有液体渗出。胸腹腔及心包积液。肝脏肿大、质脆，细胞呈脂肪变性，呈土黄色或黄棕色。胆囊肿大，含有浓稠的胶冻样胆汁。脾肿大，质软而脆。肾肿大、苍白或呈土黄色，包膜下有出血斑。膀胱黏膜有少量出血点。肺肿胀，瘀血水肿。心外膜和心冠脂肪出血黄染，有少量针尖大出血点，心肌苍白松软。软脑膜充血，脑实质松软，上有针尖大的细小出血点，脑室积液。

可能是附红细胞体破坏血液中的红细胞，使红细胞变形，表面内陷溶血，使其携氧功能丧失而引起猪抵抗力下降，易并发感染其他疾病。也有人认为变形的红细胞经过脾脏时溶血，也可能导致全身免疫性溶血，使血凝系统发生改变。

（二）防治

1. 预防

（1）加强猪群的日常饲养管理　饲喂高营养的全价料，保持猪群的健康；保持猪舍良好的温度、湿度和通风；消除应激因素，特别是在本病的高发季节，应扑灭蜱、虱子、蚤、螫蝇等吸血昆虫，断绝其与动物接触。

（2）对注射针头、注射器应严格进行消毒　无论疫苗接种，还是治疗注射，应保证每猪一个针头。母猪接产时应严格消毒。

（3）加强环境卫生消毒，保持猪舍的清洁卫生　粪便及时清扫，定期消毒，定期驱虫，减少猪群的感染机会和降低猪群的感染率。

（4）药物预防　可定期在饲料中添加预防量的土霉素、四环素、强力霉素、金霉素、阿散酸，对本病有很好的预防效果。每吨饲料中添加金霉素 48 克或每升水中添加 50 毫克，连续 7 天，可预防大猪群发生本病；分娩前给母猪注射土霉素（11 毫克/千克体重），可防止母猪发病；对 1 日龄仔猪注射土霉素 50 毫克/头，可防止仔猪发生附红细胞体病。

2. 治疗

四环素、卡那霉素、强力霉素、土霉素、黄色素、血虫净（贝尼尔）、氯苯胍、砷制剂（阿散酸）等可用于治疗本病，一般认为四环素和砷制剂效果较好。对猪附红细胞体病进行早期及时治疗可收到很好的效果。

① 新胂凡纳明（九一四），每千克体重 10~15 毫克，静脉滴注，同时静注维生素 C、葡萄糖，连用 3 天。

② 土霉素，每吨饲料 600~800 克，治疗 2~3 个疗程。或按每千克体重 3 毫克肌内注射四环素或土霉素。

③ 发病小猪用磺胺-5-甲氧嘧啶注射液进行肌内注射，每天 1 次，连用 3 天，同时注射 1 次铁制剂。

④ 贝尼尔（血虫净），每千克体重 5~7 毫克，深部肌内注射，间隔 48 小时再注射 1 次。病重猪对贝尼尔无效，发病初期效果好。

⑤ 阿散酸，每吨饲料 180 克，连喂 1 周，然后改为每吨饲料 90 克，连用 1 个月。

四、李氏杆菌病

李氏杆菌病是由产单核细胞李氏杆菌引起畜、禽、啮齿动物和人的一种散发性传染病。临床特征为家畜和人感染后主要表现为脑膜炎、败血症和孕畜流产；家禽和啮齿动物则表现为坏死性肝炎和心肌炎。此外，还能引起单核细胞增多。

（一）诊断要点

1. 病原及流行特点

本病病原为产单核细胞李氏杆菌。产单核细胞李氏杆菌是一种革兰氏染色阳性短球杆菌，有些老龄培养物的菌体为革兰氏染色阴性，无芽孢、荚膜，有周鞭毛，能运动，多单个存在，有时排成 V 形或栅状。现已知 13 个血清型和 11 个亚型，不同血清型与病原性强弱、宿主种类或各个病型间无关联，因此血清型的意义不大。

本菌对外界抵抗力较强，在土壤、粪便内能存活数月，对盐、碱耐受性较大，在 pH 值 9.6 盐溶液内仍能生长，在 20%食盐溶液内经久不死，但对热抵抗力不很强，一般消毒药易使之灭活。对青霉素有抵抗力；对链霉素敏感，但易形成耐药性；对四环素类和磺胺类药物敏感。

本菌可使多种畜、禽致病。自然发病的家畜以绵羊、家兔、猪较多，牛、山羊次之，马、犬、猫很少；在家禽中，以鸡、火鸡、鹅较多，鸭较少。许多野禽、啮齿动物特别是鼠类都易感，且常成为本菌的贮存宿主。人也可以感染发病。患病动物和带菌动物是本病的传染源。由患病动物的粪、尿、乳汁、精液以及眼、鼻、生殖道的分泌物中均可分离到本菌。自然感染主要经消化道感染，也可能通过呼吸道、眼结膜及受损伤的皮肤感染。污染的饲料和饮水可能是主要的传播媒介，吸血昆虫也起着媒介的作用。冬季缺乏青饲料，天气骤变，有内寄生虫或沙门氏菌感染时均可成为本病发生的诱因。本病呈散发性，病死率很高，各种年龄的动物都有可能感染发病，以幼龄较易感染，发病较急，妊娠母畜也易感。主要发生于冬季和早春。

2. 临床症状

本病的主要临床症状为咳嗽和气喘。

（1）败血型　多发生于仔猪，表现沉郁，口渴，食欲减少或废绝，体温升高。有的咳嗽、腹泻、皮疹、呼吸困难、耳部和腹部皮肤发绀，病程1～3天，病死率高。而妊娠母猪则常发生流产，一般无临床症状。

（2）脑膜脑炎型　多见于断奶后的小猪。表现神经症状，初期兴奋，无目的乱跑，或不自主地后退，头抵地不动，或步态不稳，共济失调；有的头颈后仰，两前肢或四肢张开呈观星姿势，或后肢麻痹拖地不能站立。严重的侧卧、抽搐，口吐白沫，四肢乱划，病猪反应性增强，给予轻微刺激就发生惊叫。

（3）混合型　此型常见，多发生于哺乳仔猪，常突然发病，体温高达41～42℃，吮乳减少或不吃，粪干尿少，病至后期体温降到常温，大多表现上述的脑膜脑炎症状。

3. 鉴别诊断

应与猪流行性感冒、猪肺疫区别。猪流行性感冒突然暴发，传播迅速，体温升高，病程较短（约1周），流行期短。而猪气喘病相反，体温不升高，病程较长，传播较缓慢，流行期很长。猪肺疫急性病例呈败血症和纤维素性胸膜炎症状，全身症状较重，症程较短，剖检时见败血症和纤维素性胸膜肺炎变化。

（二）防治

① 搞好平时饲养管理，特别是青贮饲料、灭鼠，驱除体外寄生虫，不要由疫区引进动物。

② 发生时应全群检疫，将患病动物隔离治疗，彻底消毒污染的场舍、用具等。

③ 各种抗生素对李氏杆菌病均具有治疗作用，但必须早期大剂量应用才能奏效。硫酸链霉素、氨苄青霉素、增效磺胺嘧啶钠治疗有效。

第二节　呼吸道感染性细菌病

一、猪肺疫

猪肺疫又称猪巴氏杆菌病、锁喉风，是猪的一种急性传染病，主要特征为败血症，咽喉及其周围组织急性炎性肿胀或表现为肺、胸膜的纤维蛋白渗出性炎症。本病分布很广，发病率不高，常继发于其他传染病。

（一）诊断要点

1. 病原及流行特点

猪肺疫病原体是多杀性巴氏杆菌，呈革兰氏染色阴性，有两端浓染的特性，能形成荚膜。有许多血清型。多杀性巴氏杆菌的抵抗力不强、干燥后2~3天内死亡，在血液及粪便中能生存10天，在腐败的尸体中能些存1~3个月，在日光和高温下10分钟即死亡，1%火碱及2%来苏尔等能迅速将其杀死。

大小猪均有易感性，小猪和中猪的发病率较高。病猪和健康带菌猪是传染源，病原体主要存在于病猪的肺脏病灶及各器官，存在于健康猪的呼吸道及肠管中，随分泌物及排泄物排出体外，经呼吸道、消化道及损伤的皮肤而传染。带菌猪受寒、感冒、过劳、饲养管理不当，使抵抗力降低时，可发生自体内源性传染。猪肺疫常为散发，一年四季均可发生，多继发于其他传染病之后。有时也可呈地方性流行。

2. 临床症状

潜伏期1~14天，临床上分3个型。

（1）最急性型　又称锁喉风，呈现败血症症状，突然发病死亡。病程稍长的，体温升高到41℃以上，呼吸高度困难，食欲废绝，黏膜蓝紫色，咽喉部肿胀，有热痛，重者可延至耳根及颈部，口鼻流出泡沫，呈犬坐姿势。后期耳根、颈部及下腹部皮肤变成蓝紫色，有时见出血斑点。最后窒息死亡，病程1~2天。

（2）急性型　主要呈现纤维素性胸膜肺炎症状，败血症症状较轻。病初体温升高，发生痉挛性干咳，呼吸困难，有鼻液和脓性眼屎。先便秘后腹泻。后期皮肤有紫斑，最后衰竭而死，病程4~6天。如果不死则转成慢性。

（3）慢性型　多见于流行后期，主要表现为慢性肺炎或慢性胃肠炎症状。

持续性的咳嗽，呼吸困难，体温时高时低，精神不振，食欲减退，逐渐消瘦，有时关节肿胀，皮肤湿疹。最后发生腹泻。如果治疗不及时，多经 2 周以上因衰弱而死亡。

3. 病理变化

主要病变在肺脏。

（1）最急性型　全身浆膜、黏膜及皮下组织大量出血，咽喉部及周围组织呈出血性浆液性炎症，喉头气管内充满白色或淡黄色胶冻样分泌物。皮下组织可见大量胶冻样淡黄色的水肿液。全身淋巴结肿大，切面呈一致红色。肺充血水肿，可见红色肝变区（质硬如蜡样）。各实质器官变性。

（2）急性型　败血症变化较轻，以胸腔内病变为主。肺有大小不等的肝变区，切开肝变区，有的呈暗红色，有的呈灰红色，肝变区中央常有干酪样坏死灶，胸腔积有含纤维蛋白凝块的混浊液体。胸膜附有黄白色纤维素，病程较长的，胸膜发生粘连。

（3）慢性型　高度消瘦，肺组织大部分发生肝变，并有大块坏死灶或化脓灶，有的坏死灶周围有结缔组织包裹，胸膜粘连。

4. 实验室检查

采取病变部的肺、肝、脾及胸腔液，制成涂片，用碱性美蓝液染色后镜检，均见有两端浓染的长椭圆形小杆菌时，即可确诊。如果只在肺脏内见有极少数的巴氏杆菌，而其他脏器没有见到，并且肺脏又无明显病变时，可能是带菌猪，而不能诊断为猪肺疫。有条件时可做细菌分离培养。

5. 鉴别诊断

应与急性咽喉型炭疽、气喘病、猪传染性胸膜肺炎等病鉴别。

（二）防治

1. 预防

预防本病的根本办法是改善饲养管理和生活条件，以消除减弱猪抵抗力的一切外界因素。同时，猪群要按免疫程序注射菌苗。死猪要深埋或烧毁。慢性病猪难以治愈，应立即淘汰。未发病的猪可用药物预防，待疫情稳定后，再用菌苗免疫 1 次。

2. 治疗

发现病猪及可疑病猪立即隔离治疗。效果最好的抗生素是庆大霉素，其次是氨苄青霉素、青霉素等。但巴氏杆菌易产生耐药性，因此，抗生素要交叉使用。庆大霉素 1~2 毫克/千克，氨苄青霉素 4~11 毫克/千克，均为每日 2 次肌内注射，直到体温下降、食欲恢复为止。另外，磺胺嘧啶 1 000 毫克、黄素碱 400 毫克、复方甘草合剂 600 毫克、大黄末 2 000 毫克，调匀为 1 包，体重 10~25 千克的猪服 1~2 包，5~50 千克的猪服 2~4 包，50 千克以上 4~6 包，每 4~6 小时服 1 次。治疗均有一定效果。

二、猪传染性萎缩性鼻炎

猪传染性萎缩性鼻炎又称慢性萎缩性鼻炎或萎缩性鼻炎，是由支气管败血波氏杆菌和产毒素多杀性巴氏杆菌引起的猪的一种慢性接触性呼吸道传染病。它以鼻炎、鼻中隔扭曲、鼻甲骨萎缩和病猪生长迟缓为特征，临诊表现为打喷嚏、鼻塞、流鼻涕、鼻出血、颜面部变形或歪斜，常见于 2~5 月龄猪。目前已将这种疾病归类于两种表现形式：非进行性萎缩性鼻炎（NPAR）和进行性萎缩性鼻炎（PAR）。

（一）诊断要点

1. 病原及流行特点

大量研究证明，产毒素多杀性巴氏杆菌和支气管败血波氏杆菌是引起猪萎缩性鼻炎的病原。

各种年龄的猪均易感，但以仔猪最为易感，主要是带菌母猪通过飞沫，经呼吸道传播给仔猪。不同品种的猪，易感性有差异，外种猪易感性高，而国内土种猪发病较少。本病在猪群中流行缓慢，多为散发或呈地方流行性。饲养管理不当和环境卫生较差等，常使发病率升高。本病无季节性，任何年龄的猪都可以感染，仔猪症状明显，大猪较轻，成年猪基本不表现临床症状。病猪和带菌猪是本病的主要传染源，病原体随飞沫，通过接触经呼吸道传播。

2. 临床症状

猪传染性萎缩性鼻炎早期临诊症状，多见于 6~8 周龄仔猪。表现鼻炎，打喷嚏、流鼻涕和吸气困难。鼻涕为浆液、黏液脓性渗出物，个别猪因强烈喷嚏而发生鼻衄。病猪常因鼻炎刺激黏膜而表现不安，如摇头、拱地、搔抓或摩擦鼻部直至摩擦出血。发病严重猪群可见患猪两鼻孔出血不止，形成两条血线。圈栏、地面和墙壁上布满血迹。吸气时鼻孔开张，发出鼾声，严重的张口呼吸。由于鼻泪管阻塞，泪液增多，在眼内眦下皮肤上形成弯月形的湿润区，被尘土沾污后黏结成黑色痕迹，称为“泪斑”。

继鼻炎后常出现鼻甲骨萎缩，致使鼻梁和面部变形，此为猪传染性萎缩性鼻炎特征性临诊症状。如两侧鼻甲骨病理损伤相同时，外观可见鼻短缩，此时因皮肤和皮下组织正常发育，使鼻盘正后部皮肤形成较深皱褶；若一侧鼻甲骨萎缩严重，则使鼻弯向同一侧；鼻甲骨萎缩，额窦不能正常发育，使两眼间宽度变小和头部轮廓变形。病猪体温、精神、食欲及粪便等一般正常，但生长停滞，有的成为僵猪。

鼻甲骨萎缩与猪感染时的周龄、是否发生重复感染以及其他应激因素有非常密切的关系。如周龄越小，感染后出现鼻甲骨萎缩的可能性就越大越严重。一次感染后，若无发生新的重复或混合感染，萎缩的鼻甲骨可以再生。有的鼻炎延及筛骨板，则感染可经此而扩散至大脑，发生脑炎。此外，病猪常有肺炎发生，可能是因鼻甲骨结构和功能遭到损坏，异物或继发性细菌侵入肺部造成，也可能是主要病原（Bb 或 T+Pm）直接引发肺炎的结果。因此，鼻甲骨的萎缩促进肺炎的发生，而肺炎又反过来加重鼻甲骨萎缩，使嘴角明显向一侧歪斜。

3. 病理变化

病理变化一般局限于鼻腔和邻近组织，最特征的病理变化是鼻腔的软骨和鼻甲骨的软化和萎缩，特别是下鼻甲骨的下卷曲最为常见。另外也有萎缩限于筛骨和上鼻甲骨的。有的萎缩严重，甚至鼻甲骨消失，而只留下小块黏膜皱褶附在鼻腔的外侧壁上。

鼻腔常有大量的黏液脓性甚至干酪性渗出物，随病程长短和继发性感染的性质而异。急性时（早期）渗出物含有脱落的上皮碎屑。慢性时（后期）鼻黏膜一般苍白，轻度水肿。鼻窦黏膜中度充血，有时窦内充满黏液性分泌物。病理变化转移到筛骨时，当除去筛骨前面的骨性障碍后，可见大量黏液或脓性渗出物的积聚。

病理解剖学诊断是目前最实用的方法。一般在鼻黏膜、鼻甲骨等处可以发现典型的病理变化。沿两侧第一、第二对前臼齿间的连线锯成横断面，观察鼻甲骨的形状和变化。正常的鼻甲骨明显地分为上下两个卷曲。上卷曲呈现两个完全的弯转，而下卷曲的弯转则较少，仅有一个或 1/4 弯转，有点像钝的鱼钩，鼻中隔正直。当鼻甲骨萎缩时，卷曲变小而钝直，甚至消失。但应注意，如果横切面锯得太前，因下鼻甲骨卷曲的形状不同，可能导致误诊。也可以沿头部正中线纵锯，再用剪刀把下鼻甲骨的侧连接剪断，取下鼻甲骨，从不同的水平做横断面，依据鼻甲骨变化，进行观察和比较做出诊断。这种方法较为费时，但采集病料时不易污染。

4. 微生物学诊断

目前主要是对 T+Pm 及 Bb 两种主要致病菌的检查，尤其是对 T+Pm 的检测是诊断 AR 的关键。鼻腔拭子的细菌培养是常用的方法。先保定好动物，清洗鼻的外部，将带柄的棉拭子（长约 30 厘米）插入鼻腔，轻轻旋转，把棉拭子取出，放入无菌的 PBS 中，尽快地进行培养。

T+Pm 分离培养可用血液、血清琼脂或胰蛋白大豆琼脂。出现可疑菌落，移植生长后，根据菌落形态、荧光性、菌体形态、染色与生化反应进行鉴定。判断是否为产毒素菌株可用豚鼠皮肤坏死试验和小鼠致死试验，也可用组织细胞培养病理变化试验、单克隆抗体 ELISA 或 PCR 方法。

Bb 分离培养一般用改良麦康凯琼脂（加 1%葡萄糖，pH 值 7.2）、5%马血琼脂或胰蛋白大豆琼脂等。对可疑菌落可根据其形态、染色、凝集反应与生化反应进行鉴定，再用抗 K 抗原和抗 O 抗原血清作凝集试验来确认Ⅰ相菌。Bb 有抵抗呋喃妥因（最小抑菌浓度大于 200 微克/毫升）的特性，用滤纸法（300 微克/纸片）观察抑菌圈的有无，可以鉴别本菌与其他革兰氏阴性球杆菌。取分离培养物 0.5 毫升腹腔接种豚鼠，如为本菌可于 24~48 小时内发生腹膜炎而致死。剖检见腹膜出血，肝、脾和部分大肠有黏性渗出物并形成假膜。用培养物感染 3~5 日龄健康猪，经 1 个月临诊观察，再经病理学和病原学检查，结果最为可靠。

（二）防治

1. 预防

（1）加强管理　引进猪时做好检疫、隔离工作，本场发现后立即淘汰阳性猪。同时改善环境卫生，降低饲养密度，保持猪舍清洁、通风、干燥、卫生，定期消毒，严格建立卫生防疫制度，消除应激因素，定期对猪舍进行消毒。

（2）免疫接种　支气管败血波氏杆菌和产毒素多杀巴氏杆菌二联灭活苗，后备母猪，配种前免疫 2 次，间隔 21 天；没有免疫过的初产母猪，妊娠第 80 天、100 天各免疫 1 次；经产母猪妊娠 80 天左右免疫；种公猪每年注射 2 次；仔猪于 4 周龄及 8 周龄各免疫 1 次。

2. 治疗

（1）青霉素　肌内注射，每千克体重 2 万~3 万单位，每日 2 次。

（2）链霉素　肌内注射，每千克体重 10 毫克，每日 2 次。

（3）盐酸土霉素　肌内注射，每千克体重 5~10 毫克，每日 2 次，连用

2~3 日。长效盐酸土霉素，肌内注射，一次量，每千克体重 10~20 毫克，每日 1 次，连用 2~3 次。

（4）泰乐菌素　肌内注射，每千克体重 5~13 毫克，每日 2 次，连用 7 日。

（5）硫酸卡那霉素注射液　肌内注射，一次量，每千克体重 10~15 毫克，一日 2 次，连用 3~5 日。

还可用磺胺类药物等治疗。

三、猪支原体肺炎

猪气喘病又称猪支原体肺炎，又名猪地方流行性肺炎，是猪的一种慢性肺病。主要临床症状是咳嗽和气喘。本病分布很广，我国许多地区都有发生。

（一）诊断要点

1. 病原及流行特点

猪肺炎支原体，曾经称为霉形体，是一群介于细菌和病毒之间的多形微生物。本病原存在于病猪的呼吸道及肺内，随咳嗽和打喷嚏排出体外。本病原对外界环境的抵抗力不强，在体外的生存时间不超过 36 小时，在温热、日光、腐败和常用的消毒剂作用下都能很快死亡。猪肺炎支原体对青霉素及磺胺类药物不敏感，但对四环素族、卡那霉素敏感。

大小猪均有易感性。其中哺乳仔猪及幼猪最易发病，其次是妊娠后期及哺乳母猪。成年猪多呈隐性感染。主要传染源是病猪和隐性感染猪，病原体长期存在于病猪的呼吸道及其分泌物中，随咳嗽和喘气排出体外后，通过接触经呼吸道而使易感猪感染。因此，猪舍潮湿，通风不良，猪群拥挤，最易感染发病。

本病的发生没有明显的季节性，但以冬春季节较多见。新疫区常呈暴发性流行，症状重，发病率和病死率均较高，多呈急性经过。老疫区多呈慢性经过，症状不明显，病死率很低，当气候骤变、阴湿寒冷、饲养管理和卫生条件不良时，可使病情加重，病死率增高。如有巴氏杆菌、肺炎双球菌、支气管败血波氏杆菌等继发感染，可造成较大的损失。

2. 临床症状

潜伏期 10~16 天。主要症状为咳嗽和气喘。病初为短声连咳，在早晨出圈后受到冷空气的刺激，或经驱赶运动和喂料的前后最容易听到，同时流少量清鼻液，病重时流灰白色黏性或脓性鼻液。在病的中期出现气喘症状，呼吸每分钟达 60~80 次，呈明显的腹式呼吸，此时咳嗽少而低沉。体温一般正常，食欲无明显变化。后期则气喘加重，甚至张口喘气，同时精神不振，猪体消瘦，不愿走动。这些症状可随饲养管理和生活条件的变化而减轻或加重，病程可拖延数月，病死率一般不高。

隐性型病猪没有明显症状，有时发生轻咳，全身状况良好，生长发育几乎正常，但 X 线检查或剖检时，可见到气喘病病灶。

3. 病理变化

病变局限于肺和胸腔内的淋巴结。病变由肺的心叶开始，逐渐扩展到尖叶、中间叶及膈叶的前下部。病变部与健康组织的界限明显，两侧肺叶病变分布对称，呈灰红色或灰黄色、灰白色，硬度增加，外观似肉样，俗称“胰样”或“虾肉样”变。切面组织致密，可从小支气管挤出灰白色、混浊、黏稠的液体，支气管淋巴结和纵隔淋巴结肿大，切面黄白色，淋巴组织呈弥漫性增生。急性病例，有明显的肺气肿病变。

4. 实验室诊断

对早期的病猪和隐性病猪进行 X 线检查，可以达到早期诊断的目的，常用于区分病猪和健康猪，以培育健康猪群。目前，临床上应用较多的是凝集试验和琼脂扩散试验，主要用于猪群检疫。

5. 鉴别诊断

应与猪流行性感冒、猪肺疫、猪传染性胸膜肺炎、猪肺丝虫病和蛔虫病相鉴别。

（二）防治

1. 预防

应采取综合性防疫措施，以控制本病发生和流行。从外地购入种猪时，应作 1~2 次 X 线透视检查，或做血清学试验，并经隔离观察 3 个月，确认健康时，方能并入健康猪群。关过病猪的猪圈，应空圈 7 天，进行严格消毒后才可放进健康猪。

发生本病后，应对猪群进行 X 线透视检查或血清学试验。病猪隔离治疗，就地淘汰。未发病猪可用药物预防。同时要加强消毒和防疫接种工作。

目前，有 2 种弱毒菌苗：一种是猪气喘病冻干兔化弱毒菌苗，攻毒保护率 79%，免疫期 8 个月；另一种是猪气喘病 168 株弱毒菌苗，攻毒保护率 84%，免疫期 6 个月。2 种菌苗只适于疫场（区）使用，都必须注入肺内才能产生免疫效果，但是免疫力产生的时间缓慢，约在60天以后产生较强的免疫力。

2. 治疗

治疗方法很多，多数只有临床治愈，不易根除病原。而且疗效与病情轻重、猪的抵抗力、饲养管理条件、气候等因素有密切关系。

（1）盐酸土霉素　每日30~40毫克/千克体重，用灭菌蒸馏水或0.25%普鲁卡因或4%硼砂溶液稀释后肌内注射，每天1次，连用5~7天为一疗程。重症可延长1个疗程。

（2）硫酸卡那霉素　用量20~30毫克/千克体重，每天肌内注射1次，5天为1疗程。也可气管内注射。与土霉素碱油剂交替使用，可以提高疗效。

（3）泰乐菌素　用量10毫克/千克体重，肌内注射，每天1次，连用3天为1疗程。

对于重病猪因呼吸困难而停食时，在使用上述药物的同时，还可配合对症治疗，如适当补液（可以皮下或腹腔注射），使用尼可刹米注射液2~4毫升，以缓解呼吸困难。配合良好的护理，以利于病猪的康复。

四、副猪嗜血杆菌病

副猪嗜血杆菌病是由副猪嗜血杆菌引起的主要危害断奶仔猪和保育猪的一种多发性浆膜炎和关节炎性传染病，又称多发性纤维素性浆膜炎和关节炎。

本病在临诊上主要以关节肿胀、疼痛、跛行、呼吸困难以及胸膜、心包、腹膜、脑膜和四肢关节浆膜的纤维素性炎症为特征。本病目前呈世界性分布，已成为影响养猪业典型的细菌性传染病，在养猪业发达国家均有此病的流行和发生。

近年来，我国的数个省、地区都有此病发生和流行的报道，成为一些病毒性疾病（如猪繁殖与呼吸综合征、猪断奶后多系统衰竭综合征）的继发病，给我国养猪业造成了较严重的经济损失。

（一）诊断要点

1. 病原及流行特点

副猪嗜血杆菌广泛存在于自然环境和养猪场中，健康猪鼻腔、咽喉等上呼吸道黏膜上也常有本病菌存在，属于一种条件性常在菌。当猪体健康良好、抵抗力强时，病原不呈致病作用。而一旦猪体健康水平下降、抵抗力弱时，病原就会大量繁殖而导致发病。属革兰氏阴性短小杆菌，形态多变，有15个以上血清型，其中血清型5、4、13最为常见（占70%以上）。本菌对外界环境的抵抗力不强，干燥环境中易死亡，对热抵抗力低，一般60℃时5~20分钟可被杀死，在4℃下通常只能存活7~10天。对消毒药较敏感，常用消毒药即可杀灭该菌。一般条件下难以分离和培养，尤其是应用抗生素治疗过病猪的病料，因而给本病的诊断带来困难。

一般在早春和深秋天气变化较大的时候，2周龄至4月龄断奶前后的仔猪和保育初期的架子猪多发生本病，5~8周龄的猪最为多发。还可继发一些呼吸道及胃肠道疾病。发病率一般在10%~25%，严重时可达60%，病死率可达50%。

本病主要通过呼吸道和消化道传播。本病常在受到以下应激因素刺激时而发生和流行：① 饲料营养失调、日粮不够、饮水少或吃霉变饲料等；② 栏舍环境卫生差、猪只密度大、通风不好、氨气含量高、高温高湿或阴冷潮湿等；③ 断奶、转群、突然变换环境、频密调栏、不当的阉割注射和引种长途运输等；④ 天气突然变化等；⑤ 疾病诱发，特别是在猪群发生了呼吸道疾病，如猪喘气病、流感、蓝耳病、伪狂犬病和呼吸道冠状病毒感染的猪场。

2. 临床症状

副猪嗜血杆菌病可分为急性和慢性两种临床类型。急性型临床症状包括发热、食欲不振、厌食、反应迟钝、呼吸困难、关节肿胀、跛行、颤抖、共济失调、眼睑肿大、可视黏膜发绀、侧卧、随后可能死亡。母猪急性感染后，能够引起流产，或者母性行为弱化。

保育后期或者生长早期，猪群表现中枢神经症状，疾病通常是由HPS感染脑膜，引起脑膜炎所致。发病猪尖叫，一侧躺卧或表现“划水”症状，或急性死亡。慢性经过多表现胸膜炎、腹膜炎及心包炎。病变导致猪不适，疼痛，不愿移动，采食减少或者拒食。

急性感染通常伴随发高烧。应尽早选择敏感抗生素进行肌内注射。如果治疗不及时，死亡率高。

副猪嗜血杆菌持续感染的长期影响可能比急性死亡引起的损失更大，细菌感染发生胸膜炎、腹膜炎后，食欲降低，生长缓慢，表现被毛粗糙，皮肤苍白，关节肿大甚或耳朵发绀。饲料消耗增加，上市时间延长。在炎热的夏天或者在应激条件下，心包炎容易导致急性死亡。

3. 病理变化

一般有明显胸膜炎（包括心包炎和肺炎），关节炎次之，腹膜炎和脑膜炎相对少一些。以浆液性、纤维素性渗出为炎症特征。肺可有间质水肿、粘连，肺表面和切面大理石样病变。心包积液、粗糙、增厚，心脏表面有大量纤维素渗出。胸腔积液，肝、脾肿大，与腹腔粘连。前、后肢关节切开有胶冻样物。发病时因个体差异和病程长短不同，上述病变不一定同时全部表现出来，其中以心包炎和胸膜肺炎发生率最高。

4. 细菌学检查

因为副猪嗜血杆菌十分娇嫩，所以副猪嗜血杆菌很难分离培养。因此在诊断时不仅要对有严重临诊症状和病理变化的猪进行尸体剖检，还要对处于疾病急性期的猪在应用抗生素之前采集病料进行细菌的分离鉴定。根据副猪嗜血杆菌 16S rRNA 序列设计引物对原代培养的细菌进行 PCR 可以快速而准确地诊断出副猪嗜血杆菌病。另外，还可通过琼脂扩散试验、补体结合试验和间接血凝试验等血清学方法进行确诊。

5. 鉴别诊断

应注意与其他败血性细菌感染相区别。能引起败血性感染的细菌有链球菌、巴氏杆菌、胸膜肺炎放线杆菌、猪丹毒丝菌、猪放线杆菌、猪霍乱沙门氏菌以及大肠埃希菌等。另外，3~10 周龄猪的支原体多发性浆膜炎和关节炎也往往出现与副猪嗜血杆菌感染相似的损伤。

（二）防治

1. 预防

（1）尽量避免和消除各种应激诱因　加强饲养管理与环境消毒，特别是在冬、春季节，尤其冬、春之交，在猪群断奶、转群、混群或运输前后可在饮水中加一些抗应激的药物，如维生素 C 等。对混群的一定要严格把关，对断奶后保育猪“分级饲养”。注意猪舍的清洁卫生和保暖及温差的变化，适当加强通风换气，保持猪舍小气候的舒适稳定。尤其还要做好猪瘟、伪狂犬病、蓝耳病等各种诱发和并发病的预防免疫。

（2）免疫接种　通常情况下，母猪是该病菌的携带者，在做好卫生消毒的基础上，更重要的是对种母猪进行免疫，以保护仔猪。具体程序：后备母猪配种前 6 周和 3 周各接种 1 次；对初免母猪产前 40 天和 20 天分别免疫副猪嗜血杆菌多价灭活苗；对经免母猪产前 30 天免疫 1 次即可。在仔猪 1~2 周和 3~4 周各接种 1 次。尚没有任何一种灭活苗同时对副猪嗜血杆菌的所有致病菌株产生交叉保护，可采用本场制作自家苗进行免疫，以提高免疫效果：15 日龄乳猪每头接种 1 毫升；35 日龄接种 2 毫升；母猪配种前 15 天每头颈部肌内注射 3 毫升。

2. 治疗

（1）隔离消毒　将猪舍内所有病猪隔离，淘汰无饲养价值的僵猪或严重病猪；彻底清理猪舍，用2%氢氧化钠水溶液喷洒猪圈地面和墙壁，2 小时后用清水冲净，再用科星复合碘等喷雾消毒，连续喷雾消毒 4~5 天。

（2）加强管理　改善猪舍通风保暖设施条件，疏散猪群，降低密度，不要混养。

（3）及时用药　对全群猪用电解质加维生素 C 粉饮水 5~7 天，以增强机体抵抗力，减少应激反应；对猪场全群投药，阿莫西林 400 克，金霉素 2 000 克/吨饲料，连喂 7 天，停 3 天，再加喂 3 天；或任选泰妙菌素（50~100）$\times10^{-6}$、氟甲砜霉素（50~100）$\times10^{-6}$、泰乐菌素和磺胺二甲嘧啶各 100×10^{-6}等 1~2 种抗生素拌料饲喂。对隔离的病猪或疑似病猪，能吃食的按上述方法给药；不吃食或食欲下降的重症病猪，可改在饮水中加阿莫西林 200 克/吨水，并颈部肌内注射环丙沙星等药物，连用 5~7 天；或肌内注射硫酸卡那霉素，每次 20 毫克/千克，每晚肌内注射 1 次，连用 5~7 天。

五、猪传染性胸膜肺炎

猪传染性胸膜肺炎是由胸膜肺炎放线杆菌所致的一种高度接触传染性呼吸道疾病。主要发生于育肥猪，临床上急性以突然发病、肺部纤维性出血为特征，慢性以肺部局部坏死和肺炎为特征。所有年龄的猪均易感染，断奶猪与架子猪发病率最高。本病主要由空气传播和与猪接触而传播。应激因素，如拥挤、不良气候、气温突变、相对湿度增高和通风不良、猪的转栏和并群等有助于疾病的发生和传播，并影响发病率和死亡率，本病的发生具有明显的季节性，多发生于 4—5 月和 9—11 月。本病已成为规模化猪场最常见的传染病之一。

（一）诊断要点

1. 病原及流行特点

胸膜肺炎放线杆菌为革兰氏阴性小球杆菌，具有多形性，有荚膜，不形成芽孢。无运动性，为兼性厌氧菌，常需在有二氧化碳的大气中生长，本菌抵抗力不强，易被一般杀菌药杀灭。

各种年龄的猪对本病均易感，但由于初乳中母源抗体的存在，本病最常发生于育成猪和成年猪（出栏猪）。急性期死亡率很高，与毒力及环境因素有关，其发病率和死亡率还与其他疾病的存在有关，如伪狂犬病及蓝耳病。另外，转群频繁的大猪群比单独饲养的小猪群更易发病。

主要传播途径是空气、猪与猪之间的接触、污染排泄物或人员传播。猪群的转移或混养，拥挤和恶劣的气候条件（如气温突然改变、潮湿以及通风不畅）均会加速该病的传播和增加发病的危险。

2. 临床症状

人工感染猪的潜伏期为 1~7 天或更长。由于动物的年龄、免疫状态、环境因素以及病原的感染数量的差异，临诊上发病猪的病程可分为最急性型、急性型、亚急性型和慢性型。

本病具有传播速度快，感染率和死亡率高等特点。常见有三种临床表现。

（1）最急性型　病猪突然呼吸急促，体温快速升高到 41℃以上，如得不到及时救治，则短时间内因呼吸困难、咳喘而窒息死亡。病死猪可见眼、耳、鼻吻和后躯臀部呈现紫斑或发绀，口、鼻流出泡沫样血性分泌物。

（2）急性型　病猪咳嗽、喘气、呼吸困难，常呈站立或犬坐姿势，难以卧地；体温升高到 41℃以上，不愿采食，但喜饮水；耳、鼻、四肢皮肤呈蓝紫色。

（3）亚急性和慢性型　病猪体温稍高，一般在 39~40℃；咳嗽、气喘，食欲不振。病程一般达 7~10 天。

3. 病理变化

本病的病理变化主要集中在肺脏。常见双侧性肺炎，在肺的尖叶、心叶及膈叶上有暗红色、界限分明、硬实的病灶；肺脏与胸膜粘连，表面被覆有纤维素性渗出物。

4. 实验室诊断

包括直接镜检、细菌的分离鉴定和血清学诊断。

（1）直接镜检　从鼻、支气管分泌物和肺脏病变部位采取病料涂片或触片，革兰氏染色，显微镜检查，如见到多形态的两极浓染的革兰氏阴性小球杆菌或纤细杆菌，可进一步鉴定。

（2）病原的分离鉴定　将无菌采集的病料接种在 7%马血巧克力琼脂、划有表皮葡萄球菌十字线的 5%绵羊血琼脂平板或加入生长因子和灭活马血清的牛心浸汁琼脂平板上，于 37℃含 5%~10%二氧化碳条件下培养。如分离到的可疑细菌，可进行生化特性、CAMP 试验、溶血性测定以及血清定型等检查。

（3）血清学诊断　包括补体结合试验、2-巯基乙醇试管凝集试验、乳胶凝集试验、琼脂扩散试验和酶联免疫吸附试验等方法。国际上公认的方法是改良补体结合试验，该方法可于感染后 10 天检查血清抗体，可靠性比较强，但操作烦琐，目前认为酶联免疫吸附试验较为实用。

5. 鉴别诊断

本病应注意与猪肺疫、猪气喘病进行鉴别诊断。猪肺疫常见咽喉部肿胀，皮肤、皮下组织、浆膜以及淋巴结有出血点；而传染性胸膜肺炎的病变常局限于肺和胸腔。猪肺疫的病原体为两极染色的巴氏杆菌，而猪传染性胸膜肺炎的病原体为小球杆状的放线杆菌。猪气喘病患猪的体温不升高，病程长，肺部病变对称，呈胰样或肉样病变，病灶周围无结缔组织包裹。

（二）防治

1. 预防

（1）加强饲养管理，定期消毒　冬加强饲养管理，保持猪舍内通风换气，空气清新；注意饲料营养搭配。100 千克日粮中添加盐酸多西环素粉、氟苯尼考粉各 100 克，均匀拌料，连喂 3~5 天，可有效预防。

（2）接种疫苗　疫苗是控制猪胸膜肺炎放线杆菌感染的有效手段。当前，多使用的疫苗是亚单位苗和灭活苗，使用方法是注射 2 毫升/头，注射 1 次后，间隔 14~20 天再加强免疫 1 次，免疫期为 6 个月。但灭活苗免疫效果不理想，仅能减轻临床症状和肺部感染程度，不能刺激动物机体产生高效价抗体，也不能对其他血清型的感染提供有效的交叉保护。

2. 治疗

早期治疗可取得较好效果。20%氟苯尼考注射液 0. 10 毫升/千克体重，肌内注射，每日 1 次，连用 3 天；同时，在饲料中添加泰乐菌素粉 100 克/吨，连用 1 周。

第三节　消化道感染性细菌病

一、猪副伤寒

猪副伤寒又称猪沙门氏菌病，由于它主要侵害 2~4 月龄仔猪，也称仔猪副伤寒，是一种较常见的传染病。临床上分为急性和慢性两型。急性型呈败血症变化，慢性型在大肠发生弥漫性纤维素性坏死性肠炎变化，表现慢性下痢，有时发生卡他性或干酪性肺炎。

（一）诊断要点

1. 病原及流行特点

猪副伤寒病原体是猪霍乱沙门氏菌和猪伤寒沙门氏菌，属革兰氏阴性杆菌，不产生芽孢和荚膜，大部分菌有鞭毛，能运动。此类菌常存在于病猪的各脏器及粪便中，对外界环境的抵抗力较强，在粪便中可存活 1~2 个月，在垫草上可存活 8~20 周，在冻土中可以过冬，在 10%~19%食盐腌肉中能生存 75 天以上。但对消毒药的抵抗力不强，用 3%来苏尔、福尔马林等能将其杀死。

本病主要发生于密集饲养断奶后的仔猪，成年猪及哺乳仔猪很少发生。其传染方式有两种：一种是由于病猪及带菌猪排出的病原体污染了饲料、饮水及土壤等，健康猪吃了这些污染的食物而感染发病；另一种是病原体存在于健康猪体内，但不表现症状，当饲养管理不当，寒冷潮湿，气候突变，断乳过早，有其他传染病或寄生虫病侵袭，使猪的体质减弱，抵抗力降低时，病原体即乘机繁殖，毒力增强而致病。本病呈散发，若有恶劣因素的严重刺激，也可呈地方流行。

2. 临床症状

潜伏期 3~30 天。临床上分为急性型和慢性型。

（1）急性型（败血型） 多见于断奶后不久的仔猪。病猪体温升高（41~42℃）、食欲不振、精神沉郁、病初便秘、以后下痢，粪便恶臭，有时带血，常有腹部疼痛症状，弓背尖叫。耳部、腹部及四肢皮肤呈深红色，后期呈青紫色。最后病猪呼吸困难、体温下降、偶尔咳嗽、痉挛，一般经 4~10 天死亡。

（2）慢性型（结肠炎型） 此型最为常见，多发生于 3 月龄左右猪，临床表现与肠型猪瘟相似。体温稍高、精神不振、食欲减退、反复下痢、粪便呈灰白色、淡黄色或暗绿色，形同粥状，有恶臭，有时带血和坏死组织碎片，以后逐渐脱水消瘦，皮肤上出现弥漫性湿疹。有些病猪发生咳嗽，病程 2~3 周或更长，最后衰竭死亡。

3. 病理变化

（1）急性型 主要是败血症变化。耳及腹部皮肤有紫斑。淋巴结出现浆液性和充血出血性肿胀；心内膜、膀胱、咽喉及胃黏膜出血；脾肿大，呈橡皮样暗紫色；肝肿大，有针尖大至粟粒大灰白色坏死灶；胆囊黏膜坏死；盲肠、结肠黏膜充血、肿胀，肠壁淋巴小结肿大；肺水肿，充血。

（2）慢性型 主要病变在盲肠和大结肠。肠壁淋巴小结先肿胀隆起，以后发生坏死和溃疡，表面被覆有灰黄色或淡绿色麸皮样物质，以后许多小病灶逐渐扩大融合在一起，形成弥漫性坏死，肠壁增厚。肝、脾及肠系膜淋巴结肿大，常见到针尖大至粟粒大的灰白色坏死灶，这是猪副伤寒的特征性病变。肺偶尔可见卡他性或干酪样肺炎病变。

4. 实验室诊断

对急性型病例诊断有困难时，可采取肝、脾等病料做细菌分离培养鉴定，也可做免疫荧光试验。

5. 鉴别诊断

应与猪瘟、猪痢疾相区别。

（二）防治

1. 预防

加强饲养管理，初生仔猪应争取早吃初乳。断奶分群时，不要突然改变环境，猪群尽量分小一些，在断奶前后（1 月龄以上），应口服或肌内注射仔猪副伤寒弱毒冻干菌苗等预防。

发病后，将病猪隔离治疗，被污染的猪舍应彻底消毒。病愈猪多数带菌，应予以淘汰。病死的猪不能食用，以防食物中毒。未发病的猪可用药物预防，在每吨饲料中加入金霉素 0.1 千克，有一定的预防作用。

2. 治疗

（1）抗生素疗法　常用的是盐酸蒽诺沙星、卡那霉素等抗生素，用量按说明书使用。

（2）磺胺类疗法　磺胺增效合剂疗效较好。磺胺甲基异噁唑 20～40 毫克/千克体重，加甲氧苄氨嘧啶，用量 4～8 毫克/千克体重，混合后分 2 次内服，连用 1 周。或用复方新诺明，用量 70 毫克/千克体重，首次加倍，每日内服 2 次，连用 3～7 天。

（3）大蒜疗法　将大蒜 5～25 克捣成蒜泥，或制成大蒜酊内服，1 日 3 次，连服 3～4 天。

二、猪大肠杆菌病

猪的大肠杆菌病，按其发病日龄和病原菌血清型的差异，以及在仔猪群引起的疾病可分为仔猪黄痢、仔猪白痢和仔猪水肿病三种。成年猪感染后主要表现乳房炎、尿路感染和子宫内膜炎。

（一）诊断要点

1. 病原及流行特点

本属菌为革兰氏染色阴性，无芽孢，一般有数根鞭毛，常无荚膜的、两端钝圆的短杆菌。在普通培养基上易于生长，于37℃ 24小时形成透明浅灰色的湿润菌落；在肉汤培养中生长丰盛，肉汤高度浑浊，并形成浅灰色易摇散的沉淀物，一般不形成菌膜。生化反应活泼，在鉴定上具有意义的生化特性是：M. R. 试验阳性和V. P. 试验阴性。不产生尿素酶、苯丙氨酸脱氢酶和硫化氢；不利用丙二酸钠，不液化明胶，不能利用枸橼酸盐，也不能在氰化钾培养基上生长。由于能分解乳糖，因而在麦康凯培养基上生长可形成红色的菌落，这一点可与不分解乳糖的细菌相区别。

本菌对外界因素抵抗力不强，60℃ 15分钟即可死亡，一般消毒药均易将其杀死。大肠杆菌有菌体抗原（O）、表面（荚膜或包膜）抗原（K）和鞭毛抗原（H）3种。O抗原在菌体胞壁中，属多糖、磷脂与蛋白质的复合物，即菌体内毒素，耐热。抗O血清与菌体抗原可出现高滴度凝集。K抗原存在于菌体表面，多数为包膜物质，有些为菌毛，如K88等。有K抗原的菌体不能被抗O血清凝集，且有抵抗吞噬细胞的能力。可用活菌制备抗血清，以试管或玻片凝集作鉴定。在菌毛抗原中已知有4种对小肠黏膜上皮细胞有固着力，不耐热、有血凝性，称为吸着因子。引起仔猪黄痢的大肠杆菌的菌毛，以K88为最常见。H抗原为不耐热的蛋白质，存在于有鞭毛的菌株，与致病性无关。病原性大肠杆菌与肠道内寄居和大量存在的非致病性大肠杆菌，在形态、染色、培养特性和生化反应等无任何差别，但在抗原构造上有所不同。

（1）易感性

① 仔猪黄痢。常发生于出生后1周龄以内，以1~3日龄最常见，随日龄增加而减少，7日龄以上很少发生，同窝仔猪发病率90%以上，死亡率很高，甚至全窝死亡。

② 仔猪白痢。多发于10~30日龄，以10~20日龄多发，1月龄以上的猪很少发生，其发病率约50%，而病死率低。一窝仔猪中发病常有先后，此愈彼发，拖延时间较长，有的猪场发病率高，有的猪场发病率低或不发病，症状也轻重不一。

③ 猪水肿病。主要见于断乳后1~2周的仔猪，以体况健壮、生长快的肥胖仔猪最易发病，育肥猪和10日龄以下的猪很少见。在某些猪群中有时散发，有时呈地方流行性，发病率一般在30%以下，但病死率很高，约90%。

（2）传染源　主要是带菌母猪。无病猪场从有病猪场引进种猪或断奶仔猪，如不注意卫生防疫工作，使猪群受感染，易引起仔猪大批发病和死亡。

（3）传播途径　主要经消化道传播。带菌母猪由粪便排出病原菌，污染母猪皮肤和乳头，仔猪吮乳或舔母猪皮肤时，被感染。

（4）流行特点　仔猪出生后，猪舍保温条件差而受寒，是新生仔猪发生黄痢的主要诱因。初产母猪和经产母猪相比，所产仔猪黄痢发病严重。高蛋白饲养及肥胖的猪容易发生水肿病，去势和转群应激也容易诱发水肿病。

2. 临床症状

（1）仔猪黄痢　仔猪出生时体况正常，12 小时后突然有 1~2 头全身衰弱，迅速消瘦、脱水，很快死亡，其他仔猪相继发生腹泻，粪便呈黄色糨糊状，并迅速消瘦，脱水，昏迷而死亡。同窝仔猪几乎全部发病，死亡率高，母猪健康无异常。

（2）仔猪白痢　病猪突然发生腹泻，排出糨糊状稀粪，灰白或黄白色，气味腥臭，体温和食欲无明显改变，病猪逐渐消瘦，弓背，皮毛粗糙不洁，发育迟缓，病程 3~9 天，多数能自行康复。

（3）仔猪水肿病　突然发病，表现精神沉郁，食欲下降至废绝，心跳加快，呼吸浅表，病猪四肢无力，共济失调，静卧时肌肉震颤，不时抽搐，四肢划动如游泳状，触摸敏感，发出呻吟或鸣叫，后期麻痹而死亡。体温不升高，部分猪表现出特征症状，眼睑和脸部水肿，有时波及颈部、腹部皮下，而有些猪体表没有水肿变化。病程 1~2 天，个别达 7 天以上，病死率 90%。

3. 病理变化

（1）仔猪黄痢　最急性剖检无明显病变，有的表现为败血症。一般可见尸体脱水严重，肠道膨胀，有多量黄色液体内容物和气体，肠黏膜呈急性卡他性炎症变化，以十二指肠最严重，空肠、回肠次之，肝、肾有时有小的坏死灶。

（2）仔猪白痢　剖检尸体外表苍白消瘦，肠黏膜有卡他性炎症变化，有多量黏液性分泌液，胃食滞。

（3）仔猪水肿病　最明显的是胃大弯部黏膜下组织高度水肿，其他部位如眼睑、脸部、肠系膜及肠系膜淋巴结、胆囊、喉头、脑及其他组织也可见水肿。水肿范围大小不一，有时还可见全身性瘀血。

4. 实验室诊断

主要是进行大肠杆菌的分离鉴定。

（二）防治

1. 预防

（1）落实免疫接种工作　在母猪产前的 40 天与 15 天接种 K99、K88 两类大肠杆菌苗，在产前的 25 天要注射适量流行性的腹泻二联苗与传染性的胃肠炎疫苗，通过免疫保护仔猪，在仔猪 30 日龄与 70 日龄，需要注射副伤寒的疫苗。

（2）做好产前产后母猪饲养管理　在母猪产前产后两天要适当的限食，母猪要喂养全价的饲料，而蛋白质的水平不宜过高。同时还要保证饲料相对的稳定性，不能喂糟渣饲料与发霉饲料，适当加喂一些青饲料。此外，应强化饲养管理，确保母猪产房清洁性，重视消毒，可以使用 0.1%的高锰酸钾对母猪乳房与乳头进行擦拭，确保母乳喂养的安全性。

（3）确保仔猪能够吃好　由于初乳中维生素、蛋白质与脂肪等营养的成分含量比较高，属于仔猪出生后全价天然的食品，并且生长因子与免疫球蛋白含量比较多，有强化免疫力、缓泻与促进消化等作用。此外，在仔猪出生以后，需要仔猪食用初乳，如果仔猪数量比较大或者是体弱，需要在相关人员的协助下喂初乳，提高仔猪免疫力。

（4）强化仔猪的消化器官锻炼　理论上，由于初生仔猪的消化系统尚不发达，且机能不够完善，初生仔猪 3 周龄前母乳尚可满足仔猪营养的需要，不需要喂食饲料。但是，为了满足乳猪快速生长的需要，需要饲养人员对仔猪提前进行开食训练，从 7 日龄开始，以炒熟的混合料进行诱食，保证在 3 周龄前能正式进行补饲。

（5）强化断奶仔猪的饲养管理　在仔猪断奶以后，失去母仔共居温暖的环境，且营养来源逐渐从母乳、母乳+饲料，变成独立摄食全部饲料，因为肠胃功能有一个适应的过程，所以在仔猪断奶以后，需要留在原圈进行饲养，在 1 周以内再喂哺乳期饲料，喂养方式一致。

2. 治疗

把止痢、抗菌以及消炎作为基本原则，在仔猪发病的初期，可以肌内注射卡那霉素或是庆大霉素，1 天注射 2 次。在发病中期可以口服硫酸新霉素，同时可以注射阿托品、恩诺沙星治疗。

三、猪梭菌性肠炎

猪梭菌性肠炎又名仔猪传染性坏死性肠炎、仔猪肠毒血症，俗称仔猪红痢。主要发生于1周龄以内的新生仔猪，以泻出红色带血的稀粪为特征。本病发生快，病程短，病死率高，损失较大。世界上许多国家和地区都有本病的报道，我国各地都有发生，个别猪场危害较重。

（一）诊断要点

1. 病原及流行特点

本病的病原为C型产气荚膜梭菌（或称C型魏氏梭菌），革兰氏染色阳性，为有荚膜、无鞭毛的厌氧大杆菌，菌体两端钝圆，芽孢呈卵圆形，位于菌体中央和近端。C型菌株主要产生α和β毒素，其毒素可引起仔猪肠毒血症和坏死性肠炎。本菌需在血琼脂厌气环境下培养，呈β溶血，溶血环外围有不明显的溶血晕。菌落呈圆形，边缘整齐，表面光滑、稍隆起。

本菌广泛存在于猪和其他动物的肠道、粪便、土壤等处，发病的猪群更为多见，病原随粪便污染猪圈、环境和母猪的乳头，当仔猪出生后（几分钟或几小时），吞下本菌芽孢而感染。

本病多发生于1~3日龄的新生仔猪，4~7日龄的仔猪即使发病，症状也较轻微。1周龄以上的仔猪很少发病。本病一旦侵入种猪场后，如果扑灭措施不力，可顽固地在猪场内扎根，不断流行，使一部分母猪所产的全部仔猪发病死亡。在同一猪群内，各窝仔猪的发病率高低不等。

2. 临床症状

（1）最急性型　常发生在新疫区，新生仔猪突然排出血便，后躯沾满血样稀粪，病猪精神沉郁，行走摇晃，很快呈现濒死状态，少数病猪未见血痢，却已昏迷倒地，在出生的当天或次日死亡。

（2）急性型　病程在1天以上，病猪排出含有灰色坏死组织碎片的红褐色液状粪便，迅速消瘦和虚弱，一般在2~3天内死亡。

（3）亚急性或慢性型　主要见于1周龄左右的仔猪，病猪呈现持续的非出血性腹泻，粪便呈黄灰色糊状，内含有坏死组织碎片，病猪极度消瘦、脱水而死亡，或因无饲养价值被淘汰。

3. 病理变化

本病的特征性病理变化主要在空肠，外表呈暗红色，肠腔内充满含血的液体，肠系膜淋巴结呈鲜红色，空肠病变部分的绒毛坏死。有时病变可扩展到回肠，但十二指肠一般不受损害。

4. 实验室诊断

病原的分离并不困难，但仅分离出病原，诊断意义不大，因外界环境普遍存在本菌，关键是要查明病猪的肠道内是否存在C型产气荚膜梭菌的毒素。应作血清中和试验才能确诊。方法如下。

取病猪肠内容物，加等量灭菌生理盐水搅拌均匀后，以3 000转/分钟离心沉淀30~60分钟，经细菌滤器过滤，取滤液0.2~0.5毫升，静脉注射一组18~22克的小鼠。同时用上述滤液与C型产气荚膜梭菌抗毒素血清混合，作用40分钟后注射另一组小鼠，如单注射滤液的小鼠迅速死亡，而后一组小鼠健活，即可确诊为本病。

（二）防治

1. 预防

（1）免疫母猪　在常发本病的猪场，给生产母猪接种C型魏氏梭菌类毒素，使母猪产生免疫力，并从初乳中排出母源抗体，这样仔猪在易感期内可获得被动免疫。其免疫程序是在母猪分娩前30天进行首免，于产前15天作二免。以后在每次产前15天加强免疫1次。

（2）药物预防　在本病常发地区，对母猪于产前注射长效特米先或饲料中加抗厌氧菌药物，对新生仔猪于接产的同时，口服抗厌氧菌药物（可将药物稀释于婴儿用的带嘴奶瓶内让仔猪吮吸），如喹诺酮类药物，连服3天。

（3）卫生消毒　产仔房和笼舍应彻底清洗消毒，母猪在分娩时，应用消毒药液（TH4，拜洁等）擦洗母猪乳房，并挤出乳头内的少许乳汁（以防污染）后才能让仔猪吃奶。

2. 治疗

由于本病发生急，死亡快，几乎来不及治疗就已死亡，因此药物治疗的意义不大。但若有抗猪梭菌性肠炎高免血清，及时进行治疗或作紧急预防，可获得满意的效果。

四、猪痢疾

猪痢疾是由密螺旋体引起的猪的一种肠道传染病，临床表现为黏液性或黏液出血性下痢，主要病变为大肠黏膜发生卡他性出血性炎症，进而发展为纤维素性坏死性肠炎。

本病自 1921 年美国首先报道以来，目前已遍及世界各主要养猪国家。近年来，我国一些地区种猪场已证实有本病的流行。本病一旦侵入猪场，则不易根除，幼猪的发病率和病死率较高，生长率下降，饲料利用率降低，加上药物治疗的耗费，给养猪业带来一定的经济损失。

（一）诊断要点

1. 病原及流行特点

为猪痢疾密螺旋体，革兰氏染色阴性。

在自然情况下，只有猪发病，各种年龄、品种的猪都可感染，但主要侵害的是 2~3 月龄的仔猪；小猪的发病率和死亡率都比大猪高；病猪及带菌者是主要的传染来源，康复猪还能带菌 2 个多月，这些猪通过粪便排出病原体，污染周围环境、饲料、饮水和用具，经消化道传播。此外，鼠类、鸟类和蝇类等经口感染后均可从粪便中排菌，也不能忽视这些传播媒介。

本病的发生无明显季节性；由于带菌猪的存在，经常通过猪群调动和买卖猪只将病散开。带菌猪，在正常的饲养管理条件下常不发病，当有降低猪体抵抗力的不利因素、饲养不足、缺乏维生素和应激因素时，便可促进引起发病。本病一旦传入猪群，很难除根，用药可暂时好转，停药后往往又会复发。

2. 临床症状

急性型病例较为常见。病初体温升高至 40℃以上，精神沉郁，食欲减退，排出黄色或灰色的稀粪，持续腹泻，不久粪便中混有黏液、血液及纤维碎片，呈棕色、红色或黑红色。病猪弓背吊腹，脱水消瘦，共济失调，虚弱而死，或转为慢性型，病程 1~2 周。

慢性型病例突出的症状是腹泻，但表现时轻时重，甚至粪便呈黑色。生长发育受阻，病程 2 周以上。保育猪感染后则成为僵猪；哺乳仔猪通常不发病，或仅有卡他性肠炎症状，并无出血；成年猪感染后病情轻微。

3. 病理变化

本病的主要病变在大肠（结肠和盲肠），回盲瓣为明显分界。病变肠段肿胀，黏膜充血和出血，肠腔充满黏液和血液。病程稍长者，出现坏死性炎症，但坏死仅限于黏膜表面，不像猪瘟、猪副伤寒那样深层坏死。组织学检查，在肠腔表面和腺窝内可见到数量不一的猪痢疾密螺旋体，但以急性期较多，有时密集呈网状。

4. 病原学诊断

（1）取病猪新鲜粪便或大肠黏膜涂片，用姬姆萨、草酸铵结晶紫或复红色液染色、镜检，高倍镜下每个视野见3个以上具有3~4个弯曲的较大螺旋体，即可怀疑此病。

（2）分离培养，需在厌氧条件下进行。

本病实验室诊断的方法很多，如病原的分离鉴定、动物感染试验、血清学检查等。对猪场来讲，最实用而又简便易行的方法是显微镜检查，取急性病猪的大肠黏膜或粪便抹片，用美蓝染色或暗视野检查，如发现多量猪痢疾密螺旋体（3~5条/视野），可作为诊断的依据。但对急性后期、慢性及使用抗菌药物后的病例，检出率较低。

（二）防治

1. 预防

对无本病的猪场，禁止从疫区引进种猪，必须引进时至少要隔离检疫30天。平时应搞好饲养管理和清洁卫生工作，实行全进全出的育肥制度。一旦发现1~2例可疑病情，应立即淘汰，并彻底消毒。

坚持药物、管理和卫生相结合的净化措施，可收到较好的净化效果。有本病的猪场，可采用药物净化办法来控制和消灭此病。可使用的药物种类很多，一般抗菌药物都行。

2. 治疗

病猪及时治疗，药物治疗常有一定效果，如痢菌净5毫克/千克体重，内服，每天2次，连服3天为一疗程，或按0.5%痢菌净溶液0.5毫升/千克体重，肌内注射；硫酸新霉素、四环素类抗生素等多种抗菌药物都有一定疗效。需要指出，该病治后易复发，须坚持疗程和改善饲养管理相结合，方能收到好的效果。

第四节　繁殖障碍性细菌病

一、布鲁氏菌病

布鲁氏菌病简称布病，是由布鲁氏菌引起的急性或慢性的人畜共患传染病。临床特征为主要侵害生殖器官，引起胎膜发炎、流产、不育、睾丸炎、关节炎、滑液囊炎及各种组织的局部病灶。该病分布于全世界各地，或者说只要有猪存在的地方就有该病的发生。在中国南部该病主要由 3 亚型引起，在新加坡该病主要由 1 亚型引起。

（一）诊断要点

1. 病原及流行特点

布鲁氏菌，革兰氏阴性。布鲁氏菌属分为 6 个生物种，20 个生物型。6 个生物种是马耳他布鲁氏菌、猪布鲁氏菌、流产布鲁氏菌、犬布鲁氏菌、沙林鼠布鲁氏菌和绵羊布鲁氏菌。

布鲁氏菌属中各生物种及生物型菌株的毒力有所差异，其致病力也不相同，沙林鼠布鲁氏菌主要感染啮齿动物，对人、畜基本无致病作用；绵羊布鲁氏菌只感染绵羊；羊布鲁氏菌主要感染绵羊、山羊，也能感染牛、猪、鹿、骆驼等；犬布鲁氏菌主要感染犬，对人、畜的侵袭力很低；牛布鲁氏菌主要感染牛、马、犬，也能感染水牛、羊和鹿；猪布鲁氏菌主要感染猪，也能感染鹿、牛和羊；人的感染菌型以羊型最常见，其次猪型，牛型最少。猪布氏杆菌 1 和 3 亚型的宿主是猪，这两个亚型在世界上广泛分布。猪布氏杆菌是唯一一种能引起多系统功能障碍的布氏杆菌，并且能在猪上引起繁殖障碍。

本菌为细胞内寄生菌，本菌对外界因素的抵抗力较强，热和消毒药的抵抗力不强，一般在直射阳光作用下 0.5~4 小时，室温干燥 5 天、50~55℃ 60 分钟、60℃ 30 分钟或 70℃ 10 分钟死亡；在污染的土壤、水、粪尿及饲料等中可生存 1 至数月，如在粪便中可存活 8~25 天；在土壤中可存活 2~25 天；在奶中可存活 3~15 天；在胎儿体内可存活 6 个月；在腐败的尸体中很快死亡；冰冻状态下能存活数月。对消毒药比较敏感，常用消毒药能迅速将其杀死。如用 2%~3%克辽林、含 3%有效氯的漂白粉溶液、1%来苏尔、2%福尔马林或 5%生石灰乳等进行消毒有效。本菌对四环素最敏感，其次是链霉素和土霉素，但对杆菌肽、多黏菌素 B 和 M 及林可霉素有很强的抵抗力。

本病无明显的季节性。易感动物较多，如牛、猪、山羊、绵羊等，后备猪易感。病猪和带菌猪是主要的传染源，病原菌随精液、乳汁、流产胎儿、胎衣、子宫阴道分泌物等排出体外，主要经消化道感染，也可在配种时通过皮肤、黏膜感染。

2. 临床症状

不同种群感染布氏杆菌后，其临床症状差别很大。大多数种群感染布氏杆菌后不表现任何症状。猪布氏杆菌病的典型症状是流产、不孕、睾丸炎、瘫痪和跛行。感染猪表现出间歇热。表现临床症状时间很短，死亡率很低。

流产可以发生在妊娠的任何时候，主要同感染时间有关。引发的流产率很高。感染布氏杆菌猪流产最早的报道发生在妊娠 17 天。早期的流产通常被忽视，而只有大批的妊娠后流产才容易引起注意。早期流产阴道的分泌物较少，也是未能引起注意的原因之一。妊娠 35 天或 40 天后再感染布氏杆菌，则会在妊娠晚期流产。

少部分母猪在流产后阴道会有异常分泌物，而这可能持续到 30 个月之久。然而，大多数都仅持续 30 天左右。临床上，异常的阴道分泌物多出现在妊娠前就有子宫内感染时发生。大多数的母猪都会自愈。

母猪在流产、分娩或哺育后感染仅会持续很短的一段时间，在经过 2~3 个发情期后，其生殖能力就会恢复。

生殖器感染在公猪中更常见。一些感染的公猪很难自愈。在一些雄性生殖腺内的病理学改变比在母猪子宫中引起的更广泛。受到感染的公猪可能引起不育症。两个睾丸及生殖腺受到感染，而使得精液中含有布氏杆菌。

在吃奶和断奶仔猪中如有感染，则易出现瘫痪和跛行，而各个年龄段的猪感染后均可能出现瘫痪和跛行症状。

3. 病理特点

感染布氏杆菌病猪的宏观病理变化差别很大，包括器官脓肿及黏膜脱落等。一般来说，组织病理学改变主要包括性腺内有大量白细胞渗出，子宫内膜等组织的细胞增生。胎盘组织会出现化脓性炎症，从而导致化脓性、坏死性胎盘炎。组织病理学变化主要是上皮细胞坏死和纤维组织的弥漫性增生。

对患有布氏杆菌病猪的肝脏进行组织病理学观察，菌血症期间在显微镜下可见到空泡样损伤。

猪布氏杆菌感染有时也会引起骨骼的损伤。椎骨和长骨最容易受到侵害。这些损伤的部位通常临近软骨组织，也形成中心是巨噬细胞和白细胞、外周有纤维囊包裹的病变。

而肾脏、脾脏、脑、卵巢、肾上腺、肺和其他受到感染的组织则容易出现慢性化脓性炎症。

4. 实验室诊断

最准确和特异的诊断方法是直接分离培养布氏杆菌。实践已经证明，利用病死畜的淋巴结分离细菌的方法确诊比血清学诊断要有效得多。

检查受到感染猪体内是否含有猪布氏杆菌抗原的方法也已经比较成熟，如利用荧光抗体（FA）技术也可以进行诊断。近来一些新兴的检测方法也可望用于布氏杆菌的诊断，如 PCR 方法等也有望用于有些特定的样品。

利用检测抗体的血清学方法是目前最常规的用于检测猪布氏杆菌病的方法，但检测结果可信度差。

（二）防治

1. 预防

（1）加强管理，定期检疫　对 5 月龄以上的猪进行检疫，经免疫的猪，1~2.5 年后再进行检疫，疫区每年检疫 2 次。

（2）严格消毒，进行无害化处理　制定严格的消毒制度，对流产的胎儿、胎衣、粪便及被污染的垫草等杂物要进行深埋或生物热发酵处理。对检疫为阳性的猪立即屠宰，做无害化处理。

（3）免疫预防　接种猪二号弱毒菌苗，任何年龄的猪都能接种，严格按照说明书使用。种公猪不免疫，每半年检疫 1 次，阳性猪立即淘汰。

（4）隔离封锁　发现本病，立即隔离封锁，严禁人员流动，严格消毒，扑杀病猪，做无害化处理。待全场无临床症状出现后进行检疫，发现阳性猪实行淘汰，3~6 个月检疫 2 次，2 次全部为阴性的猪群可认为已根除本病。

2. 治疗

无特效药，可用青霉素。

二、猪钩端螺旋体病

猪钩端螺旋体病是由致病性钩端螺旋体引起的一种人兽共患和自然疫源性传染病。该病的临诊症状表现形式多样，猪钩端螺旋体病一般呈隐性感染，也时有暴发。急性病例以发热、血红蛋白尿、贫血、水肿、流产、黄疸、出血性素质、皮肤和黏膜坏死为特征。猪的带菌率和发病率较高。该病呈世界性分布，在热带、亚热带地区多发。我国许多省、市都有该病的发生和流行，长江流域和南方各地发病较多。近年来猪钩端螺旋体病的发生和流行有所升高，在福建、黑龙江、新疆等地都有报道。

（一）诊断要点

1. 病原及流行特点

由致病性钩端螺旋体引起，呈散发，有时呈地方流行性。

2. 临床症状

（1）急性黄疸型　多发于育肥猪，皮肤和黏膜发黄，尿呈浓茶样或血尿，有时无明显症状却突然死亡，死亡率很高。

（2）水肿型　多发生于中仔猪，头部、颈部发生水肿，病初有短暂发热、黄疸、便秘、食欲不振、精神委顿，尿像浓茶。

（3）神经型　病猪出现抽搐，肌肉痉挛，行动僵硬，摇摆不定，运动失调等症状。

（4）流产型　怀孕母猪出现流产，死胎腐败，有的呈木乃伊状。

3. 病理变化

可见皮肤、皮下组织、浆膜、黏膜有不同程度的黄染，心肌膜、肠系膜、肠、膀胱黏膜出血；切开水肿部位有黄色渗出液，胸腔和心包有黄色积液；肾肿大，皮质有白色散在的坏死灶等，膀胱积有血尿或血红蛋白尿。

4. 实验室诊断

在病猪发热期采血液，在无热期采尿液或脑脊髓液，死后采肾和肝，进行暗视野活体检查或镀银染色检查，可见到菌体纤细呈螺旋状、两端钩状或弯曲的病原体。

5. 鉴别诊断

应与猪瘟、仔猪水肿病及附红细胞体病等鉴别。

（二）防治

1. 预防

防止水源、饲料、用具污染，大力灭鼠；母猪在产前 1 个月连续饲喂土霉素可防止流产，本病常发地区应间隔 1 周注射 2 次钩端螺旋体菌苗，免疫期约为 1 年。

2. 治疗

在猪群中发现感染猪应视为全群感染，进行全群治疗。各种抗生素对本病均有较好疗效。如土霉素按每千克拌料 0.75~1.5 克，连喂 7 天；或庆大霉素每千克体重 2~4 毫克，2 次/天，肌内注射；或链霉素每千克体重 10~15 毫克，2 次/天，肌内注射，连用 3~5 天。

第五节　其他细菌病

一、仔猪渗出性皮炎

渗出性皮炎是以葡萄球菌感染为主的一种破坏哺乳仔猪、断奶仔猪真皮层的疾病，本病无季节差异性，也叫油皮病，常常发生在5~30日龄较小的猪群中。卫生消毒不完善、饲养管理较差的猪场极易诱发本病，疾病发生后，猪群的生长速度几乎停滞并且常常继发绿脓杆菌、链球菌等疾病，给猪群的治疗大大提高了难度。

（一）诊断要点

1. 病原及流行特点

猪葡萄球菌为革兰氏阳性球菌，无鞭毛，不形成芽孢和荚膜。常呈不规则成堆排列，形似葡萄串状。对生长条件要求不高，可以在普通的琼脂板上生长，也可以在选择性指示培养基上生长。

不同的血清型毒株，毒力和致病力存在差异，但其生化和培养特性基本一致。强毒株常能引起仔猪皮肤油脂样渗出、形成皮痂并脱落，严重时导致脱水和死亡等临床症状。

葡萄球菌对环境的抵抗力较强，在干燥的脓汁或血液中可以存活2~3个月，80℃条件下30分钟才能杀灭，但煮沸可迅速使其死亡。葡萄球菌对消毒剂的抵抗力不强，一般的消毒剂均可杀灭。对磺胺类、青霉素、红霉素等抗菌药物较敏感，但易产生耐药性。

2. 临床症状

病猪初期体表发红，随后一段时间开始分泌出油脂样黏液，呈现黄脂色或棕红色，尤其以腋下、肋部、脸颊较为严重，3~5天后蔓延到全身的各个部位，患猪背毛粗乱、精神沉郁、堆压在一起。发病严重或者继发某些其他疾病的仔猪，表现脱水、败血症，常常在短时间内死去，轻度感染的仔猪，皮肤分泌物与空气的粉尘和表皮脱落的坏死组织形成了黑色的结痂，覆盖在患猪的口、鼻梁、脸颊、腋下、后背、四肢等全身各个部位。个别猪只出现四肢关节肿大、跛行、中枢神经系统症状、空嚼、磨牙、口吐白沫、角弓反张等症状。

3. 病理变化

尸体消瘦、脱水、外周淋巴结水肿，有的病猪出现心包炎、胸膜炎和腹膜炎，肝脏土黄色，质地易碎，肠道空虚，脾脏和肾脏轻微肿大，个别猪只出现化脓性肾炎的病理变化，关节液混浊，带有纤维素性渗出物。

（二）防治

1. 预防

① 建立完善的管理体系，对猪群的驱虫做详细记录，种猪每年驱虫 3 次，每 4 个月 1 次，商品猪在保育阶段驱虫一次，可以使用伊维菌素每吨饲料添加 500 克，连续投喂 7 天。不但可以驱除体内外部分寄生虫，还可以间接提高猪群免疫力。

② 搞好母猪全程的卫生工作，尤其以产房阶段尤为主要，清水洗澡、常规消毒是不可缺少的工作，使母猪干干净净进入产仔舍，不但可以有效预防疾病的传播，还可以降低母猪子宫炎、乳房炎的发生率。

③ 临产母猪用 0.1%高锰酸钾擦洗外阴部及乳房，仔猪出生后断牙、断尾的工具一定要用消毒水浸泡，牙、尾、脐带部位可以涂抹密斯陀帮助仔猪加速干燥以及杀菌。保健使用的针头必须做到每头猪一个针头的制度。

④ 仔猪在转群过程中，为了避免互相撕咬而造成疾病的感染和传播，建议在猪舍内添加适当玩物，对仔猪有一定分神作用，从而达到预防某些疾病的目的。

⑤ 进行有效消毒。

2. 治疗

由于体表葡萄球菌容易耐药，所以要轮换使用抗生素，最好做药敏试验。本次对发病猪群使用阿莫西林、恩诺沙星投水饮用，同时配合磺胺类药物、维生素 C 注射治疗，脱水猪只给予口服补液盐。体表使用 0.1%的高锰酸钾清洗，每天 1~2 次。环境使用常规消毒药物戊二醛按 1：（500~800）的浓度稀释，每 2 天消毒一次。

二、猪炭疽

猪炭疽是人兽共患的急性、烈性传染病。猪炭疽多为咽喉型，在咽喉部显著肿胀。

（一）诊断要点

1. 病原及流行特点

炭疽病的病原体是炭疽杆菌。该菌为革兰氏阳性的大杆菌，在体内的细菌能在菌体周围形成很厚的荚膜；在体外细菌能在菌体中央形成芽孢，它是唯一有致病性的需氧芽孢杆菌。芽孢具有很强的抵抗力，在土壤中能存活数十年，在皮毛和水中能存活 4~5 年。煮沸需 15~25 分钟才能杀死芽孢。消毒药物中以碘溶液、过氧乙酸、高锰酸钾及漂白粉对芽孢的杀死力较强，所以临床上常用20%漂白粉、0.1%碘溶液、0.5%过氧乙酸作为消毒剂。

各种家畜及人均有不同程度的易感性，猪的易感性较低。病畜的排泄物及尸体污染的土壤中，长期存在着炭疽芽孢，当猪食入含大量炭疽芽孢的食物（如被炭疽污染的骨粉等）或吃了感染炭疽的动物尸体时，即可感染发病。本病多发生于夏季，呈散发或地方性流行。

2. 临床症状

潜伏期一般为 2~6 天。根据侵害部位分以下几种类型。

（1）咽喉型　主要侵害咽喉及胸部淋巴结。开始咽喉部显著肿胀，渐渐蔓延至头、颈，甚至胸下与前肢内侧。体温升高，呼吸困难，精神沉郁，不吃食，咳嗽，呕吐。一般在胸部水肿出现后 24 小时内死亡。

（2）肠型　主要侵害肠黏膜及其附近的淋巴结。临床表现为不食、呕吐、血痢、体温升高，最后死亡。

（3）败血型　病猪体温升高，不吃食，行动摇摆，呼吸困难，全身痉挛，嘶叫，可视黏膜蓝紫，1~2 天内死亡。

3. 病理变化

咽喉型病变部呈粉红色至深红色，病灶与健康部分界限明显，淋巴结周围有浆液性或浆液出血性浸润。转为慢性时，呈出血性坏死性淋巴结炎变化，病灶切面致密，发硬发脆，呈一致的砖红色，并有散在坏死灶。肠型主要病变为肠管呈暗红色，肿胀，有时有坏死或溃疡，肠系膜淋巴结潮红肿胀。败血型病理剖检时，血液凝固不良、天然孔出血，血液呈黑红色的煤焦油样，咽喉、颈部、胸前部的皮下组织有黄色胶样浸润，各脏器出血明显，实质器官变性，脾脏肿大，呈黑红色。

炭疽病畜一般不做病理解剖检查，防止尸体内的炭疽杆菌暴露在空气中形成炭疽芽孢，变成永久的疫源地。

4. 实验室检查

先从耳尖采血涂片染色镜检。对咽喉部肿胀的病例，可用煮沸消毒的注射器穿刺病变部，抽取病料，涂片染色镜检。采完病料后，用具应立即煮沸消毒。染色方法可用姬姆萨染色法或瑞特氏染色法，也可用碱性美蓝染色液染色，镜检时应多看一些视野，若发现具有荚膜、单个、成双或成短链的粗大杆菌，即可确诊。也可进行环状沉淀试验和免疫荧光试验。

5. 鉴别诊断

咽喉部肿胀的炭疽病例与最急性猪肺疫相似，但最急性猪肺疫有明显的急性肺水肿症状，口鼻流泡沫样分泌物，呼吸特别困难，从肿胀部抽取病料涂片，用碱性美蓝染色液染色镜检，可见到两端浓染的巴氏杆菌。

（二）防治

1. 预防

炭疽是一种烈性传染病，不仅危害家畜，也威胁人类健康。因此，平时应加强对猪炭疽的屠宰检验。发生本病后，要封锁疫点，病死猪和被污染的垫料等一律烧毁，被污染的水泥地用20%漂白粉或0.1%碘溶液等消毒。若为土地，则应铲除表土15厘米，被污染的饲料和饮水均需更换，猪场内未发病猪和猪场周围的猪一律用炭疽芽孢苗注射。弱毒炭疽芽孢苗，每只猪皮下注射0.5毫升；第二号炭疽芽孢苗，每只猪皮下注射1毫升。最后1只病猪死亡或治愈后15天，再未发现新病猪时，经彻底消毒后可以解除封锁。

2. 治疗

临床上确诊后再行治疗时已经太晚，难以达到预期效果，所以第1个病例都会死亡，从第2个病例起，应尽早隔离治疗，用青霉素40万~100万单位静脉注射，每日3~4次，连续5天，可以收到一定效果。如有抗炭疽血清同时应用，效果更佳。此外，土霉素等也有较好的疗效。

三、猪坏死杆菌病

坏死杆菌病是一种畜禽和野生动物共患的慢性传染病，病状的特征是受到损伤的皮肤和皮下组织、口腔黏膜或胃肠黏膜发生坏死。本病多发生于收购场或猪集散临时棚圈，此病能严重地危害猪、鹿，是世界各国广泛存在的疫病。

(一) 诊断要点

1. 病原及流行特点

病原是坏死杆菌，革兰氏阴性，小的成球杆状、大的呈长丝状，无鞭毛，不形成芽孢和荚膜。用复红美蓝染色着色不均匀，本菌为严格厌氧，较难培养成功。1%福尔马林、1%高锰酸钾、4%醋酸都可杀死本菌。化脓放线菌、葡萄球菌等常起协同致病作用。

本病对猪、绵羊、牛、马最易感染，此病呈散发或地方流行，在多雨季节、低温地带常发本病，水灾地区常呈地方性流行感染发病，如饲养管理不当，猪舍脏污潮湿、密度大，拥挤、互相咬斗，母猪喂乳时，小猪争乳头造成创伤等情况，都会造成感染发病，如猪圈有尖锐物体也极易发病，仔猪生齿时也易感染。本病常是其他传染病的继发感染，如猪瘟、口蹄疫、副伤寒等，应注意预防坏死杆菌传播发病。

2. 临床症状

（1）坏死性口炎　在唇、舌、咽和附近的组织发生坏死。或扁桃体有明显的溃疡上有伪膜和痂块，去掉伪膜有干酪样渗出物和坏死组织，有恶臭，同时呈现食欲消失，全身衰弱，经5~20天死亡。

（2）坏死性鼻炎　病变部在鼻软骨、鼻骨、鼻黏膜表面出现溃疡与化脓，病变可延伸到支气管和肺。

（3）坏死性皮炎　发病以成年猪为主，但坏死病灶也可发生于哺乳仔猪身体任何部位，有时发生尾巴脱落现象。常发生在皮下脂肪较多处，如颈部、臀部、胸腹侧等，发生坏死性溃疡。病初创口较小，并附有少量脓汁，以后坏死向深处发展，并迅速扩大，形成创口小而囊腔深大的坏死灶。流出少量黄色稀薄、恶臭的液体，坏死部分无痛感，坏死区一般4~5处，母猪的坏死区常在乳房附近。

（4）坏死性肠炎　多发生于仔猪，刚脱奶不久的猪，若喂粗糙的饲料如粗糠等易发病，一般肠黏膜有坏死性溃疡，病猪出现腹泻、虚弱、神经症状，死亡的居多。

(二) 防治

1. 预防

猪群不宜过大，将个体大小相似的猪关在一起按时喂料，喂料量要适中，强弱猪分开喂，以免争食斗咬，奶猪要剪短犬齿，以免争奶而咬伤颊部，损伤母猪奶头，消灭蚊、蝇，避免刺螫而感染坏死杆菌，隔离病猪，受病灶传染的用具，垫草、饲料等要进行消毒或烧毁。

2. 治疗

彻底清除坏死组织，直至露出红色创面为止。用 0.1%高锰酸钾或 3%过氧化氢冲洗患部，然后撒消炎粉于创面或涂擦 10%甲醛溶液直至创面呈黄白色为止，或用木焦油涂擦患部，或 5%碘酊涂抹。坏死性肠炎、宜口服磺胺类药物，治疗之前，先把患部切开，清除坏死组织，然后再选用如下方剂治疗。

① 用滚热植物油（最好是桐油）适量趁热灌入疱内，再在患部撒上薄薄一层新石灰粉，隔 1~2 天治疗 1 次，一般处理 2~3 次即愈。

② 红砒 80 份，枯矾 18 份、冰片 2 份，混合研为细粉，除去坏死组织后撒布患部。

③ 雄黄 1 份，陈石灰 3 份，研末，加桐油调匀，塞入患部。

四、破伤风

破伤风是由破伤风梭菌引起人、畜的一种经创伤感染的急性、中毒性传染病，又名强直症、锁口风。本病的特征是病猪全身骨骼肌或某些肌群呈现持续的强直性痉挛和对外界刺激的兴奋性增高。本病分布于世界各地，我国各地呈零星散发。猪只发病主要是阉割时消毒不严或不消毒引起的。病死率很高，造成一定的损失。

（一）诊断要点

1. 病原及流行特点

破伤风梭菌为革兰氏染色阳性，为两端钝圆、细长、正直或略弯曲的大杆菌，为（0.5~1.7）微米×（2.1~18）微米。大多单在、成双或偶有短链排列；无荚膜，在动物体内外能形成芽孢，其直径较菌体大，位于菌体一端，形似鼓槌状或羽毛拍状。有鞭毛，能运动。本菌为严格厌氧菌，最适生长温度为 37℃，最适 pH 为 7.0~7.5。在普通培养基上能生长，在血液琼脂平板上，可形成狭窄的 β 溶血环。在厌氧肉肝汤中，呈轻度浑浊生长，有细颗粒沉淀。

破伤风梭菌在动物体内及人工培养基内均能产生痉挛毒素、溶血素和非痉挛毒素。痉挛毒素是一种作用于神经系统的神经毒，是引起动物特征性强直症状的决定因素，是仅次于肉毒梭菌毒素的第二种毒性最强的细菌毒素。以 9~11 克剂量的痉挛毒素，即可以致死一只豚鼠。它是一种蛋白质，对酸、碱、日光、热、蛋白分解酶等敏感，65～68℃经5分钟即可灭能，通过0.4%甲醛灭活、脱毒21～31天，可将它变成类毒素。我们用做预防注射的破伤风明矾沉降类毒素，就是根据这个原理制成的。制成的类毒素，能产生坚强的免疫力，可有效地预防破伤风发生。溶血毒素和非痉挛毒素对破伤风的发生意义不大。

破伤风繁殖体对一般理化因素的抵抗力不强，煮沸5分钟死亡。兽医上常用的消毒药液，均能在短时间内将其杀死。但芽孢型破伤风梭菌的抵抗力很强，在土壤中能存活几十年，煮沸1～3小时才能死亡；5%石炭酸经15分钟，5%煤酚皂液经5小时，0.1%升汞经30分钟，10%碘酊、10%漂白粉和30%过氧化氢经10分钟，3%福尔马林经24小时才能杀死芽孢。

本菌广泛存在于自然界，人和动物的粪便中有本菌存在，施肥的土壤、尘土、腐烂淤泥等处也存有本菌。各种家养的动物和人均有易感性。实验动物中，豚鼠、小鼠易感，家兔有抵抗力。在自然情况下，感染途径主要是通过各种创伤感染，如猪的去势、手术、断尾、脐带、口腔伤口、分娩创伤等，我国猪破伤风以去势创伤感染最为常见。

必须说明，并非一切创伤都可以引起发病，而是必须具备一定条件。由于破伤风梭菌是一种严格的厌氧菌，所以，伤口狭小而深，伤口内发生坏死，或伤口被泥土、粪污、痂皮封盖，或创伤内组织损伤严重、出血、有异物，或与需氧菌混合感染等情况时，才是本菌最适合的生长繁殖场所。临诊上多数见不到伤口，可能是潜伏期创伤已愈合，或是由子宫、胃肠道黏膜损伤感染。本病无季节性，通常是零星发生。一般来说，幼龄猪比成年猪发病多，仔猪常因阉割引起。

2. 临床症状

潜伏期最短的1天，最长的可达数月，一般是1～2周。潜伏期长短与动物种类、创伤部位有关，如创伤距头部较近，组织创伤口深而小，创伤深部损伤严重，发生坏死或创口被粪土、痂皮覆盖等，潜伏期缩短，反之则长。一般来说，幼畜感染的潜伏期较短，如脐带感染。猪常发生本病，头部肌肉痉挛，牙关紧闭，口流液体，常有"吱吱"的尖细叫声，眼神发直，瞬膜外露，两耳直立，腹部向上蜷缩，尾不摇动，僵直，腰背弓起，触摸时坚实如木板，四肢强硬，行走僵直，难于行走和站立。轻微刺激（光、声响、触摸）可使病猪兴奋性增强，痉挛加重。重者发生全身肌肉痉挛和角弓反张，死亡率高。

（二）防治

1. 预防

防止和减少伤口感染是预防本病十分重要的办法。在猪只饲养过程中，要注意管理，消除可能引起创伤的因素；在去势、断脐带、断尾、接产及外科手术时，工作人员应遵守各项操作规程，注意术部和器械的消毒。对猪进行剖腹手术时，还要注意无菌操作。在饲养过程中，如果发现猪只有伤口时，应及时进行处治。我国猪只发生破伤风，大多数是因民间的阉割方法，常不进行消毒或消毒不严引起的，特别是在公猪去势时，忽视消毒工作而多发。

此外，对猪进行外科手术、接产或阉割时，可同时注射破伤风抗血清3 000~5 000单位预防，会收到好的预防效果。

2. 治疗

（1）及时发现伤口和处理伤口　这是特别重要的环节之一。彻底清除伤口处的痂盖、脓汁、异物和坏死组织，然后用3%过氧化氢或1%高锰酸钾或5%~10%碘酊冲洗、消毒，必要时可进行扩创。冲洗消毒后，撒入碘仿硼酸合剂。也可用青霉素20万单位，在伤口周围注射。全身治疗用青霉素或青霉素、链霉素肌内注射，早晚各1次，连用3天，以消除破伤风梭菌继续繁殖和产生毒素。

（2）中和毒素　早期及时用破伤风抗血清治疗，常可收到较好疗效。根据猪只体重大小，用10万~20万单位，分2~3次，静脉、皮下或肌内注射，每天1次。

（3）对症疗法　如果病猪强烈兴奋和痉挛时，可用有镇静解痉作用的氯丙嗪肌内注射，用量100~150毫克；或用25%硫酸镁溶液50~100毫升，肌内或静脉注射；用1%普鲁卡因溶液或加0.1%肾上腺素注射于咬肌或腰背部肌肉，以缓解肌肉僵硬和痉挛。为维持病猪体况，可根据病猪具体病情注射葡萄糖盐水、维生素制剂、强心剂和防止酸中毒的5%碳酸氢钠溶液等多种综合对症疗法。

第五章　猪常见寄生虫病的防治

第一节　原虫病

一、猪弓形体病

弓形虫病是一种世界性分布的人、畜共患的血液原虫病，在人、畜及野生动物中广泛传播，有时感染率很高。猪暴发弓形虫病时，常可引起整个猪场发病，仔猪死亡率可高达 80%以上。因此，目前猪弓形虫病在世界各地已成为重要的猪病之一而受到重视。

（一）诊断要点

1. 病原及流行特点

由弓形虫引起。本病自 20 世纪 60 年代传入我国，经 50 多年，其流行特点不断发生变化，由以往的暴发性流行到近年来以隐性感染和散发为主。当然也有局部的小范围流行，但已很少见。① 暴发性是突然发生，症状明显而重，传播迅速，病死率高。② 急性型是同舍各圈猪相继发病，一次可病 10~20 头。③ 零星散发是某圈发病 1~2 头，过几天另圈又发 1~2 头，在 2~3 周内零星散发，可持续一个多月后逐渐平息。④ 隐性型，即临床不显症状。目前大多数猪场已转入此型。

2. 临床症状

3~5 月龄的猪多呈急性发作，症状与猪瘟相似，体温升高至 40~42℃，呈稽留热，精神沉郁；食欲减退或废绝，便秘，有时下痢，呕吐；呼吸困难，咳嗽；体表淋巴结，尤其腹股沟淋巴结明显肿大；身体下部及耳部有淤血斑或大面积发绀；孕猪发生流产或死胎。

3. 病理变化

剖检可见肺稍膨胀，暗红色带有光泽，间质增宽，有针尖至粟粒大出血点和灰白色坏死灶，切面流出多量带泡沫液体；全身淋巴结肿大，灰白色，切面湿润，有粟粒大、灰白色或黄白色坏死灶和大小不一的出血点；肝、脾、肾也有坏死灶和出血点；盲肠和结肠有少数散在的黄豆大至榛实大浅溃疡，淋巴滤泡肿大或有坏死，心包、胸腹腔液增多。

4. 实验室诊断

可采取胸、腹腔渗出液或肺、肝、淋巴结等作涂片检查虫体。

取肺、肝、淋巴结等病料，研碎后加 10 倍生理盐水（加青霉素 1 000 单位和链霉素 100 毫克/毫升），室温中放置 1 小时，振荡并待重颗粒沉底后，取上清液 0.5~1 毫升接种小白鼠腹腔，接种后观察 20 天。若小白鼠出现被毛粗刚、呼吸促迫或死亡，取腹腔液及脏器作抹片染色镜检。初代接种的小白鼠可能感染而不发病，可于 2~3 周后，用被接种小白鼠的肝、淋巴结、脑等组织按上法制成乳剂，盲传 3 代，如仍不发病，则判为阴性。

应用间接血凝试验，猪间接血凝价达 1∶64 时判为阳性，1∶256 表示最近感染，1∶1 024 表示活动性感染。猪感染弓形虫 7~15 天后，间接血凝抗体滴度明显上升，20~30 天后达高峰，最高可达 1∶2 048，以后逐渐下降，阳性反应可持续半年以上。

（二）防治

1. 预防

猪场发生本病时，应全面检查，对检出的患猪和隐性感染猪进行登记和隔离；对良种病猪采用有效药物进行治疗，对治疗耗费超过经济价值，隔离管理又有困难的病猪，可屠宰淘汰处理。

猪舍内应严禁养猫并防止猫进入圈舍；严防饮水及饲料被猫粪直接或间接污染。控制或消灭鼠类。猪场内应开展灭鼠活动。勿用未经煮熟的屠宰废弃物作为猪的饲料。

大部分消毒药对卵囊无效，但可用蒸汽或加热等方法杀灭卵囊。对病猪舍、饲养场用 1%煤酚皂或 3%苛性钠或火焰等进行消毒。

2. 治疗

板蓝根注射液 0.1 毫升/千克体重肌内注射；50 千克体重猪，30%安乃近注射液 4~12 毫升、25%维生素 B_1 注射液 25~50 毫克，混合一次肌内注射；磺胺-6-甲氧嘧啶钠 10 毫升（首次剂量加倍）、地塞米松磷酸钠注射液 4~12 毫克，混合一次肌内注射。每天 2 次，连续用药 5~7 天。

二、猪球虫病

球虫寄生于猪肠道的上皮细胞内引起的寄生虫病。猪等孢球虫是其中一个重要的致病种，引起仔猪下痢和增重降低。成年猪常为隐性感染或带虫者。

（一）诊断要点

1. 病原及流行特点

病原为艾美耳科的艾美耳属和等孢属，致病性较强的有猪等孢球虫、蒂氏艾美耳球虫、粗糙艾美耳球虫和有刺艾美耳球虫。临床上，除猪等孢球虫外，一般多为数种混合感染。

该科虫体卵囊的结构以艾美耳属最具代表性。卵囊壁 1 或 2 层，内衬一层膜。可能有卵膜孔，孔上有一盖，称极帽。该属卵囊内有 4 个孢子囊，每个囊内含 2 个子孢子。卵囊和孢子囊内分别有卵囊残体和孢子囊残体，分别为孢子囊和子孢子形成后的剩余物质。孢子囊一端有一突起，称斯氏体。子孢子通常长形，一端钝，一端（前端）尖，也可为香肠状，通常有一个蛋白性的明亮球称折光球，其功能不详。

裂殖子由在宿主细胞内进行的裂殖生殖形成。裂殖子和子孢子均有顶复体。子孢子、裂殖子和孢子囊残体均含有碳水化合物颗粒。孢子囊残体还含有脂肪颗粒。子孢子和裂殖子均覆有表膜。表膜有 2 层，外层为连续的限制性膜，内层在极环处终止。它们均含有 22~26 个亚表膜下微管，1 个类锥体，由螺旋形排列的微管组成。在类锥体前端有 1 或 2 个环，有 1 个极环，1 个有或无核仁的核，几个棒状体，几个微线体。还有明亮球、内质网、高尔基体、线粒体、微孔、脂质体、卵形多糖体和核糖体。

（1）艾美耳属　每个卵囊有 4 个孢子囊，每个孢子囊内含 2 个子孢子，种类很多。

（2）等孢属　卵囊含有 2 个孢子囊，每个孢子囊含 4 个子孢子。种类较多，可以感染多种动物。对猪、犬、猫等危害较大。

球虫进入小肠绒毛上皮细胞内寄生。生殖分 3 个阶段。在内寄生阶段，经过裂殖生殖和配子生殖，最后形成卵囊排出体外。仔猪感染后是否发病，取决于摄入的卵囊的数量和虫种。仔猪群过于拥挤和卫生条件恶劣时便增加了发病的危险性。

等孢球虫的生活史可分为孢子生殖（孢子化）阶段、裂殖生殖（裂体增殖）阶段和配子生殖（有性生殖）3 个阶段。裂殖生殖阶段和配子生殖阶段是在机体内完成的，合称为内生发育阶段。孢子化阶段是指粪便中的卵囊从未孢子化的、不具有感染力的阶段发育为有感染力的阶段。整个孢子化过程是在机体外完成的，在 20~37℃时猪等孢球虫的卵囊能迅速孢子化。

各品种的猪都有易感性，哺乳仔猪发病率高，容易继发其他疾病，死亡率高，成年猪多为带虫感染。

感染性卵囊（孢子化卵囊）被猪吞食后，孢子在消化道释出，侵入肠上皮细胞，经裂殖生殖和配子生殖后，形成新的卵囊，脱离肠上皮细胞，随猪粪便排出体外，在外界经孢子生殖阶段，发育为感染性卵囊。饲料、垫草和母猪乳房被粪便污染时常引起仔猪感染。饲料的突然变换、营养缺乏、饲料单一及患某种传染病时，机体抵抗力降低，容易诱发本病。

潮湿有利于球虫的发育和生存，故多发于潮湿多雨的季节，特别是在潮湿、多沼泽的牧场最易发病，冬季舍饲期也可能发生。

潜伏期 2~3 周，有时达 1 个月。

2. 临床症状

猪等孢球虫的感染以水样或脂样的腹泻为特征，多发生于 7~10 日龄哺乳仔猪，有报道说猪等孢球虫引起了 5~6 周龄断奶仔猪的腹泻，腹泻出现在断奶后 4~7 天时，发病率很高（80%~90%），但死亡率都极低。开始时粪便松软或呈糊状，随着病情加重粪便呈水样。仔猪身上粘满液状粪便，使其看起来很潮湿，并且会发出腐败乳汁样的酸臭味。病猪表现衰弱、脱水，发育迟缓，时有死亡。不同窝的仔猪症状的严重程度往往不同，即使同窝仔猪不同个体受影响的程度也不尽相同。组织学检查，病灶局限在空肠和回肠，以绒毛萎缩与变钝、局灶性溃疡、纤维素坏死性肠炎为特征，并在上皮细胞内见有发育阶段的虫体。

艾美耳属球虫通常很少有临床表现，但可发现于 1~3 月龄腹泻的仔猪。该病可在弱猪中持续 7~10 天。主要症状有食欲不振，腹泻，有时下痢与便秘交替。一般能自行耐过，逐渐恢复。

3. 粪便检查

猪球虫卵囊的粪便检查方法很多，以饱和盐水（比重=1.20 克/毫升）漂浮法较多用，但仅从粪检中查获卵囊或进行粪便卵囊计数是不够的，必须辅以剖检，在小肠上皮细胞中查见艾美耳球虫或等孢球虫的内生性阶段虫体及相应的病理变化才可进行确诊。

本病的剖检特征是中后段空肠有卡他性或局灶性、伪膜性炎症，空肠和回肠黏膜表面有斑点状出血和纤维素性坏死斑块，肠系膜淋巴结水肿性增大。显微镜下观察可见肠绒毛的萎缩、融合，肠隐窝增生、滤泡增生和坏死性肠炎，肠上皮细胞灶性坏死，在绒毛顶端有纤维素性坏死物，并可在上皮细胞内见到大量成熟的裂殖体、裂殖子等内生性阶段虫体。对于最急性感染，诊断必须依据小肠涂片和组织切片发现发育阶段虫体，因为猪可能死在卵囊形成之前。组织学检查，病灶局限在空肠和回肠，以绒毛萎缩与变钝、局灶性溃疡、纤维素坏死性肠炎为特征，并在上皮细胞内见有发育阶段的虫体。

（二）防治

1. 预防

预防基于控制幼龄动物食入孢子化卵囊的数量，使建立的感染能产生免疫力而又不致引起临床症状。好的饲养方法和管理措施（包括卫生条件）有助于实现这一目标。

要将产房彻底清除干净，用50%以上的漂白粉或氨水复合物消毒几小时或过夜和熏蒸；要尽量减少人员进入产房，以免由鞋子或衣服携带卵囊在产房中传播；要防止宠物进入产房，以免其爪子携带卵囊在产房中传播。

新生仔猪应喂给初乳，年轻的易感猪应保持在清洁而干燥的场地，饲槽和饮水器应保持干净，防止粪便污染，尽量减少断奶、突然改变饲料和运输产生的应激因素。

在采取各种管理措施的情况下，动物还有可能发生球虫病时，就应使用抗球虫药进行预防。磺胺类药物和氨丙啉对猪球虫有效。在母猪产前2周和整个哺乳期，往饲料内添加250毫克/千克的氨丙啉，对等孢球虫病可达到良好的预防效果。

2. 治疗

将药物添加在饲料中预防哺乳仔猪球虫病，效果不理想；把药物加入饮水中或将药物混于铁剂中可能有比较好的效果；个别给药可获得治疗本病的最佳效果。

（1）磺胺类（磺胺二甲基嘧啶、磺胺间甲氧嘧啶、磺胺间二甲氧嘧啶等）　连用7~10天。

（2）抗硫胺素类（氨丙啉、复方氨丙啉、强效氨丙啉、特强氨丙啉、SQ氨丙啉）　剂量为20毫克/千克体重，口服。

（3）均三嗪类（杀球灵、百球清）　3~6周龄的仔猪口服，剂量为20~

30 毫克/千克体重。

(4) 莫能霉素　每 1 000 千克饲料加 60~100 克。

(5) 拉沙霉素　每 1 000 千克饲料加 150 毫克，喂 4 周。

(6) 氨丙啉　病奶猪可用 2 毫升 9.6%口服，每天 1 次，一般第 2 天停止腹泻。

(7) 氯苯胍　剂量为 20 毫克/千克体重，混于饲料喂给，服药后第 4 天停止排出卵囊，病猪拉稀停止。

(8) 三嗪酮　据报道，5%的悬液对仔猪球虫病有较好的防治效果。按 20 毫克/千克体重（相当于 0.4 毫升/千克）或 1 毫升/头仔猪剂量，于 3~5 日龄，一次口服，可完全预防球虫病的发生。该药安全性好，5 倍剂量仔猪也能完全耐受，且与补铁剂（口服或非肠道给药）、恩诺沙星、庆大霉素、增效磺胺等无任何相互干扰，也不影响仔猪免疫力的产生，在生产中已得到广泛应用。

第二节　吸虫病

一、姜片吸虫病

由姜片吸虫寄生于猪和人的小肠所引起的一种吸虫病，偶见于犬。病猪有消瘦、发育不良和肠炎等症状，严重时可能引起死亡。

（一）诊断要点

1. 病原及流行特点

病原为布氏姜片吸虫，是吸虫中较大的一种，长 30~75 毫米，宽 8~20 毫米。扁卷螺是姜片虫的中间宿主。成虫寄生于小肠，主要是十二指肠。

主要流行于长江流域以南地区。6—9 月是感染的最高峰。姜片吸虫病与宿主品种有关，纯种猪较本地种和杂种猪的感染率要高，南方以白种约克夏猪的感染率高，发病率也高；本病的发生与猪的年龄关系也很大，主要危害幼猪，以 5~8 月龄感染率最高，过了 9 个月以后，随年龄之增长感染率下降。幼猪感染姜片吸虫病以后，发育受阻。在流行地区，饲养 5~6 个月的小猪，有的体重才 10~18 千克，而正常猪的体重可达 50 千克以上。

2. 临床症状

病猪精神沉郁，低头弓背，消瘦，贫血，眼部、腹部较明显水肿，食欲减退，拉稀，粪便带有黏液，幼猪发育受阻，增重缓慢。

幼猪断奶后 1~2 个月就会受到感染。一般对人危害严重，对猪危害较轻。寄生少量时一般不显症状。虫体大多数寄生于小肠上段。吸盘吸着之处由于机械刺激和毒素的作用而引起肠黏膜发炎。腹胀，腹痛，下痢，或腹泻与便秘交替发生。虫体寄生过多时，往往发生肠堵塞（可多至数百条），如不及时治疗，可能发生死亡。对儿童可引起营养不良，发育障碍，病人有面部和下肢浮肿等症状。

姜片吸虫多侵害幼猪，导致幼猪发育不良，被毛稀疏无光泽，精神沉郁，低头，流涎，眼黏膜苍白，呆滞。食欲减退，消化不良，但有时有饥饿感。有下痢症状，粪便稀薄，混有黏液。严重时表现为腹痛、水泻、浮肿、腹水等症状。患病母猪泌乳量减少，影响仔猪生长。

3. 病理变化

剖检可见姜片吸虫吸附在十二指肠及空肠上段黏膜上，肠黏膜有炎症、水肿、点状出血及溃疡。大量寄生时可引起肠管阻塞。

4. 实验室诊断

取粪便用水洗沉淀法检查。如发现虫卵，或剖检时发现虫体即可确诊。

水洗沉淀法适用于检查吸虫卵，取粪便 5 克，加清水 100 毫升，搅匀成粪液，通过 250~260 微米（40~60 目）铜筛过滤，滤液收集于三角烧瓶或烧杯中，静置沉淀 20~40 分钟，倾去上层液，保留沉渣，再加水混匀，再沉淀，如此反复操作直到上层液体透明后，吸取沉渣检查。

（二）防治

1. 预防

（1）加强猪粪管理　病猪的粪便是姜片虫散播的主要来源，应尽可能把粪便堆积发酵后再作肥料。

（2）定期驱虫　每年对猪进行两次预防性驱虫，驱虫后的粪便应集中处理。常用的驱虫药有：敌百虫每千克体重 100~120 毫克，早晨空腹混在少量精料中 1 次喂服，大猪每头极量不超过 8 克，1 次/2 天，2 次为 1 疗程，服药后观察 1 小时，个别猪有流涎、肌肉震颤等副作用，一般 30 分钟后可消除，如呕吐等反应较重时，可皮下注射阿托品；或硫双二氯酚，50~100 千克以下猪，每千克体重 100~150 毫克，100~150 千克以上猪，每千克体重 50~60 毫克，混在少量精料中喂服，一般服后出现拉稀，1～2 天后可自然恢复；或吡喹酮每千克体重 50 毫克，拌料 1 次喂服。

（3）灭螺　在习惯用水生植物喂猪的地方，灭螺具有十分重要的预防作用。

2. 治疗

治疗可用敌百虫、硫双二氯酚、硝硫氰胺、吡喹酮等，剂量同预防性驱虫。

二、华枝睾吸虫病

华枝睾吸虫寄生于人、猪、狗、猫等动物的胆囊和胆管内所引起的一种寄生虫病，称为华枝睾吸虫病。

（一）诊断要点

1. 病原及流行特点

病原为华枝睾吸虫。虫卵随粪便排出，进入水中，被适宜的第一中间宿主螺蛳吞食后，在螺的消化道中孵出毛蚴。毛蚴进入螺蛳的淋巴系统，发育为胞蚴、雷蚴和尾蚴。

成熟的尾蚴离开螺体游入水中，如遇到适宜的第二中间宿主，某些淡水鱼和虾，即钻入其肌肉内，形成囊蚴。人、猪、犬和猫是由于吞食含有囊蚴的鱼、虾而受感染的。幼虫在十二指肠破囊而出，并从总胆管进入肝胆管，约经一个月发育为成虫并开始产卵。

华枝睾吸虫病是具有自然疫源性的疾病，是重要的人兽共患病。

猪华枝睾吸虫病的发生和流行取决于以下几个因素。

（1）有适宜中间宿主　淡水螺和淡水鱼、虾生存的水环境和中间宿主的广泛存在是华枝睾吸虫病发生和流行的重要因素。此外，囊蚴对淡水鱼、虾的选择并不严格，除上述鱼、虾外，水沟或稻田的各种小鱼虾均可作为第二中间宿主。

（2）人和猪的粪便管理不严　由于人或猪、狗、猫等都是华枝睾吸虫的终末宿主，人和猪的粪便管理不严而随便倒入河沟和池塘内；有的地区在河沟、鱼塘、小池边上建筑厕所或猪舍，含有大量虫卵的人、猪粪便直接进入河沟、池塘内；特别是狗、猫及其他野生动物的粪便更难控制，从而促进本病的发生和流行。

（3）猪的感染　也有因用小鱼虾作为猪饲料，或是用死鱼鳞、肚肠、带鱼肉的骨头、鱼头、碎肉渣、洗鱼水喂饮猪，以及放牧或散放的猪在河沟、池塘边吃了死鱼虾等都可引起感染。

2. 临床症状

严重感染时表现消化不良、食欲减退和下痢等症状，最后出现贫血消瘦，病程较长，多并发其他疾病而死亡。

3. 病理变化

猪和狗的主要病变在肝和胆。虫体在胆管内寄生吸血，破坏胆管上皮，引起卡他性胆管炎及胆囊炎，可使肝组织脂变、增生和肝硬变。临床表现为胆囊肿大，胆管变粗，胆汁浓稠，呈草绿色。胆管和胆囊内有许多虫体和虫卵。肝表面结缔组织增生，有时引起肝硬化或脂肪变性。

4. 粪便检查

若在流行区，有以生鱼虾喂猪的习惯时，如临床上出现消化不良和下痢等症状，即可怀疑为本病，如粪便中查到虫卵即可确诊。

粪检可用沉淀法。虫卵为黄褐色，平均大小 29 毫米×17 毫米，内含毛蚴，顶端有盖，卵孔的周缘突起；后端有一个小结，卵壳较厚，不易变形。近年来发展了 IHA（间接血凝试验）、Dot-ELISA 等免疫学方法。现国内已有 PVC-Fast-Dot-ELISA（白色 PVC 薄膜快速斑点酶联免疫吸附试验）试剂盒出售。

（二）防治

1. 预防

不要生吃或半生吃淡水鱼、虾。对疫区人、犬、猫要定期检查和驱虫。勿以生的鱼、虾或鱼的内脏喂犬、猫。对人、犬、猫的粪便进行堆积发酵，防止其污染水塘。消灭第一中间宿主淡水螺。

2. 治疗

六氯酚，剂量为 20 毫克/千克体重，口服，每日 1 次，连用 23 天。海涛林，剂量为 50~60 毫克/千克体重，混入饲料中喂服，每日 1 次，5 天为 1 个疗程。吡喹酮，剂量为 20~50 毫克/千克体重，口服。

第三节　绦虫（蚴）病

一、猪棘球蚴病

棘球蚴病是由寄生于狗、猫、狼、狐狸等肉食动物小肠内的带科棘球属的细粒棘球绦虫的幼虫棘球蚴寄生于猪，也寄生于牛羊和人等肝、肺及其他脏器而引起的一种绦虫蚴病。

本病对人畜危害极大，可严重影响患畜的生长发育，甚至造成死亡。而且寄生有棘球蚴的肝、肺及其他脏器按卫生检疫规定，均被废弃，加以销毁，从而造成很大的经济损失。

（一）诊断要点

1. 病原及流行特点

棘球蚴呈囊泡状，小的如豌豆，大的如小儿头，囊内有无色透明的液体。囊壁分两层，外层为角质层，有保护作用；内层为生发层，在该层上可长出生发囊，生发囊的内壁上生成许多头节。生发囊和头节脱落后，沉在囊液里，呈细沙状，故称“棘球沙”或“包囊沙”。有时囊内还可生成子囊（或向囊外生成外生性子囊），子囊内还可生成孙囊。但有的棘球蚴不形成头节，无头节的囊泡称为“不育囊”。不育囊也能长得很大，它的出现与中间宿主的种类有很大关系，据统计，猪约有20%的不育囊。

寄生在犬、狼等体内的成虫数量一般很多，它们的孕卵节片随粪便排出外界，虫卵散布在牧草或饮水里，中间宿主牛、羊和猪等随着吃草或饮水而遭受感染。虫卵在胃肠消化液的作用下，六钩蚴脱壳而出，穿过肠壁，随血流而至肝和肺，逐步发育为棘球蚴。终末宿主犬、狼等吃了有棘球蚴的脏器而受到感染。

人误食细粒棘球绦虫的虫卵后，可患严重的棘球蚴病。寄生于人体的棘球蚴可生长发育达10~30年之久。

本病流行广泛，呈全球性分布，世界上许多国家，国内很多省、市和地区都有本病的流行，其中绵羊的感染率最高，猪也常有发生。

细粒棘球绦虫卵在外界环境中可以长期生存，在0℃时能生存116天之久，高温50℃时1小时死亡，对化学物质也有相当的抵抗力，直射阳光易使之致死。

猪感染棘球蚴病主要是吞食狗和猫粪便中的细粒棘球绦虫卵而感染棘球蚴病。人们有时用寄生有棘球蚴的牛、羊、猪的肝、肺等组织器官的肉喂狗、喂猫或处理不当被狗、猫食入，而感染细粒棘球绦虫病。反过来寄生有细粒棘球绦虫的狗、猫，到处活动而把虫卵散布到各处，特别是在猪的圈舍内养狗和猫，或是饲养人员把狗、猫带到猪舍，从而大大增加了虫卵污染环境、饲料、饮水及牧场的机会，加之有的猪放牧或散放，自然也就增加了猪与虫卵接触和食入虫卵的机会而感染棘球蚴病。

2. 临床症状

轻微感染和感染初期不出现临床症状。严重感染，如寄生于肺，可表现慢性呼吸困难和咳嗽。如肝脏感染严重，叩诊时浊音区扩大，触诊病畜浊音区表现疼痛，当肝脏容积增大时，腹右侧膨大，由于肝脏受害，患畜营养失调，表现消瘦、营养不良等。

猪感染棘球蚴病时，不如绵羊和牛敏感，表现体温升高、下痢、明显咳嗽、呼吸困难，甚至死亡。猪在临床上常无明显的症状，有时在肝区及腹部有疼痛表现，患猪有不安痛苦的鸣叫声。

3. 病理变化

猪的棘球蚴主要见于肝，其次见于肺，少见于其他脏器。肝表面凸凹不平，有时可明显看到棘球蚴显露表面，切开液体流出，将液体沉淀后在显微镜下可见到许多生发囊和原头蚴（不育囊例外），有时肉眼也能见到液体中的子囊，甚至孙囊。另外也可见到已钙化的棘球蚴或化脓灶。

4. 免疫学诊断

可采用变态反应进行诊断。取新鲜棘球蚴囊液无菌过滤后，颈部皮内注射0.1~0.2毫升，5~10分钟观察如有直径0.5~2厘米的肿胀红斑为阳性。此法一般有70%的准确性，也有可能和其他绦虫蚴病发生交叉反应。

（二）防治

1. 预防

（1）禁止狗、猫进入猪圈舍和到处活动　管理好狗、猫粪便，防止污染牧草、饲料和饮水。

（2）对狗、猫要定期驱虫　每年至少4次，驱虫药物有以下2种。

① 氢溴槟榔碱：狗1.5~2毫克/千克体重，猫2.5~4毫克/千克体重，口服。

② 氯硝柳胺（灭绦灵）：狗400~600毫克/千克体重，口服。

（3）屠宰牛、羊、猪发现肝、肺及其他组织器官有棘球蚴寄生时，要进行销毁处理　严禁喂狗、喂猫。

（4）要圈养　不放牧，不散放。

2. 治疗

目前尚无有效药物，人患棘球蚴病时可进行手术摘除。

二、猪囊尾蚴病（猪囊虫病）

猪囊尾蚴病是有钩绦虫（猪带绦虫）的幼虫猪囊尾蚴寄生于猪的肌肉和其他器官中所引起的一种寄生虫病，又称猪囊虫病。所以，猪囊尾蚴病是在中间宿主体内的存在形式，猪和野猪是最主要的中间宿主，犬、骆驼、猫及人也可作为中间宿主，而人则是猪带绦虫的终末宿主。在世界各国均有发生。

本病危害人畜，所以成为肉品卫生检验的重要项目之一；而且有猪囊尾蚴的猪肉不能作鲜肉出售，严重的完全不能供食用，常造成巨大的经济损失，因此也是我国农业发展纲要中限期消灭的疾病之一。

（一）诊断要点

1. 病原及流行特点

病原体为猪囊尾蚴或称猪囊虫，其成虫是有钩绦虫或称猪带绦虫。

猪囊尾蚴寄生在猪肌肉里，特别是活动性较大的肌肉。虫体为一个长约1厘米的椭圆形无色半透明包囊，内含囊液，囊壁的一侧有一个乳白色的结节，内含一个由囊壁向内嵌入的头节。

通常在嚼肌、心肌、舌肌和肋间肌、腰肌、臂三头肌及股四肌等处最为多见，严重时可见于眼球和脑内。囊虫包埋在肌纤维间，如散在的豆粒，故常称猪囊虫的肉为“豆猪肉”或“米猪肉”。囊尾蚴在猪肉中的数量，可由数个到成千上万个。甚至多到无法计算。

猪带绦虫的成虫只能寄生于人的小肠前半段内，以其头节深埋在黏膜内。其孕卵节片随人的粪便单独地或数节相连地排出体外。节片自行收缩压挤出或破裂排出大量的卵。

虫卵随着被污染的饲料而被猪吞食，胚膜在胃和小肠内被消化液消化，幼虫借助自身体表所具有的6个小钩，钻入肠壁小血管，随血液散布到全身肌肉，在肌纤维间发育成猪囊虫。猪囊虫在宿主体内可生活3~10年，个别的可达15~17年。

人吃了带有猪囊虫而未煮熟的猪肉时，囊虫的包囊在胃肠内被溶解，翻出头节，并以头节的小钩和吸盘固着于肠壁上，逐渐发育为成虫。经2~3个月又可随粪便排出孕卵节片或虫卵。

如果人食进虫卵，或患绦虫病人小肠内的孕卵节片因小肠的逆蠕动而进入胃，游离的虫卵在胃液的作用下，卵膜被消化，逸出的六钩蚴进入肠壁血管随血流散布到各组织内发育成囊尾蚴，这时人就成为中间宿主。

寄生于人体内的囊尾蚴大多只有 1 条，偶有寄生 2~4 条者，成虫在人体内可存活 25 年之久，多寄生于脑、眼及皮下组织等部位，可给人的身体健康造成严重影响。我国以华北、东北、西南等地区发生较多；北方各省较多，长江流域少。

猪囊尾蚴病呈全球性分布，但主要流行于亚、非、拉的一些国家和地区。在我国有 26 个省、市、自治区曾有报道，除东北、华北和西北地区及云南与广西部分地区常发生外，其余省、区均为散发，长江以南地区较少，东北地区感染率较高。

猪囊尾蚴主要是猪与人之间循环感染的一种人兽共患病，其唯一感染来源是猪带绦虫的患者，猪囊尾蚴的发生和流行与人的粪便管理和猪的饲养管理方式密切相关。人感染猪带绦虫病主要取决于饮食卫生习惯和烹调以及吃肉方法。人感染猪带绦虫病必须吃进活的猪囊尾蚴才有可能。我国除少数地区外，均无吃生猪肉的习惯，所以猪带绦虫病人多为散发。如华北和东北喜食饺子，做肉馅时先尝味道，偶然会吃入囊尾蚴。有时做凉拌菜时用切过肉的同一菜刀或砧板，在切完生的带有囊虫的猪肉后又切凉拌菜，使黏附在菜刀或砧板上的囊尾蚴混于凉菜中。此外，烹调时间过短，快锅爆炒肉片，火锅烫生嫩肉片均有可能获得感染。而云南西部与南部地区呈地方性流行，则是该地区有吃生猪肉的习惯。

至于猪感染囊虫病则主要取决于环境卫生及对猪的饲养管理方法。猪感染囊虫病必须是吃了猪带绦虫的孕节或虫卵，也就是吃了患猪带绦虫病人排出的粪便污染过的饲料、牧草或饮水。因此传播本病可以说完全是人为的。例如我国北方以及云南、贵州、广西等部分地区，人无厕所，随地大便；养猪无圈，放跑猪；还有采用连茅圈；有的楼上住人，楼下养牲畜，可在楼上便溺，所以，这些地方猪患囊虫病的可能性就大。

2. 临床症状

猪感染少量的猪囊尾蚴时，不呈明显的变化。成熟的猪囊尾蚴的致病作用很大程度上取决于寄生部位，寄生在脑时可能引起神经机能的某种障碍；寄生在猪肉中时，一般不表现明显的致病作用。

大量寄生的初期，常在一个短时期内引起寄生部位的肌肉发生疼痛、跛行和食欲不振等，但不久即消失。在肉品检验过程中，常在外观体满膘肥的猪只发现严重感染的病例。幼猪被大量寄生时，可能造成生长迟缓，发育不良。寄生于眼结膜下组织或舌部表层时，可见寄生处呈现豆状肿胀。

3. 病理变化

在严重感染猪囊尾蚴的猪肉，呈苍白色而湿润。严重感染时，除寄生于各部分肌肉外，也可寄生在脑、眼、肝、脾、肺等部位，甚至淋巴结与脂肪内也可找到囊尾蚴；在初期囊尾蚴外部被有细胞浸润，继而发生纤维性变，约半年后囊虫死亡逐渐钙化。

猪囊尾蚴病的生前诊断比较困难，至今仍无一个理想特异性的诊断方法，当前多采用“一看、二摸、三检”的办法进行综合诊断。

一看：轻度感染时，病猪生前无任何表现，只有在重度感染的情况下，由于肩部和臀部肌肉水肿而增宽，身体前后比例失调，外观似哑铃形。走路时前肢僵硬，步态不稳，行动迟缓，多喜趴卧，声音嘶哑，采食、咀嚼和吞咽缓慢，睡觉时喜打呼噜，生长发育迟缓，个别出现停滞。视力减退或失明的情况下，翻开眼睑，可见到豆粒大小半透明的包囊突起。

二摸：即采用“撸”舌头验“豆”的办法进行检验，看是否有猪囊虫寄生。首先将猪保定好，用开口器或其他工具将口扩开，手持一块布料防滑，将舌头拉出仔细观察，用手指反复触膜舌面、舌下、舌根部有无囊虫结节寄生，当摸到感觉有弹性、软骨状感、无痛感、似黄豆大小的结节存在时，即可确认是囊尾蚴病猪。在舌检的同时可用手触摸股内侧肌或其他部位，如有弹性结节存在，可进一步提高诊断的准确性。

三检：应用血清免疫学方法诊断猪囊尾蚴病。近年来我国有许多单位对猪囊尾蚴病的血清学免疫诊断方法进行广泛的试验研究。采用的方法有：间接血球凝集法（IHA）、炭凝抗原诊断法、皮肤变态反应、环状沉淀反应、SPA 酶标免疫吸附试验等，均取得一定的成果。

（二）防治

1. 预防

加强肉品卫生检验，对有囊虫寄生的猪肉应严格按国家规定处理。

2. 治疗

用吡喹酮每千克体重 50 毫克，口服，1 次/天，连用 3 天或混以 5 倍液状石蜡作肌内注射，1 次/天，连用 2 天；或丙硫苯咪唑每千克体重 60~65 毫克，以橄榄油或豆油做成 6%混悬液肌内注射，或以每千克体重 20 毫克口服 1 次，隔 48 小时再服 1 次，共服 3 次，可治愈。

三、猪细颈囊尾蚴病

猪细颈囊尾蚴病是由带科泡状带绦虫的幼虫阶段细颈囊尾蚴所引起的。幼虫虫体俗称“水铃铛”，呈囊泡状，大小如黄豆至鸡蛋大不等，囊壁乳白色，囊内含透明液体和 1 个乳白色头节。寄生数量少时可不显症状，如被大量寄生，则可引起猪生长缓慢、毛粗乱、消瘦、贫血，严重的表现为体温升高、咳嗽、下痢等症状。

细颈囊尾蚴病在畜牧业养殖中是一种常见的传染病，近几年来，猪细颈囊尾蚴病发病率呈上升趋势，特别是在农村散养生猪。此病如不及时排查处理，可能会导致猪循环感染或死亡等严重后果，给养猪场户带来沉重的经济损失。

（一）诊断要点

1. 病原及流行特点

（1）幼虫期　本病的病原体为带科、带属的泡状带绦虫的幼虫细颈囊尾蚴，主要寄生在猪的肝脏和腹腔内。细颈囊尾蚴俗称水铃铛、水疱虫，呈泡囊状，囊壁乳白色，泡内充满透明液。囊体由黄豆大到鸡蛋大；肉眼观察时，可看到囊壁上有一个不透明的乳白色结节，即其颈部及内凹的头节所在。如使小结的内凹部翻转出来，能见到一个相当细长的颈部与其游离端的头节。由于本蚴有一个细长的颈部，所以叫做细颈囊尾蚴。寄生在宿主体内各种脏器中的囊体，体外还有一层由宿主组织反应产生的厚膜包围，故不透明，从外观上常易与棘球蚴相混。

（2）成虫期　泡状带绦虫是一种较大型的虫体，寄生于犬的小肠。白色或稍带黄色，体长 75~500 厘米，链体由 250~300 个节片组成。头节稍宽于颈节，顶突有 30~40 个小钩排成 2 列；前部的节片宽而短，向后逐渐加长，孕节的长度大于宽度。孕节子宫每侧有 5~10 个粗大分支，每支又有小分支，全被虫卵充满。虫卵近似椭圆形，大小为 38~39 微米，内含六钩蚴。

泡状带绦虫寄生于狗、狼、狐狸等肉食动物小肠内，鼬、北极熊甚至家猫也可作为终末宿主。孕节随终宿主的粪便被排出体外，孕节及其破裂后散出的虫卵如果污染了牧草、饲料和饮水，被猪等中间宿主吞食，则在消化道内逸出的六钩蚴即钻入肠壁血管，随血流到肝实质，以后逐渐移行到肝脏表面，并进入腹腔发育。当体积增至尚不超过 8. 5 毫米×5 毫米时，头节还未能形成。头节的充分发育（即囊体成熟，具有感染性）一般要 3 个月时间。成熟的囊尾蚴多寄生在肠系膜和网膜上，但可见于腹腔内任何部分，也有进入胸腔者。此时囊体的直径可达 5 厘米或更多，囊内充满液体。当终宿主吞食了含有细颈囊尾蚴的脏器后，它们即在小肠内发育为成虫。

猪细颈囊尾蚴成虫寄生在犬、猫等肉食兽的小肠里，幼虫寄生在猪等的肝脏、肠系膜、网膜等处，严重感染时还可进入胸腔，寄生于肺部。现在农村养犬、猫等很普遍，且管理不严，任其游走，不定期驱虫造成犬、猫等到处散布虫卵，污染草地和水源。

养猪户缺乏对本病的认识，猪宰后将感染内脏喂狗，形成感染循环。猪感染细颈囊尾蚴，是由于感染有泡状带绦虫的犬、狼等动物的粪便中排出有绦虫的节片或虫卵，它们随着终末宿主的活动污染了牧场、饲料和饮水。且每逢农村宰猪时，犬多守立于旁，凡不宜食用的废弃内脏便会丢弃在地，任犬吞食，这是犬易于感染泡状带绦虫的重要原因。犬的这种感染方式和这种形式的循环，在过去我国农村是很常见的。随着生猪集中屠宰政策的落实，目前这种状况已经得到了很大改观。

2. 临床症状

本病多呈慢性经过。轻度感染不呈现症状，但有时严重感染，对牲畜可发生致病的重要性。当猪吞食一个或更多的孕卵节片时，引起大量的幼虫在肝脏移行。最严重的影响与肝片吸虫的严重感染所产生的影响相似。包括急性出血性肝炎，伴发局限性或弥漫性腹膜炎，而大血管被这些幼虫钻入时可发生致死性出血。感染早期，成年猪一般无明显症状，幼猪可能出现急性出血性肝炎和腹膜炎症状。患猪表现为咳嗽、贫血、消瘦、虚弱，可视黏膜黄疸，生长发育停滞，严重病例可因腹水或腹腔内出血而发生急性死亡。肺部的蚴虫可引起支气管炎、肺炎。

3. 病理变化

剖检时可见肝脏肿大，表面有很多小结节和小出血点，肝脏呈灰褐色和黑红色。慢性病例，肝脏及肠系膜寄生有大量大小不等的卵泡状细颈囊尾蚴。

细颈囊尾蚴病生前诊断非常困难，可用血清学方法，诊断时须参照其临床症状，并在尸体剖检时发现虫体及相应病变才能确诊。

（二）防治

1. 预防

含有细颈囊尾蚴的脏器应进行无害化处理，未经高温处理严禁喂其他动物。在该病的流行地区应及时给犬进行驱虫，驱虫可用吡喹酮 5～10 毫克/千克体重或丙硫咪唑 5～20 毫克/千克体重，一次口服。做好猪饲料、饮水及圈舍的清洁卫生工作，防止被犬粪污染。

2. 治疗

用吡喹酮，剂量按 50 毫克/千克体重，每天 1 次，口服，连服 5 天；也可将吡喹酮与灭菌液状石蜡按 1∶6 的比例混合研磨均匀，按每千克体重 50 毫克吡喹酮分 2 次深部肌内注射，每 2 天 1 次。或可用丙硫咪唑或甲苯咪唑治疗。

第四节　线虫病

一、猪蛔虫病

猪蛔虫病是由猪蛔虫寄生在猪的小肠中而引起的一种常见寄生虫病，主要危害 3~5 月龄的猪，造成生长发育停滞，形成“僵猪”，甚至造成死亡。因此，猪蛔虫病是造成养猪业损失最大的寄生虫病之一。

（一）诊断要点

1. 病原及流行特点

本病的病原为猪蛔虫。感染普遍，分布广泛，世界性流行，集约化饲养的猪和散养猪均广泛发生，危害养猪业极为严重。由多重原因引起，特别是在不卫生的猪场和营养不良的猪群中，感染率很高，一般都在 50%以上。

猪蛔虫病对仔猪危害严重。一年四季均可发生，其流行与饲养管理、环境卫生关系密切相关。饲养管理不良、卫生条件恶劣和猪只过于拥挤的猪场，在营养缺乏，特别是饲料中缺乏维生素和必需矿物质的情况下，3～5 月龄的仔猪最容易大批地感染蛔虫，病症也较严重，且常发生死亡。

猪感染蛔虫主要是由于采食了被感染性虫卵污染的饮水和饲料，经口感染。母猪的乳房容易沾染虫卵，使仔猪在吸奶时受到感染。

2. 临床症状

临床表现为咳嗽、呼吸增快、体温升高、食欲减退和精神沉郁。病猪俯卧在地，不愿走动。幼虫移行时还引起嗜酸性白细胞增多，出现荨麻疹和某些神经症状之类的反应。成虫寄生在小肠时可机械性地刺激肠黏膜，引起腹痛。蛔虫数量多时常聚集成团，堵塞肠道，导致肠破裂。有时蛔虫可进入胆管，造成胆管堵塞，引起黄疸等症状。成虫夺取宿主大量的营养，影响猪的发育和饲料转化。大量寄生时，猪被毛粗乱，常是形成“僵猪”的一个重要原因，但规模化猪场较少见。

3. 粪便检查

多采用漂浮集卵法，可用饱和盐水漂浮法检查虫卵。正常的猪蛔虫受精卵为短椭圆形，黄褐色，卵壳内有一个受精卵细胞，两端有半月形空隙，卵壳表面有起伏不平的蛋白质膜，通常比较整齐。有时粪便中可见到未受精卵，偏长，蛋白质膜常不整齐，卵壳内充满颗粒，两端无空隙。1 克粪便中，虫卵数达 1 000 个时，可以诊断为蛔虫病。

哺乳仔猪（2 月龄内）患蛔虫病时，其小肠内通常没有发育至性成熟的蛔虫，故不能用粪便检查法做生前诊断，而应仔细观察其呼吸系统的症状和病变。剖检时，在肺部见有大量出血点；将肺组织剪碎，用幼虫分离法处理时，可以发现大量的蛔虫幼虫。如寄生的虫体不多，死后剖检时，须在小肠中发现虫体和相应的病变，但蛔虫是否为直接的致死原因，又必须根据虫体的数量、病变程度、生前症状和流行病学资料以及有否其他原发或继发的疾病作综合判断。

正确的诊断，必须根据流行病学调查、粪便检查、临床症状和病理变化等多方面因素加以综合判断。幼虫在肝脏移行时，可造成局灶性损伤和间质性肝炎。严重感染的陈旧病灶，由于结缔组织大量增生而发生肝硬变，形成“乳斑肝”；幼虫在肝内死亡或肝细胞凝固性坏死后，则见有周围环绕上皮样细胞、淋巴细胞和嗜中性白细胞浸润的肉芽肿结节。大量幼虫在肺内移行和发育时，可引起急性肺出血或弥漫性点状出血，进而导致蛔蚴性肺炎；康复后的肺内也常可检出蛔虫性肉芽肿。

（二）防治

1. 预防

在蛔虫病流行猪场，每年定期进行 2 次全面驱虫。仔猪在断奶后驱虫 2 次，最好每隔 20 天驱虫 1 次。

猪粪堆肥发酵处理，保持猪舍通风良好、阳光充足，搞好环境消毒。怀孕母猪在怀孕中期进行 1 次驱虫。

保持饲料和饮水清洁，减少断乳仔猪拱土和饮污水的机会。大、小猪分群饲养。引入猪应先隔离饲养，进行 1～2 次驱虫后再并群饲养。在饲料中加入驱虫性抗生素添加剂，如潮霉素 B、越霉素 A。

2. 治疗

驱虫左咪唑，每千克体重 8 毫克，拌料或饮水；或10%左咪唑涂擦剂，每千克体重 0. 1~0. 12 毫升，耳根部皮肤涂擦；或丙硫苯咪唑每千克体重 5~10 毫克混入饲料或配成混悬液给药；或伊维菌素，每千克体重 300 微克，皮下注射。

二、猪棘头虫病

猪棘头虫病是由巨吻棘头虫寄生于猪小肠（主要是空肠）所引起的疾病。主要侵害放牧的猪。本病是由于猪吞食棘头虫的中间宿主金龟子的幼虫（蛴螬）而感染。

（一）诊断要点

1. 病原及流行特点

病原为巨吻棘头虫。主要寄生在猪和野猪的小肠内，偶尔亦可寄生于人、犬、猫的体内，中间宿主为鞘翅目昆虫。发育过程包括虫卵、棘头蚴、棘头体、感染性棘头体和成虫等阶段。虫卵随宿主粪便排出体外，由于对干旱和寒冷抵抗力强，在土壤中可存活数月至数年。当虫卵被甲虫的幼虫吞食后，卵壳破裂，棘头蚴逸出，并穿过肠壁进入甲虫血腔，在血腔中经过棘头体阶段，最后发育为感染性棘头体，约需 3 个月。感染性棘头体存活于甲虫发育各阶段的体内，并保持对终宿主的感染力。当猪等动物吞食含有感染性棘头体的甲虫（包括幼虫、蛹或成虫）后，在其小肠内经 1~3 个月发育为成虫。人则因误食了含活感染性棘头体的甲虫而受到感染，但人不是猪巨吻棘头虫的适宜宿主，故在人体内，棘头虫大多不能发育成熟和产卵。

本病呈地方性流行，主要感染 8~10 月龄猪，流行严重的地区感染率可高达 60%~80%。虫卵对外界环境的抵抗力很强，在高温、低温以及干燥或潮湿的气候下均可长时间存活。

感染季节与金龟子的活动季节是一致的。金龟子一般出现在早春至六七月，并存在于 12~15 厘米深的土壤中，仔猪拱土的力度差，故感染机会少；后备猪拱土力强，故感染率高。因此每年春夏为猪棘头虫病的感染季节。放牧猪比舍饲猪感染率高，后备猪比仔猪感染率高。感染率和感染强度与地理、气候条件、饲养管理方式等都有密切关系。如气候温和，适宜于甲虫和棘头虫幼虫的发育，则感染率高并且感染的强度大。

2. 临床症状

轻度感染（虫体数量少于 15 条）时，一般症状不明显，仅后期出现消瘦、生长受阻。重度感染时（虫体数量 15 条以上）病猪食欲减退，刨地，互相对咬或出现匍匐爬行，腹痛，下痢，粪便带血。随后日益消瘦和贫血，生长发育迟缓，有的成为僵猪，有的因肠穿孔引起腹膜炎而死亡。

3. 病理变化

可见小肠黏膜有出血性纤维素性炎症。由于虫体吻突深入肠壁肌层，该处组织增生，浆膜面往往有小结节；当肠壁穿孔时，腹膜呈现弥漫性暗红色，混浊，粗糙。并结合临床症状和粪便检查结果，综合判断。实际工作中有时把棘头虫误认为猪蛔虫。两者区别是：蛔虫体表光滑，游离在肠腔中虫体多时常聚集成团；而棘头虫体表有环状皱纹，以吻突深深地固着在肠壁上，不聚成团。

4. 实验室诊断

用直接涂片法或水洗沉淀法检查粪便中的虫卵。

（二）防治

1. 预防

病猪粪便堆积发酵，杀灭虫卵；在流行地区猪群，特别在 5—7 月，甲虫出现最多的月份不宜放牧，应舍饲饲养；尽量减少食入蛴螬或金龟子等中间宿主的机会；如用金龟子作饲料时，必须彻底煮熟或炒熟。在猪场以外的适宜地设置诱虫灯，用以捕杀金龟子等。病猪粪便应堆积发酵处理，消灭中间宿主。

流行地区的猪应定期驱虫，每年春、秋各 1 次，常用驱虫药品有：左咪唑每千克体重 15~20 毫克，口服，对成虫有效；丙硫苯咪唑每千克体重 100 毫克，口服；或丙硫苯咪唑、吡喹酮各每千克体重 50 毫克，口服。

2. 治疗

敌百虫，剂量为 0.1 克/千克体重，口服或拌料喂；伊维菌素，剂量为 0.3 毫克/千克体重，皮下注射；盐酸左旋咪唑注射液，剂量为 7.5 毫克/千克体重，肌内或皮下注射；或磷酸左旋咪唑片，剂量为 8 毫克/千克体重，混饮或口服，经 2~4 周，再给药 1 次；噻苯咪唑片，剂量为 50 毫克/千克体重，每日 1 次，连用 3 次；丙硫咪唑，剂量为 10~20 毫克/千克体重，1 次口服；磺苯咪唑，剂量为 3 毫克/千克体重，1 次口服。

中药雷丸、榧子、槟榔、使君子、大黄各等份，共研为细末，1 次服 15 克（以上为 25 千克猪的用量）。

三、猪旋毛虫病

旋毛虫寄生于猪、犬、猫、鼠和人引起的一种人畜共患寄生虫病。成虫寄生于肠管，幼虫寄生于横纹肌。人、猪、犬、猫、鼠类、狐狸、狼、野猪等均可感染。人旋毛虫病可致人死亡，感染来源于摄食了生的或未煮熟的含旋毛虫包囊的猪肉，故肉品卫生检验中将旋毛虫列为首选项目。本病分布于世界各地，几乎所有的哺乳动物甚至某些昆虫均能感染旋毛虫。

（一）诊断要点

1. 病原及流行特点

旋毛虫成虫细小，肉眼几乎难以辨别。幼虫多寄生于动物的横纹肌细胞之间。成虫与幼虫寄生于同一宿主，宿主感染时，先为终末宿主，后为中间宿主。

肠内的旋毛虫雌雄交配后，雄虫死亡，雌虫钻入肠黏膜的淋巴间隙，在此产出长约 0.1 毫米的幼虫，幼虫随淋巴经脑导管、前腔静脉流入心脏，然后随血流散布到全身，在肌肉内，特别是膈肌、舌肌、喉部肌肉、眼肌、咬肌、肋间肌等处停留下来继续发育。

幼虫进入肌肉后 14 天可达 0.8～1.0 毫米，并开始卷曲，周围形成包囊，3 个月后包囊形成完成，囊内可有 1～3 个甚至 6～7 个幼虫。包囊长轴与肌纤维平行。被侵害的肌纤维变性，6 个月后，包囊壁增厚，从两端向中间钙化，全部钙化后虫体死亡，否则幼虫可长期存活，保持生命力由数年至 25 年之久。此幼虫如不被另一动物吞食则不能继续发育，而以全部钙化死亡告终。

动物采食含有活的幼虫的肌肉后，幼虫在胃内破囊而出，在小肠内经 40 小时发育为成虫。7～10 天内产出幼虫。一条雌虫约能生活 6 周，产出幼虫可达 1 500 条左右。

旋毛虫病分布于世界各地，宿主包括人、猪、鼠、犬、猫等 49 种动物。人感染旋毛虫多与生吃猪肉，或食用腌制与烧烤不当的猪肉制品有关。欧美，特别是北美，因食用生香肠和以废肉作为猪的饲料，故造成本病流行。我国人得旋毛虫病，也是和生吃猪肉的习惯有关，故常呈区域性分布。

2. 临床症状

人的旋毛虫病可分为由成虫引起的肠型和由幼虫引起的肌型两种。肠型由旋毛虫成虫引起，成虫侵入肠黏膜时引起肠炎，严重时出现带血性腹泻；肌型由旋毛虫幼虫引起，常出现急性心肌炎、发热、肌肉疼痛等症状，严重时多因呼吸肌、心肌及其他脏器的病变而引起死亡。

旋毛虫对猪和其他野生动物的致病力轻微，肠型旋毛虫对其胃肠的影响极小，往往不表现临床症状。

3. 病理变化

肌旋毛虫的致病作用主要是肌肉的变化，如肌细胞横纹消失，萎缩，肌纤维膜增厚等。人感染旋毛虫则症状显著，但也与感染强度和人身体强弱不同有关。

成虫侵入黏膜时，引起肠炎，严重时有带血性腹泻，病变包括肠炎、黏膜增厚、水肿、黏液增多和淤斑性出血。感染后 15 天左右，幼虫进入肌肉，出现肌型症状，其特征为急性肌炎、发热和肌肉疼痛；同时出现吞咽、咀嚼、行走和呼吸困难；脸特别是眼睑水肿，食欲不振，显著消瘦。严重感染时多因呼吸肌麻痹，心肌及其他脏器的病变和毒素的刺激等而引起死亡。轻症者，肌肉中幼虫形成包囊，急性和全身症状消失，但肌肉疼痛可持续数月之久。

生前诊断困难，猪旋毛虫常在宰后可检出。方法为肉眼和镜检相结合检查膈肌。目前国内用 ELISA 方法作为猪的生前诊断手段之一。

（二）防治

1. 预防

流行地区，猪只不可放牧，不用生的废肉屑和泔水喂猪，猪舍内灭鼠；加强肉品卫生检验，不仅要检验猪肉，还应检验狗肉及其他兽肉，发现病肉按肉品检验规程处理，加强宣传，改变不良饮食习惯，不食生肉。

2. 治疗

可用丙硫苯咪唑 300 微克/克混入饲料（0.3 克/千克饲料），连续饲喂 10 天，能彻底杀死肌旋毛虫。

四、猪毛首线虫病（鞭虫病）

猪毛首线虫病是毛首科毛首线虫属的线虫寄生于猪的大肠（主要是盲肠）引起的一种感染性极强的寄生虫病。毛首线虫的整体外形比较像鞭子，前部细，像鞭梢，后部粗，像鞭杆，所以又被称为鞭虫，该病常在仔猪中发生，严重时可引发仔猪死亡。

（一）诊断要点

1. 病原与流行特点

猪毛首线虫虫体呈乳白色，头部细长，尾部短粗，从外表看很像一条鞭子，所以叫鞭虫。虫卵呈棕黄色，腰鼓形，卵壳厚，两端有塞，鞭虫虫卵的抵抗力很强，在受污染的地面上可存活 5 年。

猪鞭虫的虫卵随粪便排出，约经 3 周发育成感染性虫卵，感染性能长达 6 年。猪通过采食饲料、饮水或掘土等摄入有感染性的虫卵后，在小肠和盲肠中孵化发育。从感染到成虫排卵共 6~7 周，成虫寿命为 4~5 个月。

猪毛首线虫的雌虫在盲肠产卵，随粪便排出。虫卵在加有木炭末的猪粪中，发育到感染阶段所需的时间为：37℃需 18 天；33℃需 22 天，22~24℃需 54 天。在户外，温度为 6~24℃时需 210 天。感染性虫卵为第一期幼虫，既不蜕皮又不孵化。猪吞食感染性虫卵后，第一期幼虫在小肠后部孵化，钻入肠绒毛间发育；到第 8 天后，移行到盲肠和结肠内，固着于肠黏膜上；感染后 30~40 天发育为成虫。成虫寿命为 4~5 个月。

仔猪寄生较多，1 个半月的猪即可检出虫卵，4 个月的猪，虫卵数和感染率均急剧增高，以后减少。由于卵壳厚，抵抗力强，感染性虫卵可在土壤中存活 5 年，在清洁卫生的猪场，多为夏季放牧感染，秋、冬季出现临床症状，在饲养管理条件差的猪舍内，一年四季均可发生感染，但夏季感染率最高。近年来研究者多认为人鞭虫和猪鞭虫为同种，故有一定的公共卫生方面的重要性。

2. 临床症状

本病幼猪感染较多，一个半月龄的猪即可检出虫卵，4 月龄的猪感染率和感染强度急剧增高。轻度感染时，有间歇性腹泻，轻度贫血，生长发育缓慢；严重感染时，食欲减退，消瘦，贫血，腹泻，排水样血色粪便，并有黏液。

3. 病理变化

剖检病变局限于盲肠和结肠。虫体头部深入黏膜，引起盲肠和结肠的慢性炎症。严重感染时，盲肠和结肠黏膜有出血性坏死、水肿和溃疡，还有和结节虫病时相似的结节。

临床症状上诊断猪是否患鞭虫病时，应与猪痢疾相鉴别，若用抗生素治疗无效，并结合剖检病理变化则应考虑是鞭虫感染。粪检发现虫卵或剖检发现虫体，即可确诊。

（二）防治

建议执行“四加一”驱虫模式，即种猪群每年驱虫 4 次（定期 3 个月驱虫 1 次）；仔猪 60 日龄驱虫 1 次。

一般来说，左咪唑、丙硫咪唑、伊维菌素、多拉菌素、羟嘧啶等均对鞭虫有一定效果，但驱虫效果有一定的局限性。建议选用虫力黑（阿苯达唑和伊维菌素的预混剂），具有广谱高效、适口性佳、安全长效、收敛止泻等优点。因此，若用虫力黑治疗猪鞭虫病，对猪鞭虫能起到双重杀灭作用，尤其是对鞭虫早期幼虫的杀灭作用更强。

五、仔猪类圆线虫病（杆虫病）

由类圆线虫引起的一种寄生虫病，主要危害 3～4 周龄的仔猪，也叫杆虫病。

（一）诊断要点

1. 病原及流行特点

病原为兰氏类圆线虫。寄生于猪的小肠黏膜内，特别是多在十二指肠。

发病年龄主要是仔猪，生后即可引起感染，1 月龄左右的仔猪感染最严重，感染率可达 50%。体弱的成年猪和老年猪也可感染。未孵化的虫卵在适宜的环境中保持其发育能力达 6 个月以上，在低温中虫卵停止发育，温度达到 50℃时和低温到 -9℃时虫卵即可致死。感染性幼虫在潮湿的环境下可生存 2 个月，对干燥和各种消毒药抵抗力弱，在短时间内便可死亡。

多在温暖的季节，夏季和阴雨天气，特别是猪舍潮湿、卫生不良的情况下流行普遍。经口或经皮肤感染，母猪乳头被感染性幼虫污染时，仔猪吃奶而被感染，人工哺乳可通过未经处理的初乳而感染。在猪圈的土壤中幼虫可通过仔猪的皮肤感染。

2. 临床诊断

本病主要侵害仔猪，虫体大量寄生时，小肠发生充血、出血和溃疡，其症状为消化障碍、腹痛、下痢，便中带血和黏液，最后多因极度衰弱而死亡。幼虫穿过皮肤移行到肺时，常引起湿疹、支气管炎、肺炎和胸膜炎。

幼虫穿过皮肤移行到肺时，皮肤上可见到湿疹样病变，还会引起支气管炎、肺炎和胸膜炎。肺炎时体温升高。虫体少量寄生时，临床症状不明显，但影响生长发育。丝虫型幼虫侵入成年猪体内常不能发育至性成熟，但病猪及老年体弱者有时感染。当移行幼虫误入心肌、大脑或脊髓时，可发生急性死亡。

3. 粪便检查

实验室可用饱和盐水漂浮法检查虫卵，但必须采用新鲜粪便，夏季不得超过5~6小时。虫卵小，呈椭圆形，卵内有一卷曲的幼虫。陈旧的粪便可采用贝尔曼法分离幼虫。

检查虫体时，由于虫体较细小，又深藏在小肠黏膜内，必须用刀刮取黏膜，并在清水中仔细检查，才能发现虫体。虫体长3.1~4.6毫米，食道较长，占体长的1/3，子宫和肠管相互缠绕，位于虫体后部。

正确的诊断，必须根据猪场的生产和用药记录、流行病学调查、粪便检查、临床症状和病理变化等多方面因素加以综合判断。死后剖检病变主要限于小肠，肠黏膜充血，并间有斑点状出血，有时可见有深陷的溃疡。肠内容物恶臭。

（二）防治

1. 预防

为了防止仔猪出生后即遭受感染，驱除母猪体内的类圆线虫。厩舍和运动场应保持清洁、干燥、通风，避免阴暗潮湿，保持地面干燥是预防本病的关键措施；患猪应及时驱虫，给怀孕母猪和哺乳母猪驱虫，可在产前4~6天给母猪应用阿维菌素类药物，以防感染幼猪；应及时清扫粪便，堆积在固定场所发酵，杀死虫卵，幼猪与母猪、病猪和健康猪均应分开饲养。

2. 治疗

可参考蛔虫病治疗原则。常用药物：噻苯咪唑或左咪唑，剂量为50毫克/千克体重，喂服；甲苯咪唑，剂量为30毫克/千克体重，一次口服；丙硫苯咪唑，剂量为40毫克/千克体重，一次口服；氟苯咪唑，剂量为5毫克/千克体重，一次口服。

六、猪食道口线虫病（结节虫病）

猪食道口线虫病是由食道口线虫（又称结节虫）寄生在猪的结肠内所引起的一种线虫病。本虫能在宿主肠壁上形成结节，故又称结节虫病。

（一）诊断要点

1. 病原及流行特点

食道口线虫的口囊呈小而浅的圆筒形，其外周围有一显著的口缘，口缘有叶冠。有颈沟，其前部的表皮常膨大形成头囊。颈乳突位于颈沟后方的两侧。有或无侧翼。雄虫的交合伞发达，有 1 对等长的交合刺。雌虫阴门位于肛门前方附近，排卵器发达，呈肾形。虫卵较大。

本病虽感染较为普遍，但虫体的致病力较轻微，严重感染时可引起结肠炎，是目前我国规模化猪场流行的主要线虫病之一。

集约化方式饲养的猪和散养的猪都有发生，成年猪被寄生的较多。放牧猪在清晨、雨后和多雾时易遭感染。潮湿和不勤换垫草的猪舍中，感染也较多。

2. 临床症状

猪只表现腹痛、腹泻或下痢，高度消瘦，发育障碍。继发细菌感染时，则发生化脓性结节性大肠炎。

幼虫对大肠壁的机械刺激和毒性物质的作用，可使肠壁上形成粟粒状的结节。初次感染很少发生结节，但经 3～4 次感染后，由于宿主产生了组织抵抗力，肠壁上可产生大量结节，发生结节性肠炎。结节破裂后形成溃疡，引起顽固性肠炎。如结节在浆膜面破裂，可引起腹膜炎；在黏膜面破裂则可形成溃疡，继发细菌感染时可导致弥漫性大肠炎。粪便中带有脱落的黏膜。成虫寄生会影响增重和饲料转化，其致病只有在高度感染时才会出现。由于虫体对肠壁的机械损伤和毒素作用，引起渐进性贫血和虚弱，严重时可引起死亡。猪只表现腹痛、腹泻或下痢，高度消瘦，发育障碍。继发细菌感染时，则发生化脓性结节性大肠炎。

3. 粪便检查

用漂浮法检查有无虫卵。虫卵呈椭圆形，卵壳薄，内有胚细胞，但常与红色猪圆线虫卵混淆，须采用粪便培养至第 3 期幼虫才可鉴别。食道口线虫幼虫短而粗，尾鞘长；而红色猪圆线虫幼虫长而细，尾鞘短。

应根据猪场的生产和用药记录、流行病学、临床症状和粪便检查，结合剖检结果综合判断。幼虫在大肠黏膜下形成结节所致的危害性最大，形成结节的机制是幼虫周围发生局部性炎症，继之由成纤维细胞在病变周围形成包囊。结节因虫而异。长尾食道口线虫的结节，高出于肠黏膜表面，具有坏死性炎性反应性质，至感染 35 天后开始消失；有齿食道口线虫的结节较小，消失较快。大量感染时，大肠壁普遍增厚，发生卡他性肠炎。除大肠外，小肠（特别是回肠）也有结节发生。

（二）防治

1. 预防

改善饲养管理，注意饲料、饮水、环境卫生，猪圈经常保持干燥，定期驱虫。母猪分娩前 1 周用药，仔猪产后 1 个月驱虫，可有效地防止仔猪感染。每吨饲料中加入 0.12%的潮霉素 B，连喂 5 周，有抑制虫卵产生和驱除虫体的作用。牧场被污染时，应换至干净的牧场放牧。

2. 治疗

硫化二苯胺（吩噻嗪）0.2~0.3 克/千克体重，混于饲料中喂服，共用 2 次，间隔 2~3 天。猪对此药较敏感，应用时要特别注意安全；敌百虫 0.1 克/千克体重，做成水剂混于饲料中喂服；0.5%福尔马林溶液灌肠，将患猪后躯抬高，使头下垂，身体对地面垂直，将配好的福尔马林液 2 升，注入直肠，然后把后躯放下，注后患猪很快排便。注入越深，效果越好；左噻咪唑 10 毫克/千克体重，混于饲料一次喂服；四咪唑 20 毫克/千克体重，拌料喂服，或 10~15 毫克/千克体重，作成 10%溶液肌内注射；丙硫苯咪唑 15~20 毫克/千克体重，拌料喂服；噻嘧啶（噻吩嘧啶），抗虫灵 30~40 毫克/千克体重，混饲喂服；阿维菌素按猪每千克体重 0.3 毫克，皮下注射，均有效。

七、猪胃线虫病

由红色猪圆线虫、圆形蛔状线虫和六翼泡首线虫寄生在猪胃内所引起的寄生虫病。多发生于散养猪。

（一）诊断要点

1. 病原及流行特点

猪胃线虫的病原体有 3 种：圆形蛔状线虫、六翼泡首线虫和红色猪圆线虫。

各种年龄的猪都可以感染，但主要是仔猪、架子猪。饲料蛋白不足容易感染此病。哺乳母猪较不哺乳母猪受感染的为多。停止哺乳的母猪有自愈现象，但此现象可因体质较差而延缓或受抑制。公猪感染和非哺乳母猪相似。乳猪由于接触感染性幼虫的机会不多，故受感染的也较少。感染主要发生于受污染的潮湿的牧场、饮水处、运动场和圈舍。果园、林地、低湿地区都可以成为感染源。猪饲养在干燥环境里，不易发生感染。

2. 临床症状

轻度感染时不显症状，严重感染时，虫体侵入胃黏膜吸血，刺激胃黏膜而造成胃炎；成虫钻入胃黏膜时，可引起溃疡和结节。感染猪表现为精神不振，贫血，营养状况衰退，发育不良，排混血黑便。食欲不减而增加，有时下痢。感染病猪，尤其是幼猪，多数表现为胃黏膜发炎，食欲减少，饮欲增加，腹疼、呕吐、消瘦、贫血，有急、慢性胃炎症状，精神不振，营养障碍，发育生长受阻，排粪发黑或混有血色。

3. 粪便检查

采用粪便沉淀法收集虫卵。虫体细小，红色，雄虫长 4~7 毫米，雌虫长 5~10 毫米。虫卵呈灰白色，长椭圆形，卵壳薄。虫卵形态与食道口线虫卵相似，培养到第 3 期幼虫后方可鉴别。不过虫卵数量一般不多，不易在粪中发现，故生前较难确诊。

幼虫侵入胃腺窝时，引起胃底部点状出血，胃腺肥大。成虫可引起慢性胃炎，黏膜显著增厚，并形成不规则的皱褶。胃内容物少，有大量黏液，胃黏膜尤其胃底部黏膜红肿、有小出血点，黏膜上可见扁豆大小的圆形结节，上有黄色伪膜，黏膜增厚并形成不规则皱褶，虫体上被有黏液。严重感染时，多在胃底部发生广泛性溃疡，溃疡向深部发展形成胃穿孔。在成年母猪，胃溃疡可向深部发展，引起胃穿孔而死亡。

结合临床症状和粪便检查的结果，再进行剖检检查。剖检时可见胃内容物少，但有大量黏液，胃腺扩张肥大，形成扁豆大的扁平突起或圆形结节，胃底部黏膜红肿或覆以痂膜，虫体游离在胃内或部分钻入胃黏膜内。胃壁上有牢固附着的虫体。

（二）防治

1. 预防

改善饲养管理，给予全价饲料，清扫和消毒猪舍、运动场，妥善处理粪便，保持饮水清洁，进行预防性和治疗性驱虫。猪舍附近不要种植白杨，以免金龟子采食树叶时被猪吞食，或猪拱地吞食金龟子的幼虫蛴螬而发病，不让猪到有剑水蚤、甲虫等有中间宿主的地方以免感染。逐日清扫猪粪，运往贮粪场堆积发酵，有计划定期用药物预防性驱虫。

预防性驱虫可用敌百虫，剂量为 0.1 克/千克体重，口服或拌料喂；伊维菌素，剂量为 0.3 毫克/千克体重，皮下注射；氟化钠，按 1%比例混于饲料中喂服；盐酸左旋咪唑注射液，剂量为 7.5 毫克/千克体重，肌内或皮下注射；或磷酸左旋咪唑片，剂量为 8 毫克/千克体重，混饮或口服，经 2~4 周，再给药 1 次；噻苯咪唑片，剂量为 50 毫克/千克体重，每日 1 次，连用 3 次；丙硫咪唑（抗蠕敏），剂量为 10~20 毫克/千克体重，1 次口服。

2. 治疗

驱虫可选用丙硫苯咪唑，剂量为 5~10 毫克/千克体重，内服；红色猪圆线虫可应用伊维菌素皮下注射，剂量为 300 微克/千克体重；噻苯咪唑，剂量为 50~100 毫克/千克体重，一次口服；左咪唑，剂量为 8 毫克/千克体重，一次口服；阿维菌素，剂量为 1 毫升/千克体重，一次颈部皮下注射。

八、猪后圆线虫病（猪肺线虫）

猪后圆线虫病是由后圆线虫（又称猪肺线虫）寄生于猪的支气管和细支气管而引起的一种呼吸系统线虫病。由于后圆线虫寄生于猪的肺脏，虫体呈丝状，故又称猪肺线虫病或猪肺丝虫病。本病呈全球性分布。我国也常发生此病，往往呈地方性流行，对幼猪的危害很大。严重感染时，可引起肺炎（尤以肺膈叶多见），而且能加重肺部细菌性和病毒性疾病的危害。

（一）诊断要点

1. 病原及流行特点

本病的病原体主要为后圆科属的刺猪肺虫（长刺后圆线），其次为短阴后圆线虫和萨氏后圆线虫。猪肺虫需要蚯蚓做为中间宿主。

本病多发生于仔猪和育肥猪。感染来源主要是患病猪和带虫猪。雌虫在猪的支气管中产卵，卵随黏液到咽喉部，被猪咽入消化道，并随粪便排出体外。猪吞食带有感染性幼虫的蚯蚓或是吞食游离在土壤中的感染性幼虫而感染。

本病遍及全国各地，呈地方性流行。低洼、潮湿、疏松和富有腐殖质的土壤中蚯蚓最多，病猪和带虫猪到这样的地方放牧，其虫卵和第一期幼虫被蚯蚓吞食发育为感染性幼虫，健康猪再到这样的地方放牧，就极容易受到感染。国外报道，一条蚯蚓体内含感染性幼虫最多可达 4 000 条。而且感染性幼虫在蚯蚓体内保持感染时间可和蚯蚓的寿命一样长，蚯蚓的寿命随种类不同而不同，约为 1.5 年、3 年、4 年，甚至有的种类可活 8~10 年。

2. 临床症状

在猪肺线虫病流行地区，于夏末秋初发现有很多的仔猪和幼猪有阵发性咳嗽，并日渐消瘦，又无明显的体温升高，可怀疑为肺线虫病。

轻度感染的猪症状不明显，但影响生长和发育。瘦弱的幼猪（2~4 月龄）感染虫体较多，而又有气喘病、病毒性肺炎等疾病合并感染时，则病情严重，具有较高死亡率。病猪的表现主要为食欲减少、消瘦、贫血、发育不良，被毛干燥无光；阵发性咳嗽，特别是早晚运动后或遇冷空气刺激时尤为剧烈，鼻孔流出脓性黏稠分泌物，严重病例呈现呼吸困难；有的病猪还发生呕吐和腹泻；在胸下、四肢和眼睑部出现浮肿。

因本病突然死亡病猪尸体无明显所见，体表淋巴结肿胀。剖检应仔细检查才能在支气管内发现虫体。主要变化见于肺脏，可见膈叶腹面边缘有楔状肺气肿区。虫体在支气管多量寄生时，阻塞细支气管，可使该部发生小叶性肺泡气肿。如继发细菌感染，则发生化脓性肺炎。胃肠、心、肝、肾、脾等器官无明显与本病有关的变化。尸体剖检病变多位于膈叶下垂部，切开后如果能发现大量虫体，即可做出确诊。

3. 采集粪便检查虫卵

由于肺线虫虫卵比重较大，可用饱和硫酸镁溶液（硫酸镁 920 克，加水 1 升）或次亚硫酸钠饱和溶液（次亚硫酸钠 1 750 克，溶于 1 升水中）或饱和盐水加等量甘油混合液进行浮集法检查虫卵。

4. 变态反应诊断法

抗原是用患猪气管黏液，加入 30 倍的 0.9%氯化钠溶液，搅匀；再滴加 3%醋酸溶液，直至稀释的黏液发生沉淀时为止；过滤，于溶液中徐徐滴加 3%的碳酸氢钠溶液中和，将酸碱度调整到中性或微碱性，间歇消毒后备用。以抗原 0.2 毫升注射于患病猪耳背的皮内，在 5~15 分钟内，注射部位肿胀超过 1 厘米者为阳性。

（二）防治

1. 预防

（1）定期驱虫　在猪肺线虫病流行地区，应有计划地进行驱虫，每年春秋两季在粪检的基础上对仔猪和带虫成年猪进行定期驱虫。对 3~6 月龄的猪更需多加注意，遇可疑病例时应做粪便检查，确诊后驱虫。

（2）粪便处理　经常清扫粪便，运到离猪舍较远的地方堆积发酵，猪圈舍和运动场经常用 1%热碱水或 30%草木灰水消毒，以便杀死虫卵。

（3）防止猪吃到蚯蚓　猪场应建于高燥处，应铺水泥地面或木板猪床，注意排水，保持干燥，创造无蚯蚓滋生的条件。对放牧猪应严加注意，尽量避免去蚯蚓密集的潮湿地区放牧。

（4）加强饲养管理　注意全价营养，增强猪体抗病能力。

2. 治疗

左咪唑 15 毫克/千克体重，1 次肌内注射，间隔 4 小时重用 1 次或 10 毫克/千克体重，混于饲料 1 次喂服，对 15 日龄幼虫和成虫均有 100%的疗效；四咪唑 20~25 毫克/千克体重，口服或 10~15 毫克/千克体重，肌内注射；氰乙酰肼 17.5 毫克/千克体重，口服或 15 毫克/千克体重，皮下注射，但总量不超过 1 克，连用 3 天；海群生（乙胺嗪）100 毫克/千克体重，溶于 10 毫升蒸馏水中，皮下注射，每天 1 次，连用 3 天。

九、猪冠尾线虫病（猪肾虫病）

猪冠尾线虫病又称猪肾虫病，是由有齿冠尾线虫寄生于猪的肾盂、肾周围脂肪和输尿管等处引起的。虫体偶尔寄生于腹腔和膀胱等处。本病分布广泛，危害性大，常呈地方性流行，是热带和亚热带地区猪的主要寄生虫病。

（一）诊断要点

1. 病原及流行特点

猪冠尾线虫虫体粗壮，呈灰褐色，形似火柴杆，体壁较透明，其内部器官隐约可见。口囊杯状，囊壁肥厚，口缘有 1 圈细小的叶冠和 6 个角质隆起，口囊底有 6~10 个小齿。雄虫长 20~30 毫米，交合伞小，交合刺两根。雌虫长 30~45 毫米，阴门靠近肛门。虫卵呈长椭圆形，较大，灰白色，两端钝圆，卵壳薄，长 99.8~120.8 微米，宽 56~63 微米。

虫卵随尿排出体外，在适宜的温度与湿度条件下，经 1~2 天孵出第一期幼虫；经 2~3 天，第一期幼虫经过第一、第二次蜕皮，变为第三期幼虫（即感染性幼虫）。感染性幼虫可以经过两条途径感染猪：一是经口感染，二是经皮肤感染。经口感染往往是猪吞食了感染性幼虫，幼虫钻入胃壁，脱去鞘膜，经 3 天后进行第三次蜕皮变为第四期幼虫，然后随血流进入肝脏。经皮肤感染的幼虫钻进皮肤和肌肉，约经 70 个小时变为第四期幼虫，随血流经肺和大循环进入肝脏，幼虫在肝脏停留 3 个月或更长时间，穿过包膜进入腹腔，后移至肾脏或输尿管组织中形成包囊，并发育成成虫。少数幼虫误入脾、脊髓、腰肌等处，不能发育成成虫而死亡。从幼虫侵入猪体到发育成成虫，一般需经 6~12 个月。

本病多发生于气候温暖的多雨季节，在我国南方，猪只感染多在每年3—5月和9—11月。感染性幼虫多分布于猪舍的墙根和猪排尿的地方，其次是运动场中的潮湿处。猪只往往在墙根掘土时摄入幼虫，以及在墙根下或其他潮湿的地方躺卧时，感染性幼虫钻入皮肤而受感染。

虫卵和幼虫对干燥和直射阳光的抵抗力都很弱。卵和幼虫在21℃以下温度中干燥56小时，全部死亡；虫卵在30℃以上，干燥6小时，即不能孵化；虫卵在32~40℃的干燥或潮湿的环境中、处于阳光直射下，经1~3小时均告死亡。幼虫在完全干燥的环境中，仅能存活35分钟；在潮湿土壤中的第一期幼虫和感染性幼虫，在36~40℃温度中，于阳光照射下，3~5分钟全部死亡。生活在土壤表层2厘米范围内的幼虫，其向土壤周围和下层迁移的能力较弱，而向表面爬行的能力颇强；在12厘米深处的幼虫，经1周便能迁移到土壤表面；幼虫在32厘米深的疏松而潮湿的土壤中，可生存6个月。

虫卵和幼虫对化学药物的抵抗力很强。在1%浓度的敌百虫、硫酸铜、氢氧化钾、碘化钾、煤酚皂等溶液中，均不被杀死。只有1%浓度的漂白粉或石炭酸溶液，才具有较高的杀虫力。在海滨可用海水杀灭虫卵和幼虫。

冠尾线虫病在集体猪场流行严重，在分散饲养的情况下较轻。如猪舍空气流通、阳光充足、干燥、经常打扫，注射和运动场的地面用石料堆砌，或用水泥或三合土修筑，均可减少感染。反之，猪舍设备简陋、饲养管理粗放时，感染率都会增高。

2. 临床症状

无论幼虫或成虫，致病力都很强。幼虫钻入皮肤时，常引起化脓性皮炎，皮肤发生红肿和小结节，尤以腹部皮肤最常发生。同时，附近体表的淋巴结常肿大。幼虫在猪体内移行时，可损伤各种组织，其中以肺脏受害最重。

3. 尿检

发现病猪腰背松软无力，后躯麻痹或有不明原因的跛行时，可镜检尿液，发现大量虫卵，即可确诊。有人用皮内变态反应进行早期诊断，即用肾虫的成虫制作抗原，配成1∶100浓度，皮内注射0.1毫升，经5~15分钟检查结果。凡注射部位发生丘疹，其直径大于1.5厘米者为阳性反应；直径1.2~1.49厘米者为可疑；小于1.2厘米者为阴性反应。

（二）防治

1. 预防

猪舍及运动场所经常清扫，保持地面的清洁和干燥。疏通粪尿排放沟，并对粪尿进行集中处理；圈舍运动场所及其用具用1%～3%漂白粉定期消毒。猪只要经常进行尿检，发现阳性猪只立即隔离治疗。对买进的猪只和外运的猪只进行严格的检疫，防止本病的感染和传播。

将患病猪和假定健康猪分开饲养，将断乳仔猪饲养在未经污染的圈舍内。注意补充维生素和矿物质，以增强猪只对疾病的抵抗力。调教猪只定点排便，以利于粪尿的疏通和集中处理。

定期用左旋咪唑、丙硫咪唑等进行驱虫。

2. 治疗

左咪唑，按5～7毫克/千克体重一次肌内注射；丙硫苯咪唑，按20毫克/千克体重，一次拌料口服；1%阿维菌素，按1毫升/30千克体重，颈部皮下注射。

第五节　体表寄生虫病

一、猪疥螨病

由猪疥螨所引起的一种以皮肤病变为主的寄生虫病，称为猪疥螨病，也称“疥螨”或“疥疮”，俗称癞。本病临床上以剧痒为主要特征。

5个月龄以下小猪最易发生，主要由病猪与健康猪的直接接触或通过被疥螨及其卵污染的圈舍、垫草和用具间接接触而感染。猪舍阴暗、潮湿、环境卫生差、营养不良，均可促进本病发生。幼猪相互挤压或躺卧的习惯是本病传播的重要因素。

（一）诊断要点

1. 病原及流行特点

猪疥螨主要特征为成螨体积小，呈背腹扁平的龟形，体长0.2～0.5毫米，灰白色。头、胸、腹融为一体。假头背面后方有1对粗短的垂直刚毛或刺。腹面有4对足，足粗短，足末端有爪间突吸盘或长刚毛，吸盘位于不分节的柄上。雄虫第1、2、4对足，雌虫第1、2对足有带柄吸盘。雄螨无性吸盘和尾突。雌、雄疥螨均无呼吸系统，它们通过薄软的体被呼吸。无爪，取而代之的是跗节的吸盘状结构。虫卵呈椭圆形，两端钝圆，透明，灰白色，大小为0.15毫米×0.10毫米，内含卵胚或幼虫。猪疥螨寄生于猪皮肤的表皮层，其发育属不完全变态，一生包括卵、幼虫、若虫和成虫4个阶段。

各种年龄、品种的猪均可感染该病。经产母猪过度角化（慢性螨病）的耳部是猪场螨虫的主要传染源。由于对公猪的防治强度弱于母猪，因而在种猪群公猪也是一个重要的传染源。大多数猪只疥螨主要集中于猪耳部，仔猪往往在哺乳时受到感染。主要是由于病猪与健康猪的直接接触，或通过被螨及其卵污染的圈舍、垫草和饲养管理用具间接接触等而引起感染。幼猪有挤压成堆躺卧的习惯，这是造成该病迅速传播的重要原因。此外，猪舍阴暗、潮湿、环境不卫生及营养不良等均可促进本病的发生和发展。秋冬季节，特别是阴雨天气，该病蔓延最快。

该病主要为直接接触传染，也有少数间接接触传染。直接接触传染，如患病母猪传染哺乳仔猪，病猪传染同圈健康猪，受污染的栏圈传染新转入的猪。猪舍阴暗潮湿，通风不良，卫生条件差，咬架殴斗及碰撞磨擦引起的皮肤损伤等都是诱发和传播该病的适宜条件。间接接触传染，如饲养人员的衣服和手，看守犬等。

2. 临床症状

猪疥螨感染通常起始于头部、眼下窝、面颊及耳部，以后蔓延到背部、躯干两侧及后肢内侧，尤以仔猪的发病最为严重。患猪局部发痒，常在墙角、饲槽、柱栏等处摩擦。可见皮肤增厚，粗糙和干燥，表面覆盖灰色痂皮，并形成皱褶。极少数病情严重者，皮肤的角化程度增强，皮肤干枯，有皱纹或龟裂，龟裂处有血水流出。病猪逐渐消瘦，生长缓慢，成为僵猪。

虫体机械刺激、毒素作用及猪体的摩擦，可引起患猪皮肤组织损伤，组织液渗出，数日后，患部皮肤上出现针尖大小的结节，随后形成水疱或脓疮。若继发细菌感染就会出现脓疮。当水疱及脓疮破溃后，流出的液体同被毛污垢及脱落的上皮，结成痂皮。痂皮被擦伤后，创面出血。有液体流出，又重新结痂。如此反复多次，使毛囊及汗腺受损而致皮肤干枯、龟裂。皮肤角质层角化过度而增厚，使局部脱毛。皮肤增厚形成皱褶。

病情严重时部分体毛脱落，食欲减退，生长停滞，逐渐消瘦，甚至死亡。由于虫体在皮肤内寄生，从而破坏皮肤的完整性，使猪瘙痒不安。病猪逐渐消瘦，生长缓慢，成为僵猪。同时免疫力降低，有时会因继发感染而死亡。

3. 实验室诊断

在病变区的边缘刮取皮屑，镜检有无虫体。从耳内侧皮肤或患部刮取皮屑时，如刮取患部，一定要选择在患病皮肤和健康皮肤交界处，这里的疥螨比较多，而且要刮得深，直到见血为止。将最后刮下的皮屑，滴加少量的甘油水等量混合液或液体石蜡，放在载玻片上，用低倍镜检查，可发现活疥螨。

另外，将刮到的病料装入试管内，加入5%～10%苛性钠（或苛性钾）溶液，浸泡2小时，或煮沸数分钟，由管底沉渣镜检虫体。

还可在上述的方法取得的沉渣中加入60%次亚硫酸溶液，使液体满于管口但不溢出，离心沉淀或静置10余分钟后，取表层液镜检。

根据流行病学、症状，可做出初步诊断。本病易与猪湿疹及癣病混淆，且多存在隐性感染，确诊须检查是否有疥螨虫体或虫卵存在。还可采用肉眼观察法，用手电筒检查猪耳内侧是否有结痂，取1～2厘米^{2}的痂皮，弄碎，放在黑纸上，几分钟后将痂皮轻轻移走，用肉眼可利用放大镜观察疥螨。

（二）防治

1. 预防

① 从产房抓起，对产房消毒的同时，也要用杀虫药物对产房进行处理。

② 保持猪清洁干燥，勤换垫草，圈内地面和墙壁用1%敌百虫溶液喷洒。

③ 待产母猪用药治疗后再移入分娩舍。

④ 对断奶仔猪必须进行预防性用药。

⑤ 新引进猪只必须经过用药治疗后进场。

⑥ 种猪群（种公猪、种母猪）一年两次防治。

2. 治疗

可用于治疗猪疥癣病药物有：敌百虫、蝇毒磷乳剂、溴氰菊酯、伊维菌素。应用敌百虫治疗时应非常小心，不可用碱性水洗刷，否则会引起中毒。应用外用药时一定要严格按说明使用，一般情况下需反复用药才能彻底治疗。

内服用药有伊维菌素，针剂：剂量为0.3毫克/千克体重，一次皮下注射；饲料预混剂：剂量为0.1毫克/千克体重，每天1次，连用7天。

此外，虫力黑是由伊维菌素、阿苯哒唑等药物组成的复方制剂，除了能对猪各种常见寄生虫起到双重杀灭作用外，还拓宽了驱虫谱（包括猪球虫在内的各种常见寄生虫）及抗寄生虫范围，尤其是提高了对猪蛔虫和毛首线虫早期幼虫的驱虫效果。因此，虫力黑能做到全面、彻底地驱除集约化猪场中的各种常见寄生虫。

应用虫力黑时要注意：虫力黑在规模化猪场中的配套使用技术是“四加一”驱虫模式，即种猪一年驱虫4次，肉猪在保育阶段（约60天龄）驱虫1次。虫力黑是一种黑色粉末状预混剂，通过拌料给药，空怀母猪、妊娠母猪、种公猪每隔3个月驱虫1次，新生仔猪在保育阶段后期或生长舍阶段驱虫1

次，引进种猪并群前10天驱虫1次。此法不仅可有效净化猪场的疥螨病，同时对包括猪球虫病、鞭虫病在内的其他寄生虫病的净化效果也非常显著。该药的安全性好，适用于包括怀孕重胎母猪在内的任何阶段猪只使用，休药期不少于14天。

其添加剂量为：种猪（包括空怀母猪、怀孕母猪和公猪）：按每吨饲料添加1千克，连喂5天；中大肉猪、哺乳母猪：按每吨饲料添加0.75千克，连喂5天；保育仔猪（包括小猪）：按每吨饲料添加0.5千克，连喂5天。

二、猪虱虫病

猪虱虫病是因猪虱寄生于猪机体表面引起的寄生虫病，本病多在寒冷季节多发。猪虱多寄生于耳基部周围、颈部、腹下、四肢内侧。受害病猪表现为不安、瘙痒、食欲减退、营养不良，不能很好睡眠，导致机体消瘦，尤其仔猪症状表现明显。

（一）诊断要点

1. 病原及流行特点

虱体背腹扁平，无翅，呈白色或灰黑色，终生不离猪体，为不完全变态发育，经卵、若虫和成虫3个发育阶段。

猪体表的各阶段虱均是传染源，通过直接接触传播。在场地狭窄、猪只密集、管理不良时最易感染。也可通过垫草、用具等引起间接感染。一年四季都可感染，但以寒冷季节多发。

2. 临床症状

猪血虱吸食血液，刺痒皮肤，致使患猪被毛脱落、皮肤损伤、猪体消瘦。猪血虱寄生于猪体所有部位，但以颈部、颊部、体侧及四肢内侧皮肤皱褶处为多。

3. 鉴别诊断

猪虱吸血时，分泌有毒唾液引起痒觉，病猪到处擦痒，造成皮肤损伤，脱毛。在寄生部位容易发现成虫和虱卵，故易于确诊。

（二）防治

1. 预防

搞好猪舍卫生工作，经常保持清洁、干燥、通风。进猪时，应隔离观察，防止引进螨病病猪。发现病猪应立即隔离治疗，以防止蔓延。以治疗病猪的同时，应用杀螨药彻底消毒猪舍和用具，将治疗后的病猪安置到已消毒过的猪舍内饲养。定期按计划驱虫。

此外，要经常检查猪只，发现猪虱即行捕捉和药物治疗。用 0.5%~1.0% 的兽用精制敌百虫溶液喷射猪体患部，每天 1 次，连用 2 次即可杀灭。

2. 治疗

① 皮下注射伊维菌素或阿维菌素注射液，给药剂量为 0.3 毫克/千克体重；或肌内注射多拉菌素注射液，给药剂量为 0.3 毫克/千克体重。

② 用 0.5%~1.0%的兽用精制敌百虫溶液喷射猪体患部，每天 1 次，连用 2 次即可杀灭。

③ 用花生油擦洗生虱子的地方，短时间内，虱子便掉落下来。

④ 生猪油、生姜各 100 克，混合捣碎成泥状，均匀地涂在生长虱子的部位，1~2 天，虱子就会被杀死。

⑤ 食盐 1 克、温水 2 毫升、煤油 10 毫升，按此比例配成混合液涂擦猪体，虱子立即死亡。

⑥ 百部 250 克、苍术 200 克、雄黄 100 克、菜油 200 克，先将百部加水 2 千克煮沸后去渣，然后加入细末苍术、雄黄拌匀后加入菜油充分搅拌均匀后涂擦猪的患部，每天 1 或 2 次，连用 2~3 天可全部除尽猪虱。

⑦ 烟叶 30 克，加水 1 千克，煎汁涂擦患部，每天 1 次。

第六章　猪常见普通病

第一节　营养与代谢疾病

一、仔猪低血糖症

仔猪低血糖症见于1周龄以内的新生仔猪，由于血糖含量低而出现神经症状，继而昏迷死亡。

（一）诊断要点

1. 发病原因

本病的病因较为复杂，属于仔猪方面的是由于仔猪在胚胎期间吸收不好，产出即为弱仔，或患有肠道疾病、先天性震颤而造成无力吮奶。属于母猪方面的是由于母猪在怀孕后期饲养管理不当，产后感染而发生子宫炎等疾病，引起缺奶或无奶，也可能因母猪年老体弱，产仔过多，而造成供奶不足。

2. 临床症状

多发生于7天以内的新生仔猪，表现食欲废绝，卧地不起，精神委顿，被毛干枯无光泽，四肢软弱无力。约有1/2病猪卧地后可出现阵发性痉挛，头向后仰，四肢作游泳状，眼球不动，瞳孔散大，口微张，口角流出少量泡沫。有的病猪轻瘫，四肢软绵可任人摆弄。痉挛性收缩时，体表感觉迟钝或消失，体表冰冷，体温偏低。

3. 病理变化

本病的剖检病变以肝脏最为典型，呈橙黄色，若肝脏血量较多时则黄中带红色。切开肝脏，血液流出后肝呈淡黄色，质地极柔轻，稍碰即破，胆囊肿大，内充盈淡黄色半透明的胆汁。其次为肾，呈淡土黄色，表面常有散在针尖大的红色小点，髓质暗红，与皮质分界清楚。膀胱黏膜也可见到小点状出血。

4. 血糖检查

血糖显著降低，仔猪为 0. 24 毫摩尔/升。

（二）防治

加强怀孕后期母猪的饲养管理，确保在怀孕期内提供给胎儿足够的营养，产后有大量的奶水，满足仔猪营养的需要。尽快给仔猪补糖，每隔 5~6 小时腹腔注射 5%葡萄糖液 15~20 毫升，也可口服 20%葡萄糖或喂饮糖水，连用 2~3 天，效果良好。

二、仔猪贫血

仔猪贫血是指半月至 1 月龄哺乳仔猪所发生的一种营养性贫血。主要原因是缺铁，多发生于寒冷的冬末、春初季节的舍饲仔猪，特别是猪舍为木板或水泥地面而又不采取补铁措施的猪场内，常大批发生，造成严重的损失。

（一）诊断要点

1. 发病原因

本病主要是由于铁的需要量供应不足所致。半个月至 1 个月的哺乳仔猪生长发育很快，随着体重增加，全血量也相应增加，如果铁供应不足，就要影响血红蛋白的合成而发生贫血，因此，本病又称为缺铁性贫血。正常情况下，仔猪也有一个生理性贫血期，若铁的供应及时而充足，则仔猪易于度过此期。放牧的母猪及仔猪，可以从青草及土壤中得到一定量的铁，而长期在水泥、木板地面的猪舍内饲养的仔猪，由于不能与土壤接触，失去了对铁的摄取来源，则难于度过生理性贫血期，因而发生重剧的缺铁性贫血。本病冬春季节发生于 2~4 周龄仔猪，且多群发。

2. 临床症状

病猪精神沉郁、离群伏卧、食欲减退、营养不良、被毛逆立、体温不高。可视黏膜呈淡蔷薇色，轻度黄染。严重者黏膜苍白，光照耳壳呈灰白色，几乎见不到明显的血管，针刺也很少出血，呼吸、脉搏均增加，可听到心内杂音，稍加运动，则心悸亢进，喘息不止。有的仔猪，外观很肥胖，生长发育也较快，可在奔跑中突然死亡，剖检见典型贫血变化。

3. 病理变化

皮肤及黏膜显著苍白，有时轻度黄染，病程长的病猪多呈消瘦，胸腹腔积有浆液性及纤维蛋白性液体。实质脏器脂肪变性，血液稀薄，肌肉色淡，心脏扩张，胃肠和肺常有炎性病变。

4. 实验室检查

血液检查：血液色淡而稀薄，不易凝固。红细胞数减少至每升 3 万亿，血红蛋白量降低，每升血液可低至 40 克以下。

血片观察：红细胞着色浅，中央淡染区明显扩大，红细胞大小不均，而以小的居多，出现一定数量的梨形、半月形、镰刀形等异形红细胞。

（二）防治

1. 预防

主要加强哺乳母猪的饲养管理，多喂富含蛋白质、无机盐和维生素的饲料。最好让仔猪随同母猪到舍外活动或放牧，也可在猪舍内放置土盘，装添红土或深层干燥泥土，任仔猪自由拱食。

北方如无保温设备，应尽量避免母猪在寒冷季节产仔。在水泥地面的猪舍内长期舍饲仔猪时，必须从仔猪生后 3～5 日即开始补加铁剂。补铁方法是将上述铁铜合剂洒在粒料或土盘内，或涂于母猪乳头上，或逐头按量灌服。对育种用的仔猪，可于生后 8 日肌内注射右旋糖酐铁 2 毫升（每毫升含铁 50 毫克），或铁钴注射液 2 毫升，预防效果确实可靠。

2. 治疗

有效的方法是补铁，常用的处方如下。① 硫酸亚铁 2.5 克，硫酸铜 1 克，水 1 000 毫升。每千克体重 0.25 毫升，用汤匙灌服，每日 1 次，连服 7～10 日。② 也可以用硫酸亚铁 0.1 千克、硫酸铜 2.11 千克，磨成细末后混于 5 千克细沙中，撒在猪舍内，任仔猪自由舔食。③ 焦磷酸铁，每日内服 30 毫克，连服 1～2 周。还原铁对胃肠几乎无刺激性，可一次内服 500～1 000 毫克，1 周 1 次。如能结合补给氯化钴每次 50 毫克或维生素 B_{12}，每次 0.3～0.4 毫克，配合应用叶酸 5～10 毫克，则效果更好。④ 注射铁制剂，诸如：右旋糖酐铁钴注射液（葡聚糖铁钴注射液）、复方卡铁注射液和山梨醇铁等。实践证明，铁钴注射液或右旋糖酐铁 2 毫升肌肉深部注射，通常 1 次即愈。必要时隔 7 日再半量注射 1 次。

三、矿物元素代谢障碍

（一）钙、磷缺乏症

1. 诊断要点

（1）发病原因　钙、磷缺乏是由于饲料中钙、磷不足，或二者比例不当，或维生素 D 缺乏，或饲料中碱过多，或饲料中含过多的植酸、草酸、鞣酸、脂肪酸等使钙变为不溶性钙盐，或饲料中含过多的金属离子（如镁、铁、铜、锰、铝）与磷酸根形成不溶性的磷酸盐复合物等，均会影响钙、磷的吸收，或机体存在影响钙、磷吸收的疾病。临床上以消化紊乱、异食癖、骨骼弯曲为主要特征。

（2）临床症状

① 小猪佝偻病。早期表现食欲不振、精神沉郁、消化紊乱、不愿站立，以后生长发育迟缓、异食癖、跛行及骨骼变形，面部、躯干和四肢骨骼变形，面骨肿胀，弓背，罗圈腿或八字腿。下颌骨增厚，齿形不规则、凹凸不平。肢关节增大，胸骨弯曲成 S 形。肋骨与肋软骨间及肋骨头与胸椎间有球形扩大，排列成串珠状。骨与软骨的分界线极不整齐，呈锯齿状。软骨骨钙化障碍时，骨骼软骨过度增生，该部体积增大，可形成“佝偻珠”。成骨的钙盐减少，可因钙盐脱出变为头骨组织或发生陷窝性吸收变化。

② 成年猪的骨软症。多见于母猪，初表现异食为主的消化机能紊乱，后主要是表现运动障碍。眼观跛行，骨骼变形，表现上颌骨肿胀，脊柱拱起或下凹，骨盆骨变形，尾椎骨变形、萎缩或消失，肋骨与肋软骨结合部肿胀，易折断。骨干部质地柔软易折断，骨干部、头和骨盆扁骨增厚变形，牙齿松动、脱落。甲状旁腺常肿大，弥漫性增生。

根据发病动物的年龄、胎次，调查饲料种类和配方以及临床症状是否有骨骼、关节异常，异食癖等可做出诊断，另外还可结合补充钙、磷和维生素 D 制剂后的治疗效果帮助诊断。

2. 防治

（1）佝偻病　加强护理，调整日粮组成，补充维生素 D 和钙、磷，适当运动，多晒太阳。有效的药物制剂：鱼肝油、浓缩鱼肝油。维生素 D 胶性钙注射液、维生素 AD 注射液、维生素 D_3注射液。常用钙剂有蛋壳粉、牡蛎粉、骨粉、碳酸钙、乳酸钙、10%葡萄糖酸钙溶液、10%氯化钙注射液、鱼粉。

（2）骨软症　调整日粮组成。在骨软病流行地区，增喂麦麸、米糠、豆饼等富含磷的饲料。国外采用牧地施加磷肥或饮水中添加磷酸盐，防止群发性骨软病。补充磷制剂如骨粉，配合应用20%磷酸二氢钠溶液，或3%次磷酸钙溶液，或磷酸二氢钠粉。

（二）母猪生产瘫痪

母猪生产瘫痪又称母猪瘫痪、乳热症或低血钙症，中兽医称为产后风瘫。包括产前瘫痪和产后瘫痪，是母猪在产前产后，以四肢肌肉松弛、低血钙为特征的疾病。

1. 诊断要点

（1）发病原因　主要原因是钙磷等营养性障碍。

引起血钙降低的原因可能与下面几种因素有关：分娩前后大量血钙进入初乳，血中流失的钙不能迅速得到补充，致使血钙急剧下降；怀孕后期，钙摄入严重不足；分娩应激和肠道吸收钙量减少；饲料钙磷比例不当或缺乏，维生素D缺乏，低镁日粮等可加速低血钙发生。此外，饲养管理不当、产后护理不好、母猪年老体弱、运动缺乏等，也可发病。

（2）临床症状　产前瘫痪时母猪长期卧地，后肢起立困难，检查局部无任何病理变化，知觉反射、食欲、呼吸、体温等均无明显变化，强行起立后步态不稳，并且后躯摇摆，终至不能起立。

母猪产后瘫痪见于产后数小时至2~5日内，也有产后15天内发病者。病初表现为轻度不安，食欲减退，体温正常或偏低，随即发展为精神极度沉郁，食欲废绝，呈昏睡状态，长期卧地不能起立。反射减弱，奶少甚至完全无奶，有时病猪伏卧不让仔猪吃奶。

2. 防治

（1）预防　科学饲养，保持日粮钙、磷比例适当，增加光照，适当增加运动，均有一定的预防作用。

（2）治疗　本病的治疗方法是钙疗法和对症疗法。静脉注射10%葡萄糖酸钙溶液200毫升，有较好的疗效。静脉注射速度宜缓慢，同时注意心脏情况，注射后如效果不见好转，6小时后可重复注射，但最多不得超过3次，因用药过多，可能产生副作用。如已用过3次糖钙疗法病情不见好转，可能是钙的剂量不足，也可能是其他疾病。肌内注射维生素D_3 5毫升，或维丁胶钙10毫升，每日1次，连用3~4天。在治疗的同时，病猪要喂适量的骨粉、蛋壳粉、碳酸钙、鱼粉。

中兽医认为，母猪产后风瘫治宜活血祛风，除湿散寒。可选用桂枝、桂皮、钩藤、防己各30克，细辛15克，麻黄、煨附子各6克，秦艽15克，苍术、赤芍、甘草各9克，姜黄、红藤各7克。共为末，开水冲后放凉灌服，1次/日，连用2~3剂。对卧地不起的病猪使用活血化瘀，理气止痛，强壮筋骨的中药制剂，如牛膝散，赤芍15克，延胡索15克，没药12克，桃红15克，红花8克，牛膝7克，白术7克，丹皮7克，当归7克，川芎7克，粉碎，水煎后灌服，1次/天，连用5~7天。

（三）硒缺乏症

硒缺乏症是由于饲料中硒含量不足所引起的营养代谢障碍综合征，主要以骨骼肌、心肌及肝脏变质性病变为基本特征。猪主要病型有仔猪白肌病，仔猪肝坏死和桑葚心等。一年四季都可发生，以仔猪发病为主，多见于冬末春初。

1. 诊断要点

（1）发病原因　主要原因是饲料中硒的含量不足。我国由东北斜向西南走向的狭窄地带，包括黑龙江、河北、山东、山西、陕西、贵州等10多个省、自治区，普遍低硒，而以黑龙江省、四川省最严重。因土壤内硒含量低，直接影响农作物的硒含量。植物性饲料的适宜含硒量为0.1毫克/千克，当土壤含硒量低于0.5毫克/千克，植物性饲料含硒量低于0.05毫克/千克时，便可引起动物发病，此外，酸性土壤也可阻碍硒的利用，而使农作物含硒量减少。

（2）临床症状与病理变化

① 仔猪白肌病。一般多发生于生后20日左右的仔猪，成猪少发。患病仔猪一般营养良好，身体健壮而突然发病、体温一般无变化，食欲减退，精神不振，呼吸促迫，常突然死亡。病程稍长者，可见后肢强硬，弓背。行走摇晃，肌肉发抖，步幅短而呈痛苦状；有时两前肢跪地移动，后躯麻痹。部分仔猪出现转圈运动或头向侧转。最后呼吸困难，心脏衰弱而死亡。

死后剖检变化：骨骼肌和心肌有特征性变化，骨骼肌特别是后躯臀部和股部肌肉色淡，呈灰白色条纹，膈肌呈放射状条纹。切面粗糙不平，有坏死灶。心包积水，心肌色淡，尤以左心肌变性最为明显。

② 仔猪肝坏死。急性病例多见于营养良好、生长迅速的仔猪，以3~15周龄猪多发，常突然发病死亡。慢性病例的病程3~7天或更长，出现水肿不食，呕吐，腹泻与便秘交替，运动障碍，抽搐，尖叫，呼吸困难，心跳加快。有的病猪呈现黄疸，个别病猪在耳、头、背部出现坏疸，体温一般不高。

死后剖检：皮下组织和内脏黄染，急性病例的肝脏呈紫黑色，肿大1~2倍，质脆易碎，呈豆腐渣样。慢性病例的肝脏表面凹凸不平，正常肝小叶和坏死肝小叶混合存在，体积缩小，质地变硬。

③ 猪桑葚心。病猪常无先兆病状而突然死亡。有的病猪精神沉郁，黏膜紫绀，躺卧，强迫运动常立即死亡。体温无变化，心跳加快，心律失常。粪便一般正常。有的病猪两腿间的皮肤可出现形态和大小不一的紫色斑点，甚至全身出现斑点。

死后剖检变化：尸体营养良好，各体腔均充满大量液体，并含纤维蛋白块。肝脏增大呈斑驳状，切面呈槟榔样红黄相间。心外膜及心内膜常呈线状出血，沿肌纤维方向扩散。肺水肿，肺间质增宽，呈胶冻状。

2. 防治

(1) 预防　猪对硒的需要量不能低于日粮的 0.1 毫克/千克，允许量为 0.25 毫克/千克，不得超过 5~8 毫克/千克。维生素 E 的需要量是：4.5~14.0 千克的仔猪以及怀孕母猪和泌乳母猪为每千克饲料 22 国际单位；一般猪 14~54 千克体重时每千克饲料加维生素 E 11 国际单位。平时应注意饲料搭配和有关添加剂的应用，满足猪对硒和维生素 E 的需要。麸皮、豆类、苜蓿和青绿饲料含较多的硒和维生素 E，要适当选择饲喂。

缺硒地区的妊娠母猪，产前 15~25 天内及仔猪生后第 2 天起，每 30 天肌内注射 0.1%亚硒酸钠液 1 次，母猪 3~5 毫升，仔猪 1 毫升；也可在母猪产前 10~15 天喂给适量的硒和维生素 E 制剂，均有一定的预防效果。

(2) 治疗　患病仔猪，肌内注射亚硒酸钠维生素 E 注射液 1~3 毫升（每毫升含硒 1 毫克，维生素 E 50 单位）。也可用 0.1%亚硒酸钠溶液皮下或肌内注射，每次 2~4 毫升，隔 20 日再注射 1 次。配合应用维生素 E 50~100 毫克肌内注射，效果更佳。成年猪 10~15 毫升，肌内注射。

(四) 锌缺乏症

猪的锌缺乏症也称角化不全症，是由于日粮中锌绝对或相对缺乏而引起的一种营养代谢病，以食欲不振、生长迟缓、脱毛、皮肤痂皮增生、皲裂为特征。本病在养猪业中危害甚大。

1. 诊断要点

(1) 发病原因

① 原发性缺锌。主要原因是饲料中缺锌，中国约 30%的地区属缺锌区，土壤、水中缺锌，造成植物饲料中锌的含量不足，或者是有效态锌含量少于正常。

② 继发性缺锌。是因为饲料存在干扰锌吸收利用的因素，已发现如钙、

碘、铜、铁、锰、钼等，均可干扰饲料锌的吸收和利用。高钙日粮，尤其是钙，通过吸收竞争而干扰锌的利用，诱发缺锌症。饲料中植酸、氨基酸、纤维素、糖的复合物、维生素 D 过多，不饱和脂肪酸缺乏，以及猪患有慢性消耗性疾病时，均可影响锌的吸收而造成锌的缺乏。

（2）流行特点　猪场的种公猪、母猪、生产和后备母猪、仔猪等均可患病。种公猪、母猪发病率高，而仔猪发病率低，由此证明，该病随年龄增大发病率增高。经了解，农民散养猪和猪舍结构简单的猪只不发病，生活在水泥地砖圈舍的猪只发病。该病无季节性。

（3）临床症状　猪只生长发育缓慢乃至停滞，生产性能减退，繁殖机能异常，骨骼发育障碍，皮肤角化不全；被毛异常，创伤愈合缓慢，免疫功能缺陷以及胚胎畸形。病初便秘，以后呕吐腹泻，排出黄色水样液体，但无异常臭味，猪只腹下、背部、股内侧和四肢关节等部位的皮肤发生对称性红斑，继而发展为直径 3~5 毫米的丘疹，很快表皮变厚，有数厘米深的裂隙，增厚的表皮上覆盖以容易剥离的鳞屑。临床上动物没有痒感，但常继发皮下脓肿。病猪生长缓慢，被毛粗糙无光泽，全身脱毛，个别变成无毛猪。脱毛区皮肤上常覆盖一层灰白色皮屑。严重缺锌病例，母猪出现假发情，屡配不孕，产仔数减少，新生仔猪成活率降低，弱胎和死胎增加。公猪睾丸发育及第二性征的形成缓慢，精子缺乏。遭受外伤的猪只，伤口愈合缓慢，而补锌则可迅速愈合。

2. 防治

（1）预防　按饲养标准的补锌量，每吨饲料内加硫酸锌或碳酸锌 180 克，也可饲喂葡萄糖酸锌，具有预防效果。

（2）治疗　每日一次肌内注射碳酸锌 2～4 毫克/千克体重，连续使用 10 日，一个疗程即可见效。内服硫酸锌 0.2~0.5 克/头，对皮肤角化不全和因锌缺乏引起的皮肤损伤，数日后即可见效，经过数周治疗，损伤可完全恢复。饲料中加入 0.02%的硫酸锌（或 0.02%碳酸锌，或 0.02%氧化锌）对本病兼有治疗和预防作用。但一定注意其含量不得超过 0.1%，否则会引起锌中毒。

（五）碘缺乏症

猪碘缺乏症又称为甲状腺肿，是碘绝对或相对不足而引起的以甲状腺机能减退和甲状腺肿大为病理特征的慢性营养缺乏症。

1. 诊断要点

（1）发病原因

① 原发性碘缺乏。由于猪摄入碘不足可直接诱发原发性碘缺乏。动物体

内的碘来自饲料和饮水，饲料和饮水中碘的含量又与土壤密切相关。这种情况多发生于远离海洋的沙漠土、灰化土、沼泽地区以及高山、盆地、水质过软或过硬的地带以及土壤富含钙质而腐殖质缺少的地带。

② 继发性碘缺乏。主要是某些化学物质或致甲状腺肿物质可影响碘的吸收，干扰碘与酪蛋白结合，从而诱发继发性碘缺乏症，如芜菁、甘蓝、油菜、油菜籽饼、亚麻籽饼等含有阻止或降低甲状腺聚碘作用的硫氰酸盐、硝酸盐。植物中致甲状腺肿素、硫脲及硫脲嘧啶也可干扰酪氨酸碘化过程，引起动物发病。

（2）临床症状与病理变化　猪碘缺乏症表现为甲状腺明显肿大，生长发育缓慢，被毛生长不良，消瘦贫血。繁殖能力下降，母猪发生胎儿吸收、流产、死产或所产仔猪衰弱、无毛；部分新生仔猪水肿，皮肤增厚，颈部粗大，存活仔猪嗜睡，生长发育缓慢，死后剖检可见甲状腺异常肿大。临诊病理学检查，血清蛋白结合碘、尿碘及甲状腺碘含量普遍降低。

（3）鉴别诊断　根据饲料缺碘的病史，临诊症状见甲状腺肿大、生长发育迟缓、繁殖性能减退、被毛生长不良可做出诊断。必要时进行实验室检查，测定饲料、饮水或食盐的含碘量，测定血清蛋白结合碘含量，测定尿碘量等。

2. 防治

（1）预防　减少饲喂致甲状腺肿的植物饲料；饲料中添加碘盐；妊娠母猪 60 日龄时，每月在饲料或饮水中加入碘化钾 0.5~1 克，或每周在颈部皮肤上涂抹 3%碘酊 10 毫升。

（2）治疗　饲料中加喂碘盐（10 千克食盐中加碘化钾 1 克）。每日口服碘化钠或碘化钾，剂量为 0.5~2.0 克，连用数日。

（六）锰缺乏

锰缺乏症是饲料中锰含量绝对或相对不足引起的一种营养缺乏病，临诊特征为骨骼畸形、繁殖机能障碍及新生仔猪运动失调。

1. 诊断要点

（1）发病原因

① 原发性锰缺乏。主要是由于饲料中锰含量不足所引起。在缺锰地区，植物性饲料中锰含量较低，从而使该病的发病率较高。中国缺乏锰土壤多分布于北方地区。以玉米、大麦和大豆作为基础日粮时，因锰含量低也可引起锰缺乏。

② 继发性锰缺乏。饲料中钙、磷、铁、钴及植酸盐含量过高，可影响机

体对锰的吸收利用，这是因为锰与铁、钴在肠道内有共同的吸收部位，饲料中铁和钴含量过高可引起竞争性抑制锰的吸收。

（2）临床症状与病理变化　缺锰主要表现为生长发育受阻，骨骼畸形，繁殖机能障碍，新生仔猪运动失调以及类脂和糖代谢扰乱等症状。具体表现为母猪乳腺发育不良，发情期延长，不易受胎，出现流产、死胎、弱胎。新生仔猪弱小，呻吟震颤，站立困难，行走蹒跚，断乳仔猪生长缓慢，饲料利用率降低，体脂沉积减少，管状骨变短，骨骺端增厚，临床可见步态强拘或跛行。有的表现出类似佝偻病的症状。

剖检，腿骨较正常，骨短而粗。

（3）实验室检查　血锰含量低于正常。

2. 防治

（1）预防　喂给富锰饲料，一般青绿、块根饲料有良好作用。干饲料以小麦、大麦、糠麸为佳。

每 100 千克饲料中加 12～24 克硫酸锰或用 1∶3 000 高锰酸钾液作饮水，在猪的日粮中含锰 20～25 毫克/千克，可有效预防本病。

（2）治疗　正常情况下，运动对锰的需要量，每天每千克体重平均为 0.3 毫克。对于缺锰地区患病猪只，通过改善饲养合理调配日粮，给予富锰饲料，可有效地达到治疗和预防本病的目的。

四、维生素缺乏症

维生素是保证猪只生长、发育和各种生理活动所必需的有特殊作用的一类有机化合物。它是维护猪体组织结构、维持正常生理机能、调节物质代谢，保证生长发育、增强抗病能力、获得健康后代等不可缺少的物质。因为维生素大多参与组成生命代谢有重要关系的各种代谢酶，所以猪对维生素的需要量虽然不大，但缺乏时可引起各种代谢紊乱或疾病。特别是今天，我国的养猪正从个体、分散的散养猪，走向集中的、猪场化专业化甚至机械化养猪，而猪的饲料几乎都为配合饲料，即为精饲料，很少或完全不喂给青绿饲料，所以在饲料中缺乏维生素时，常可造成维生素缺乏症。

维生素种类很多，根据它们的溶解性不同，可分为两大类，一类为脂溶性维生素，如维生素 A、维生素 D、维生素 E、维生素 K 等；另一类为水溶性维生素，如维生素 B_1、维生素 B_2、维生素 B_6、维生素 B_{12}、维生素 C、维生素 PP、叶酸、泛酸、生物素等。

维生素广泛存在于绿色植物的茎叶、谷类胚芽、麦麸、米糠、鱼肝油等食物中，因此，喂猪的饲料应该多样化。常年保持喂给一定量的青绿饲料或青贮饲料，是预防维生素缺乏和营养不足的重要措施。在如今的精饲料中，合理使用多维是预防集约化、机械化、规模化养猪维生素缺乏症的最有效方法。

（一）诊断要点

1. 发病原因

引起维生素缺乏的原因，主要有内源性和外源性两种情况。

（1）内源性　是指虽然供给或采食了足够的维生素，但由于猪的各种胃肠道病或其他疾病，引起猪食欲减退、腹泻，胃肠功能紊乱，而影响对维生素的吸收和利用。如脂溶性维生素需要借助于胆汁分泌和脂肪的存在，方能良好地吸收；当猪患消化道疾病时，常可妨碍它们的吸收。

哺乳仔猪、断奶仔猪、妊娠母猪、带乳母猪及猪患高烧病等，都对维生素的需要量大为增加，此时如果还是按一般需要量或不能正常供给（缺乏），因不能满足机体的需要，亦能引起维生素的缺乏。

（2）外源性　主要是指饲料内维生素供应不足，猪从外界得不到足够的维生素。尤其是饲养条件较好的猪场，完全喂给猪精料，这时如在配方中没有加维生素，或饲料保管不当，如过期、暴晒、潮湿变质等使其中维生素破坏而引起缺乏。加外目前一些多维产品的缺项，含量不足，或本身过期、失效等，亦可导致维生素缺乏。

维生素 A 缺乏：缺乏粗饲料或长期缺乏青饲料的猪场，容易发生此病。饲料调制不当，遭受日光暴晒、酸败、氧化的破坏，易使胡萝卜素丧失。猪舍内阳光不足，空气不流通，猪只缺乏运动，以及慢性消化系统疾病等，都可能促使本病的发生。仔猪发病较多，病因就是内源性和外源性两种原因。

维生素 D 缺乏：维生素 D 缺乏常发生佝偻病，其主要原因是由于饲料配合不当，长期喂给猪单一饲料，如酒糟、糖渣、豆腐渣、甜菜渣等，以致使钙、磷和维生素 D 不足或缺乏，或是钙、磷比例不合适，猪舍阴暗，缺乏阳光照射。怀孕母猪的维生素和矿物质供给不足时，所产仔猪可发生先天性佝偻病。此外，某些慢性胃肠病、寄生虫病及先天发育不良等因素，会影响猪对饲料中钙、磷及维生素 D 的吸收和利用，也可诱发本病。

维生素 E 缺乏：体内不饱和脂肪酸增多，长期饲喂含有大量不饱和脂肪酸（亚油酸、花生四烯酸）或酸败的脂肪类（陈旧、变质的动植物油或鱼肝油）以及霉变的饲料等；饲料中含大量维生素 E 的拮抗物质，可引起相对性缺乏症；日粮组成中，含硫氨基酸（蛋氨酸、胱氨酸、半胱氨酸）或微量元素硒缺乏，可促进发病；母乳量不足或乳中维生素 E 的含量低下，以及断奶过早是引起仔猪发病的主要原因。

维生素 B_1 缺乏：原发性维生素 B_1 缺乏，多因饲料中硫胺素含量不足，动物体内不能贮存硫胺素，只能从饲料中供给，当动物长期缺乏青绿饲料而谷类饲料又不足时，则影响母猪泌乳、妊娠、仔猪生长发育，出现慢性消耗性疾病及发热过程；继发性维生素 B_1 缺乏是由于饲料中存在干扰硫胺素作用的物质，如患慢性腹泻等。

维生素 B_2 缺乏：饲料中维生素 B_2 含量不足，如长期单纯饲喂谷物及其副产品，而缺乏青草、苜蓿、番茄、甘蓝、酵母、动物肝脑肾等富含核黄素的饲料；动物对维生素 B_2 的需要增加，机体供应相对不足；饲料的加工调制、储存方法不当也可造成维生素 B_2 的破坏；动物患胃肠道疾病，影响了机体对维生素 B_2 的吸收，可继发本病。

维生素 K 缺乏：饲料中维生素 K 含量不足，吸收障碍。

2. 临床症状

（1）维生素 A 缺乏　怀孕母猪患病时，易发生流产、早产或死胎或产畸形胎。所生仔猪体质衰弱，生活力不强，极易患病，如气管炎、肠炎和肺炎等，也可引起死亡。公猪患病后，性欲下降，精子活力下降，甚至排死精。

仔猪患病多表现皮肤粗糙，皮肤增厚，耳尖干枯，背毛粗乱，无光泽，视力减弱或出现夜盲症的现象（猪不明显）。有的猪行走不便，盲目行动，碰墙和撞障碍物等。严重时出现干眼病，眼角膜及结膜干燥，发炎，甚至角膜软化、穿孔。仔猪还常出现神经症状，视力听觉障碍，走路摇摆不稳，共济失调，转圈，痉挛，后躯麻痹，甚至瘫痪。

（2）维生素 D 缺乏　病初食欲减退，消化不良，发育缓慢，不愿起立和跑动，经常躺卧。有啃咬食槽、墙壁、泥土、垫草、砖块、破布、瓦片、粪便等异食的表现，故容易出现消化不良症状。如果病情继续发展，可以看到病猪行走摇摆、强拘、起立、卧下均很吃力，常呈犬坐姿势。若强迫猪只走动时，常常发出痛苦的叫声，四肢发软，无力支撑身体，用前肢爬行，有时两前肢交叉站立。最严重时，骨骼发生变形，面骨肿胀，关节变形，粗大，肋骨有念珠状肿，并向内弯曲，胸廓扁平狭小，甚至脊背弯曲，或向上凸和下凹。此时病猪进食紊乱，消瘦，常并发其他疾病而死。有的仔猪有神经症状，表现为陈发性痉挛。母猪患本病时，易发生瘫痪，尤其在产后。

（3）维生素 E 缺乏　缺乏维生素 E 时仔猪成活率低，母猪不易受孕且易流产，公猪精液品质低、性欲不强、运动失调。

（4）维生素 B_1 缺乏　病猪消瘦，被毛粗乱，无光泽，皮肤干燥，食欲减退，有的呕吐，前期多见便秘，似羊粪蛋样小球，后期常变为腹泻。单肢或多肢跛行，步态僵硬，不灵活，站立困难，震颤发抖。触诊无刺痛，对刺激反应迟钝。精神不振，喜卧，呈疲劳状态。有的阵发性痉挛，有的倒地抽搐，四肢游泳样划动。体温变化不大。发病缓慢，病程长，多在 7 天以上。

（5）维生素 B_2 缺乏　病猪厌食，生长缓慢，经常腹泻，被毛粗乱无光，并有大量脂性渗出，惊厥，眼周围有分泌物，运动失调，昏迷，死亡。鬃毛脱落，由于跛行，不愿行走，眼结膜损伤，眼睑肿胀，卡他性炎症，甚至晶体混浊、失明。怀孕母猪缺乏维生素 B_2，仔猪出生后不久死亡。

（6）维生素 K 缺乏　临床表现感觉过敏、贫血、厌食、衰弱、轻度或中度出血倾向，鼻出血或创伤出血不止，凝血时间显著延长。

（二）防治

1. 预防

（1）维生素 A 缺乏　配合饲料中供给足够的维生素 A 或能全年保证猪吃到青绿饲料或青干草等，特别是冬春季节。

（2）维生素 D 缺乏　注意配合饲料中饲给足够的维生素 D，保证猪舍的干燥、通风、光照，特别是舍内养猪，要注意阳光照射。同时注意在饲料中配给合理的钙、磷。

（3）维生素 E 缺乏　妊娠母猪于分娩前 1 个月，仔猪出生后可应用维生素 E 或亚硒酸钠进行预防注射。

（4）维生素 B_1 缺乏　加强饲养管理，饲喂符合其营养需要的全价配合日粮，并注意搭配细米糠、麸皮、豆类、青菜、青草等多含维生素 B_1 的饲料，可防止本病的发生，进而促进猪只健康快速生长发育。若猪只已发生本病，停喂原来饲料，改喂富含维生素 B_1 的全价配合饲料。

（5）维生素 B_2 缺乏　正常情况下猪每天每千克体重需要 60~80 微克维生素 B_2，每吨饲料中补充维生素 B_2 2~3 克，就可有效防止本病的发生。

（6）维生素 K 缺乏　首要的是要保证饲料中维生素 K 的足够含量，另外，消除影响维生素 K 吸收的因素，如肝胆疾病等。

2. 治疗

（1）维生素 A 缺乏　发病后，必须改善饲养条件，给青绿饲料，如菠菜、白菜、水生植物、胡萝卜、苜蓿等富含维生素 A 的饲料；鱼肝油每日 1~2 次，每次 2~3 毫升，滴于仔猪口中，或肌内注射 1~3 毫升；维生素 AD 注射液 2~5 毫升，肌内注射；维生素 A 注射液 2~5 毫升，肌内注射。

（2）维生素 D 缺乏　肌内注射维生素 AD 2~5 毫升，或维丁胶钙 2~4 毫升，或多维钙片内服；成年母猪静注 10%葡萄糖酸钙 30~50 毫升，隔日 1 次，连用 2~3 次；鱼肝油皮下注射 5 毫升，或伴食喂给仔猪；结合喂给贝壳粉、石粉、碳酸钙、鱼粉或肉骨粉等。

（3）维生素 E 缺乏　每千克饲料 10~15 毫克饲喂。亚硒酸钠可参考硒缺乏症。

（4）维生素 B_1缺乏　按每千克体重 0.25~0.5 毫克，采取皮下、肌内或静脉注射维生素 B_1，每日 1 次，连用 3 日。亦可内服丙硫胺或维生素 B_1片。

（5）维生素 B_2缺乏　每吨饲料内补充核黄素 2~3 克，也可采用口服或肌内注射维生素 B_2，每头猪 0.02~0.04 克，每日 1 次，连用 3~5 日。

（6）维生素 K 缺乏　可应用维生素 K 注射液 10~30 毫克肌内注射，每天 1 次，连用 3~5 天。最好同时给予钙剂治疗。

五、黄脂病

猪黄脂病俗称“猪黄膘”，指猪体内脂肪组织为蜡样质的黄色颗粒沉着，呈现出黄色，并伴有特殊的鱼腥味或蛹臭味，影响肉质。饲料中不饱和脂肪酸甘油酯含量过多，或缺乏维生素 E 所致。长期饲喂变质的鱼粉、鱼肝油下脚料、鱼类加工时的废弃物、蚕蛹等，易发生黄脂。遗传因素以及饲喂含天然黄色素较丰富的饲料，也可能产生黄脂。

（一）诊断要点

1. 发病原因

（1）饲料霉变　食用了被黄曲霉毒素污染的饲料。

（2）饲料中不饱和脂肪酸含量过高和维生素 E 的不足　若饲喂鱼或其副产品（鱼肝油下脚料，比目鱼和鲑鱼的副产品最危险）、鱼粉、蚕蛹粕和油渣、油糟类、米糠、玉米、豆饼、亚麻饼等高脂肪、易酸败饲料过多，在饲喂量超过日粮的 20%且饲料中不饱和脂肪酸含量高或者生育酚含量不足的情况下，使机体内维生素 E 的消耗量大增，引起机体内维生素 E 相对缺乏，加上其他抗氧化剂不足的共同作用，导致抗酸色素在脂肪组织中沉积，并使脂肪组织形成一种棕色或黄色无定性的非饱和叠合物小体，促使黄膘产生。

（3）饲料中含有色素含量高的原料　如紫云英（草籽）、芜青、胡萝卜和南瓜等，这些原料中胡萝卜素和叶红素含量较高，在体内代谢不全引起黄染。另外，如果原料商卖出的原料本身就是染色的，例如染色掺假棉粕、柠檬酸渣、假 DDGS（豆粕替代品，用玉米皮、尿素和黄染料制成）等，猪吃这些原料作成的饲料，染料会沉积到脂肪上，变成黄膘。

（4）饲料中添加了导致产生猪黄脂病的药物　如磺胺类和某些有色中草药，在使用时间较长或没有经过足够长的休药期便屠宰，会造成猪胴体局部或全身脂肪发黄。

（5）饲料添加剂配方或生产工艺不合理　高铜的配方可使饲料中的油脂氧化酸败导致黄脂。发生黄脂的饲料几乎都在使用高铜！实际上高铜本身并不会导致黄脂，而在于高铜本身的催化氧化作用，铜的使用主要与类抗生素作用有关，在维生素 E 添加量可有可无处于临界状态时，高铜导致饲料氧化加快，加大了维生素 E 需要量，尤其在湿热的条件下更是如此。一般条件下，30℃维生素 E 与饲料硫酸铜混合存留时间约为 3 天，损失过半；而湿润条件下，这种损失更快、更明显，这是调质（对颗粒饲料制粒前的粉状物料进行水热处理的一道加工工序）制粒的饲料更容易导致黄脂的主要原因。

如果饲料生产线通风不良（尤其是玉米粉碎系统），在玉米粉碎过程中产生的大量热量和水蒸气，就会凝结在粉碎玉米的表面，导致玉米中不饱和脂肪酸过氧化，或者配合料从生产到使用时间间隔长，引起饲料中不饱和脂肪酸过氧化。全价料在高温、高湿的季节，饲料中的不饱和脂肪酸更容易发生酸败，而酸败的脂肪可以形成黄脂；另外，变质的淀粉导致胆汁外泄，形成黄脂，实际雷同于黄疸；调质制粒时遇到高温和高湿，并在铜的参与下，这种黄脂变化会更为迅速。

（6）遗传因素　有人曾对易发生黄脂病的地区做调查，发现凡是父本或母本屠宰时发现黄脂的猪，其所生后代黄脂病发生也多。

2. 临床症状

该病的临床症状不够明显，生前很难判断。大多数病猪食欲不振精神倦怠，衰弱，被毛粗糙，增重缓慢，结膜色淡，有时发生跛行，眼有分泌物，黄脂病严重的猪血红蛋白水平降低，有低色素性贫血的倾向，个别病猪突然死亡。剖检可见体脂呈柠檬黄色，骨骼肌和心肌呈灰白色（与白肌病相似），变脆；肝呈黄褐色，脂肪变性明显；肾呈灰红色，横断面发现髓质呈浅绿色；淋巴结水肿，有出血点，胃肠黏膜充血。

3. 感官鉴别

黄膘肉病猪猪肉胴体脂肪是棕色或黄色，在将其悬挂 24 小时后黄色变浅或消失，内脏正常无变化、无异味，一般认为是饲料引起，可以食用。

黄疸肉与黄膘肉不同。遇到黄染的肉，首先要看皮肤是否发黄（因黄疸皮肤都黄），其次是查看关节滑液囊液以及筋腱，如果也是黄色基本判定为黄疸。将有疑问的胴体放置一边，经几小时后再观察，若色度减轻或消失则为黄脂。反之，黄色不减而加重，必是黄疸无疑。观察肝脏和胆管的病理变化，也可确定是否是黄疸肉，绝大多数黄疸（90%以上）的肝和胆管都有病变，如肝的囊肿、硬化、变性、胆管阻塞等。黄疸肉不但脂肪发黄，皮肤、黏膜、关节囊液、组织液、血管内膜、浆膜、肌腱等都显黄色，内脏也出现病理变化，实质器官均呈现不同程度的黄色。由钩端螺旋体病引起的黄疸尤其在皮肤、关节滑液囊液、血管内膜和肌腱的黄染比较明显。

4. 实验室鉴别

（1）硫酸法　取 10 克脂肪置于 50%酒精中浸抽，并不停摇晃 10 分钟，然后过滤，取 8 毫升滤液置于试管中，加入 10~20 滴浓硫酸。当存在胆红素时，滤液呈现绿色，继续加入硫酸经适当加热，滤液则变为淡蓝色，出现这些现象时就能确定为黄疸肉。

（2）苛性钠法　称取 2 克脂肪，剪碎置入试管中，加入约 5 毫升 5%氢氧化钠水溶液，在火焰上煮沸约 1 分钟，振荡试管，在流水下降温冷却到 40~50℃（手摸有温热感）。然后小心向试管中加入 1~2 滴乙醇或汽油轻轻混匀，再微微加热后加塞静止，待溶液分层后观察。若上层乙醚呈无色，下层液体呈黄绿色，表明检样中有胆红素存在，即检样为黄疸肉；若上层乙醚呈黄色，下层液体无色，表明检样中含有天然色素而无胆红素，即检样为黄脂肉；若试管上下层均为黄色，则表明检样中 2 种色素均存在，说明既有黄疸又有黄膘。

（二）防治

应做好品种的选育工作，即淘汰黄脂病的易发品种，选育抗该病的品种。合理调整日粮，增加维生素 E 供给，减少饲料中不饱和脂肪酸的高油脂成分，将日粮中不饱和脂肪酸甘油酯的饲料限制在 10%以内。禁喂鱼粉或蚕蛹。日粮中添加维生素 E，每头每日 500~700 毫克，或加入 6%的干燥小麦芽、30%米糠，也有预防效果。禁止使用黄曲霉毒素严重污染的饲料。

六、异食癖

猪异食癖是一种由于饲养管理不当、环境不适、饲料营养供应不平衡、疾病及代谢机能紊乱等引起的一种应激综合征。在冬季、早春发病率较高，给养猪户造成不必要的经济损失。

（一）诊断要点

1. 发病原因

（1）饲养管理不当　包括饲养密度过大、饲槽空间狭小、限饲与饮水不足、同一圈舍猪只大小强弱悬殊、猪只新并群造成打斗、争夺位次等原因均可诱发异食癖。

（2）环境因素　冬秋季猪发病率比较高的原因可能是干燥和多尘环境导致了猪更多的烦躁和攻击行为。猪舍环境条件差，如舍内温度过高或过低，通风不良及有害气体的蓄积，猪舍光照过强，猪处于兴奋状态而烦躁不安，猪生活环境单调，惊吓、猪乱串群；天气的异常变化，猪圈潮湿引起皮肤发痒等因素，使猪产生不适感或休息不好均能引发啃咬等异食癖的发生。

（3）品种和个体差异　同一猪圈内如果饲养不同品种或同一品种间体重差异过大的猪，因品种及生活特点差异，相互矛盾，相互争雄而发生撕咬。个体之间差异大，在占有睡觉面积和抢食中，常出现以大欺小现象。

（4）疾病　猪患有虱子、疥癣等体外寄生虫时，可引起猪体皮肤刺激而烦躁不安，在舍内摩擦而导致耳后、肋部等处出现渗出物，对其他猪产生吸引作用而诱发咬尾；猪体内寄生虫病，特别是猪蛔虫，刺激患猪攻击其他猪。猪只体内激素的刺激导致情绪不稳定也可发生咬尾现象。

（5）营养供应不平衡　当饲料营养水平低于饲养标准，满足不了猪生长发育的营养需要时可导致咬尾症的发生。另外，日粮中的各种微量营养成分不平衡，如日粮中钾、钠、镁、铁、钙、磷、维生素等的缺乏或者不平衡也会造成此症。

（6）猪本身的天性　猪爱玩好动，处于环境舒适、安居乐业的小猪，咬其他猪的尾巴玩，猪的模仿性是一只猪发生异食癖而引发大群发生异食癖的原因之一。同时因互咬导致的破皮与流血等外伤，又诱发了猪相互撕咬的兴趣。

2. 临床症状

常见的猪异食癖表现为咬尾、咬耳、咬肋、吸吮肚脐、食粪、饮尿、拱地、闹圈、跳栏、母猪食仔猪等现象。相互咬斗是异食癖中较为恶劣的一种，表现为猪对外部刺激敏感，举止不安，食欲减弱，目光凶狠。起初只有几头相互咬斗，逐渐有多头参与，主要是咬尾，少数也有咬耳，常见被咬尾脱毛出血，咬猪进而对血液产生异嗜，引起咬尾癖，危害也逐渐扩大。被咬猪常出现尾部皮肤和被毛脱落，影响体增重，严重时可继发感染，引起骨髓炎和脓肿，若不及时处理，可并发败血症等导致死亡。

（二）防治

1. 加强饲养管理，营造良好的生活环境

（1）合理布控猪舍 同一圈舍猪只个体差异不宜太大，应尽量接近。饲养密度不宜过大，猪的饲养密度一般应根据圈舍大小而定，原则是以不拥挤、不影响生长和能正常采食饮水为宜。冬季密一些，夏季稀一些，保证每头肥育猪饲养面积 0.8~1 米^2、中猪 0.6~0.7 米^2、仔猪 0.3~0.5 米^2。

（2）单独饲养有恶癖的猪 咬尾症的发生常因个别好斗的猪引起，如在圈中发现有咬尾恶癖的猪，应及时挑出单独饲养。可在猪尾上涂焦油，还可用博克或 50 度以上白酒喷雾猪体全身和鼻端部位，每天 3~5 次，一般两天可控制咬尾症。同时隔离被咬的猪，对被咬伤的猪应及时用高锰酸钾液清洗伤口，并涂上碘酒以防止伤口感染，严重的可用抗生素治疗。

（3）避免应激 调控好舍内温度与湿度，加强猪舍通风，防止贼风侵袭、粪便污染、空气浑浊、潮湿等因素造成的应激。定时定量饲喂，不喂发霉变质饲料，饮水要清洁，饲槽及水槽设施充足，注意卫生，避免抢食争斗及饮食不均。

2. 仔猪及时断尾

对仔猪断尾是控制咬尾症的一种有效措施。

3. 分散猪只注意力

在猪圈中投放玩具，如链条、皮球、旧轮胎以及青绿饲料等，分散猪只关注的焦点，从而减少咬尾症的发生。

4. 使用平衡营养的配合饲料，满足猪的营养需要

选用优质饲料原料，适度增加食盐用量。对于吃胎衣和胎儿的母猪，除加强护理外，还可用河虾或小鱼 100~300 克煮汤饮服，每天 1 次，连服数日。还可在饲料中增加调味消食剂，添加大蒜、白糖、陈皮及一些调味剂来改善猪的异食癖。

5. 对症用药，控制异食癖

对患慢性胃肠疾病的猪，治疗主要以抑菌消炎、清除肠内有害物质为原则，并结合补液、强心措施。对于患寄生虫病的猪应及时驱虫。对于被咬伤的猪外部消毒，并辅以抗生素治疗。

第二节　中毒性疾病

一、亚硝酸盐中毒

亚硝酸盐中毒是由于菜类等青绿饲料的贮存、调制方法不当时，在适宜的温度和酸碱度的条件下，在微生物的作用下，大量的硝酸盐可还原成剧毒的亚硝酸盐，猪采食这类饲料后而引起中毒，本病常于猪吃饱后不久发生，故有“饱潲症”之称。

（一）诊断要点

1. 发病原因

因食用储存和加工不当，含有较多硝酸盐的白菜、菠菜、甜菜、野菜等青绿多汁饲料，而使猪群发生中毒。

亚硝酸盐毒性很大，主要是血液毒。当亚硝酸盐经过胃肠黏膜吸收进入血液后，能使血液中的氧化血红蛋白变为变性血红蛋白（高铁血红蛋白），使血液失去携氧的能力，而引起全身缺氧，导致呼吸中枢麻痹，严重者 30 分钟左右即可窒息而死。亚硝酸盐在体内可透过内屏障及胎盘组织，引起妊娠母猪发生早产、弱胎及死胎。

2. 临床症状

病猪突然发病，一般在采食后 10～30 分钟，最迟 2 小时出现症状，病猪突然不安，呼吸困难，继而精神萎靡，呆立不动，四肢无力，行走打晃，起卧不安，犬坐姿势，流涎、口吐白沫或呕吐，皮肤、耳尖、嘴唇及鼻盘等部开始苍白，以后呈青紫色，穿刺耳静脉或剪断尾尖流出酱油状血液，凝固不良。体温一般低于正常值（35～37℃），四肢和耳尖冰凉，脉搏细数，很快四肢麻痹，全身抽搐，嘶叫，伸舌，最后窒息而死。若病猪 2 小时内不死，则可逐渐恢复。

剖解后病理变化为：因死亡快，内脏多无显著变化，主要特征是血液呈酱油状、紫黑色而凝固不良。胃底、幽门部和十二指肠黏膜充血、出血。病程稍长者，胃黏膜脱落或溃疡，气管及支气管有血样泡沫，肺有出血或气肿，心外膜常有点状出血。肝、肾呈蓝紫色，淋巴结轻度充血。

实验室检查：取胃肠内容物或残余饲料的液汁 1 滴，滴在滤纸上，加 10% 联苯胺液 1~2 滴，再加 10%冰醋酸液 1~2 滴，如有亚硝酸盐存在，滤纸即变为红棕色，否则颜色不变。

也可将待检饲料放在试管内，加 10%高锰酸钾溶液 1~2 滴，搅匀后，再加 10%硫酸 1~2 滴，充分摇动，如有亚硝酸盐，则高锰酸钾变为无色，否则不褪色。

（二）防治

1. 预防

改善饲养管理，不喂存放不当的青绿多汁饲料，防止亚硝酸盐中毒。

2. 治疗

发现亚硝酸盐中毒应迅速抢救。目前，特效解毒药为美蓝和甲苯胺蓝。同时配合应用维生素 C 和高渗葡萄糖溶液，效果较好。

对严重病例，要尽快剪耳、断尾放血；静脉或肌内注射 1%美蓝溶液，用量为 1 毫升/千克体重，或注射甲苯胺蓝，用量为 5 毫克/千克体重。内服或注射大剂量维生素 C，用量为 10~20 毫克/千克体重，以及静脉注射 10%~25% 葡萄糖液 300~500 毫升。

对症状较轻者，仅需安静休息，投服适量的糖水或牛奶等即可。

对症治疗：对呼吸困难、喘息不止的患畜，可注射山梗菜碱、尼可刹米等呼吸兴奋剂；对心脏衰弱者可注射安钠咖、强尔心等；对严重溶血者，放血后输液并口服或静脉滴注肾上腺皮质激素，同时内服碳酸氢钠等药物，使尿液碱化，以防血红蛋白在肾小管内凝集。

二、霉饲料中毒

霉饲料中毒就是猪采食了发霉的饲料而引起的中毒性疾病，以神经症状为特征。

（一）诊断要点

1. 发病原因

自然环境中含有许多霉菌，常寄生于含淀粉的饲料上，如果温度（28℃

左右）和湿度（80%~100%）适宜，就会大量生长繁殖，有些霉菌在生长繁殖过程中，能产生有毒物质，目前，已知的霉菌毒素有上百种，最常见的有黄曲霉毒素、镰刀菌毒素和赤霉菌毒素等。这些霉菌毒素都可引起猪中毒。仔猪及妊娠母猪尤为敏感。

发霉饲料中毒的病例，临床上常难以肯定为何种霉菌毒素中毒，往往是几种霉菌毒素协同作用的结果。

2. 临床症状

仔猪和妊娠母猪对发霉饲料较为敏感。中毒仔猪常呈急性发作，出现中枢神经症状，头弯向一侧，头顶墙壁，数天内死亡。大猪病程较长，一般体温正常，初期食欲减退，后期废食，腹痛，下痢或便秘，粪便中混黏液或血液，被毛粗乱，迅速消瘦，生长迟缓。白猪的嘴、耳、四肢内侧和腹部皮肤出现红斑，妊娠母猪常引起流产及死胎等。

剖检，主要病理变化为：肝实质变性，颜色变淡黄，显著肿大，质地变脆；淋巴结水肿。病程较长者，皮下组织黄染，胸腹膜、肾、胃肠道出血。急性病例最突出的变化是胆囊黏膜下层严重水肿。

（二）防治

1. 预防

防止饲料发霉变质。严禁用发霉饲料喂猪。

2. 治疗

目前尚无特效药物。发病后应立即停喂发霉饲料，同时进行对症治疗。急性中毒，用0.1%高锰酸钾溶液、温生理盐水或2%碳酸氢钠液进行灌肠、洗胃后，内服盐类泻剂，如硫酸钠0.03~0.05千克，水1升，1次内服。静脉注射5%葡萄糖生理盐水300~500毫升，40%乌洛托品20毫升；同时皮下注射20%安钠咖5~10毫升。

三、酒糟中毒

酒糟中毒是由于酒糟贮存方法不当或放置过久，可发生腐败霉烂，产生大量有机酸（醋酸、乳酸、酪酸）、杂醇油（正丙醇、异丁醇、异戊醇）及酒精等有毒物质，易引起猪中毒。

（一）诊断要点

1. 发病原因

突然给猪饲喂大量的酒糟，或对酒糟保管不当，被猪大量偷吃或长期单一饲喂酒糟，而缺乏其他饲料的适当搭配及饲喂严重霉败变质的酒糟，其有毒物质、霉菌、酒精可直接刺激胃肠并被吸收而发生中毒。

2. 临床症状

患猪发病初期，表现精神沉郁，食欲减退，粪便干燥，以后发生下痢，体温升高。严重时出现腹痛症状，呼吸促迫，心跳疾速。外表常有皮疹，卧地不起。

剖检，主要病理变化为：胃肠黏膜充血和出血，直肠出血、水肿；肠系膜淋巴结充血；肺充血和水肿；肝、肾肿胀，质地变脆，心脏有出血斑。

（二）防治

1. 预防

必须以新鲜的酒糟喂猪，且酒糟的喂量不宜过多，一般应与其他饲料搭配饲喂，酒糟的比例以不超过日粮的1/3为宜，用不完的酒糟要妥善贮存，可将其紧压在饲料缸内，以隔绝空气；如堆放保存，则不宜过厚，并避免日晒，以防霉败变质。发霉酸败的酒糟严禁喂猪。

2. 治疗

对中毒的猪，应立即停喂酒糟，以1%碳酸氢钠液1 000~2 000毫升内服或灌肠。同时内服硫酸钠30克，植物油150毫升，加适量水混合后内服，并静脉注射5%葡萄糖生理盐水500毫升，加10%氯化钙液20~40毫升。严重病例应注意维护心、肺功能，可肌内注射10%~20%安钠咖5~10毫升。发生皮疹或皮炎的猪，用2%明矾水或1%高锰酸钾液冲洗，剧痒时可用5%石灰水冲洗，或以3%石炭酸酒精涂擦。

四、菜籽饼中毒

猪长期或大量摄入不经适当处理的菜籽饼，可引起中毒或死亡。临床上以急性胃肠炎、肺气肿和肾炎为特征。

（一）诊断要点

1. 发病原因

油菜是我国主要油料作物之一，菜籽饼粕粗蛋白含量可达32%~39%，是重要的蛋白质饲料资源，但因其含有有毒物质（硫葡萄糖苷、硫葡萄糖苷降解物、芥子碱、缩合单宁等），如果在饲料中添加剂量过大，可造成猪只中毒。

菜籽饼粕中毒是菜籽饼粕中含有的硫葡萄糖苷在葡萄糖硫苷酶的作用下产生异硫氰酸盐、硫氰酸盐、噁唑烷硫酮等，被动物过量采食所发生的以胃肠炎、呼吸困难、血红蛋白尿及甲状腺肿大为特征的中毒性疾病。

2. 临床症状

因毒物引起毛细血管扩张，血容量下降和心率减慢，可见心力衰竭或休克。有感光过敏现象，精神不振，呼吸困难，咳嗽。出现胃肠炎症状，如腹痛、腹泻、粪便带血；肾炎，排尿次数增多，有时有血尿；肺气肿和肺水肿。发病后期体温下降，死亡。

剖检可见胃肠道黏膜充血、肿胀、出血。肾出血，肝肿大、混浊、坏死。胸、腹腔有浆液性、出血性渗出物，肾有出血性炎症，有时膀胱积有血尿。肺气肿。甲状腺肿大。血液暗色，凝固不良。

（二）防治

1. 预防

每日饲喂菜籽饼的量最好不超过日粮的10%，通过坑埋法、发酵中和法、加水浸泡法而使毒素减少。

2. 治疗

无特效解毒药，中毒后立即停喂菜籽饼。内服淀粉浆、蛋清、牛奶等以保护黏膜，减少对毒素的吸收。

对症治疗：可适当静脉注射维生素C、维生素K、肾上腺皮质激素、利尿剂、止血药。

治宜除去毒物，对症处理。

用0.1%~1%的单宁酸或0.05%高锰酸钾液洗胃；蛋清、牛奶或豆浆适量，一次内服。也可用硫酸钠35~50克，小苏打5~8克，鱼石脂1克。加水100毫升，一次灌服。也可用20%樟脑油3~6毫升，一次皮下注射。中药甘草60克，绿豆60克。水煎去渣，一次灌服。

五、食盐中毒

猪食盐中毒后，可引起消化道、脑组织水肿、变性，乃至坏死，并伴有脑膜和脑实质的嗜酸性粒细胞浸润。以突出的神经症状和一定的消化紊乱为其临床特征。

（一）诊断要点

1. 发病原因

采食了含食盐过高的饲料，都可引起猪的食盐中毒，特别是仔猪更为敏感，食盐中毒的实质是钠离子中毒。因此，给猪只投予过量的乳酸钠、碳酸钠、丙酸钠、硫酸钠等都可发生中毒。据报道：食盐中毒量为1～2.2毫克/千克体重，成年中等个体猪的致死量为0.125～0.25千克。这些数值的变动范围很大，主要受饲料中无机盐组成、饮水量等因素的左右。全价饲料，特别是日粮中钙、镁等无机盐充足时，可降低猪对食盐的敏感性，反之，敏感性显著增高。例如，仔猪的食盐致死量通常为4.5毫克/千克体重。钙、镁不足时，致死量缩小为0.5～2克/千克体重；钙、镁充足时，增大到9～13克。饮水充足与否，对食盐中毒的发生具有决定性作用。当猪食入含10%～13%食盐的饲料而不限制饮水时，则不发生中毒；相反，即使饲料仅含2.5%的食盐，但不给充足饮水，亦可引起中毒。因此可以说，食盐中毒的确切原因是食盐过量饲喂，而饮水供应不足所致。

2. 临床症状

患病初期，病猪呈现食欲减退或废绝、精神沉郁、黏膜潮红、便秘或下痢、口渴和皮肤瘙痒等症状。继之出现呕吐和明显的神经症状，病猪兴奋不安，频频点头，张口咬牙，口吐白沫，四肢痉挛，肌肉震颤，来回转圈或前冲、后退，听觉、视觉障碍，刺激无反应，不避障碍，头顶墙壁。严重的呈癫痫样痉挛，每间隔一定时间发作1次。发作时，依次地出现鼻盘抽缩或扭曲，头颈高抬或向一侧歪斜，脊柱上弯或侧弯，呈后弓反张或侧弓反张姿势，以致整个身躯后退而呈犬坐姿势，甚至仰翻倒地。每次发作持续2～3分钟，甚至连续发作，心跳加快（140～200次/分钟），呼吸困难。最后四肢瘫痪，卧地不起，一般1～6小时死亡。

慢性中毒者，即慢性钠贮留期间，有便秘、口渴和皮肤瘙痒等前驱症状。一旦暴发，则表现上述的神经症状。

实验室检查：血清钠显著增高，达到 180~190 毫摩/升（正常为 135~145 毫摩/升），且血液中嗜酸性粒细胞显著减少。为进一步确诊，还可采取死亡猪的肝、脑等组织作氯化钠含量测定，如果肝和脑中的钠含量超过 150 毫摩/升，脑、肝、肌肉中的氯化物含量分别超过 180 毫摩/升、250 毫摩/升、70 毫摩/升，即可确认为食盐中毒。

（二）防治

1. 预防

严禁用含盐量过高的饲料喂猪，日粮含盐量不应超过 0.5%。同时，要供给足够的饮水。

2. 治疗

食盐中毒无特效治疗药物，主要是促进食盐排出及对症治疗。

发现中毒后应立即停喂含食盐的饲料及饮水，改喂稀糊状饲料。口渴时多次少量给予饮水，切忌突然大量给水或任意自由饮水，以免胃肠内水分吸收过速，使血钠水平迅速下降，加重脑水肿，而使病情突然恶化。

急性中毒，用 1%硫酸铜 50~100 毫升内服催吐后，内服黏浆剂及油类泻剂 80 毫升，使胃肠内未吸收的食盐泻下和保护胃肠黏膜。也可在催吐后内服白糖 0.15~0.2 千克。

对症治疗，为恢复体内离子平衡，可静脉注射 10%葡萄糖酸钙 50~100 毫升，为缓解脑水肿，降低脑内压，可静脉注射 25%山梨醇液或 50%高渗葡萄糖液 50~100 毫升。为缓解兴奋和痉挛发作，可静脉注射 25%硫酸镁注射液 20~40 毫升。心脏衰弱时，可皮下注射安钠咖等。

六、猪阿维菌素中毒

阿维菌素是阿佛曼链球菌的天然发酵产物，是一种高效、广谱抗寄生虫药物，对动物体内线虫和螨虫有很强的驱杀作用。

（一）诊断要点

1. 发病原因

剂量计算错误和盲目增大剂量是造成阿维菌素中毒的主要原因。临床上一般以 0.3 毫克/千克体重的剂量给猪皮下注射。猪对阿维菌素耐受力很强，实践证明，每天 5 倍剂量的阿维菌素皮下注射，连续注射 5 天，并未出现典型的中毒症状，第6~8天按8倍量注射，第7天出现典型中毒症状，第8天死亡。

2. 临床症状

阿维菌素蓄积中毒的猪，初期表现步态不稳、舌肌麻痹，舌尖露出口腔外。尔后瞳孔散大，眼睑水肿，全身肌肉松弛无力，前肢跪地。腹胀，头部出现不自主的颤抖，呼吸加快，心音减弱。中毒严重的昏迷不醒，全身反射减弱或消失，最后在昏迷中死亡。

剖检可见胃肠臌气，膀胱麻痹、积尿，肺脏出血，心包积液，心脏水肿，脾脏肿大。胃黏膜弥漫性出血，盲肠内积满大量黑色粪便，黏膜有点状出血。硬脑膜出血，软脑膜及脑回出血。

（二）防治

1. 预防

预防阿维菌素中毒，最关键的是应准确测定猪的体重并严格按使用剂量用药。

2. 治疗

阿维菌素中毒没有特效解毒药，以补液、强心、利尿和兴奋肠蠕动为治疗原则。可用10%葡萄糖500~1 000毫升，地塞米松2.5~5毫克，维生素C 1~2克，三磷酸腺苷（ATP）注射液2~4毫升，辅酶A 100~300单位，混合后静脉注射；强心可用安钠咖。

第三节　外、产科疾病

一、疝

疝是腹部的内脏从自然孔道或病理性破裂孔脱至皮下或其他腔、孔的一种常见病。根据发生的部位一般分为：脐疝、腹股沟阴囊疝、腹壁疝几种。

（一）脐疝

1. 诊断要点

（1）发病病因　多发生于幼龄猪，常因为脐带轮闭锁不全或完全没有闭锁，再加上腹腔内压增高，奔跳、捕捉、按压等诱因造成腹腔脏器进入囊内。一是先天性脐带轮发育不全，轮孔异常宽大，肠管容易通过。二是脐轮未闭合完全时，猪便秘努责，幼猪贪食，腹胀如鼓，腹压增高，肠管由脐部脱出。

（2）临床症状　根据病情可分为可复性脐疝和嵌闭性脐疝两种。可复性脐疝在脐部发现鸡蛋大或碗口大的柔软肿胀，在外表上呈局限性、半圆形肿胀，推压肿胀部或使猪腹部向上则肿胀消失。该处可摸到一个圆形的脐轮，但还纳后又复原。肿胀部没有热痛，听诊时可听到肠的蠕动音。病猪体温、食欲正常，过分饱食或奔走时下坠物就增大。患嵌闭性脐疝的动物表现不安，并有呕吐症状，肿胀部位硬固疼痛，温度增高。

2. 防治

如幼龄猪脱出肠管较少，还纳腹腔后，局部用绷带压迫，脐孔可能闭锁而治愈。脐孔较大或发生肠嵌闭时，须进行疝孔闭锁术。

手术前，病猪应停食 1 天，仰卧保定，手术部剪毛、洗净、消毒，用 1%普鲁卡因 10~15 毫升浸润麻醉，纵向切开皮肤，切时谨防伤及腹膜或阴茎，妥善保存疝囊。将肠管送回腹腔，随之立即内翻疝囊，用缝线顺疝囊环作间断内翻缝合，将多余的囊壁及腹膜对称切除，冲洗干净后撒布青霉素粉，再结节缝合皮肤。如为嵌闭性脐疝而且肠管与腹膜粘连，则用外科刀尖开一小口，再伸入食指进行钝性剥离。剥离后再按上法内翻疝囊、清洗消毒、撒布青霉素粉、缝合皮肤。

（二）腹壁疝

1. 诊断要点

（1）发病原因　疝囊由腹壁的皮肤、皮下组织及腹膜形成，其内容物可为肠管、网膜、肝脏及子宫等，发生的部位不定。通常是由于外界的钝性暴力，如剧烈的冲撞、踢跌及分娩等原因引起。

（2）临床症状　腹壁上有球形或椭圆形大小不等的肿胀，肿胀的周边与健康组织之间有明显界线。肿胀部柔软、无疼、无热，用力压迫时肿胀缩小。触诊可发现腹壁肌肉破裂的部位和形状，听诊时可听到蠕动音。

2. 防治

改善饲养管理，防止创伤发生。如果发生腹壁疝，以手术疗法为好。

术前应停食 1 天，使肠道内容物减少，以便于手术。后肢吊起或仰卧保定，手术部位剪毛并充分洗净，涂浓碘酊或 75%酒精消毒，用 1%普鲁卡因进行浸润麻醉。延疝颈切开疝囊，应注意勿损伤疝内容物，将粘连的肠管剥离后还纳进腹腔。已经粘连的网膜如果不易剥离则可部分剪除，多余的腹膜可与表面的皮肤、皮下组织、浅筋膜等一并剪除。进一步整理疝颈四周腹膜，再用线做间断缝合。疝环两侧横行切开腹直肌前鞘，然后将下筋膜片，包括腹直肌前后鞘以横行褥式缝合法缝合于上筋膜片下面，两片重叠3~4厘米，所有缝线全部缝好后再一一结扎。将上筋膜片边缘连续缝合在下片表面，缝时勿将缝针刺入过深，以免损伤内脏。如果腹膜不能从疝环筋膜层下剥离出来，也可把筋膜层连同腹膜层作上述重叠修补。最后撒青霉素粉并结节缝合皮肤。

（三）腹股沟阴囊疝

1. 诊断要点

（1）发病原因　公猪的腹股沟阴囊疝有遗传性，若腹股沟管内口过大，就可发生疝，常在出生时发生（先天性腹股沟阴囊疝），也可在几个月后发生。后天性腹股沟阴囊疝主要是腹压增高所引起。

（2）临床症状　猪的腹股沟阴囊疝症状明显，一侧或两侧阴囊增大，捕捉以及凡能使腹压增大的因素均可加重症状，触诊时硬度不一，可摸到疝的内容物（多半为小肠），也可以摸到睾丸，如将两后肢提举，常可使增大的阴囊缩小而达到自然整复的目的。少数猪可变为嵌闭性疝，此时多数肠管已与囊壁发生广泛性粘连。

2. 防治

猪的阴囊疝可在局部麻醉下手术。后肢吊起或仰卧保定，手术部位剪毛并充分洗净，涂浓碘酊或75%酒精消毒，用1%普鲁卡因进行浸润麻醉。切开皮肤分离浅层与深层的筋膜，尔后将总鞘膜剥离出来，从鞘膜囊的顶端沿纵轴捻转，此时疝内容物逐渐回入腹腔。猪的嵌闭性疝往往有肠粘连、肠臌气，所以在钝性剥离时要求动作轻巧，稍有疏忽就有剥破的可能，在剥离时用浸以温灭菌生理盐水的纱布慢慢地分离，对肠管轻轻压迫，以减少对肠管的刺激，并可减少剥破肠管的危险。在确认还纳全部内容物后，在总鞘膜和精索上打一个去势结（为防止脱开，也可双次结扎），然后切断，将断端缝合到腹股沟环上，若腹股沟环仍很宽大，则必须再作几针结节缝合，皮肤和筋膜分别作结节缝合。术后不宜喂得过早、过饱，要适当控制运动。仔猪的阴囊疝采用皮外闭锁缝合。

二、母猪流产

猪流产是指母猪正常妊娠发生中断，表现为死胎、未足月活胎（早产）或排出干尸化胎儿等。流产是养猪业发生的常见病，对养猪业有很大的影响，常由传染性和非传染性（饲养和管理）因素引起，可发生于怀孕的任何阶段，但多见于怀孕早期。

（一）诊断要点

1. 发病原因

流产的病因很多，大致分为传染性流产和非传染性流产。

（1）传染性流产　一些病原微生物和寄生虫病可引起流产。如猪的伪狂犬病、细小病毒病、乙型脑炎、猪丹毒、猪蓝耳病、布鲁氏菌病、猪瘟、弓形虫病、钩端螺旋体病等均可引起猪流产。

（2）非传染性流产　非传染性流产的病因更加复杂，与营养、遗传、应激、内分泌失调、创伤、中毒、用药不当等因素有关。

2. 临床症状

隐性流产发生于妊娠早期，由于胚胎尚小，骨骼还未形成，胚胎被子宫吸收，而不排出体外，不表现出临诊症状。有时阴门流出多量的分泌物，过些时间再次发情。

有时在母猪妊娠期间，仅有少数几头胎猪发生死亡，但不影响其余胎猪的生长发育，死胎不立即排出体外，待正常分娩时，随同成熟的仔猪一起产出。死亡的胎猪由于水分逐渐被母体吸收，胎体紧缩，颜色变为棕褐色，称木乃伊胎。

如果胎儿大部或全部死亡时，母猪很快出现分娩症状，母猪兴奋不安，乳房肿大，阴门红肿，从阴门流出污褐色分泌物，母猪频频努责，排出死胎或弱仔。

流产过程中，如果子宫口开张，腐败细菌便可侵入，使子宫内未排出的死亡胎儿发生腐败分解。这时母猪全身症状加剧，从阴门不断流出污秽、恶臭分泌物和组织碎片，如不及时治疗，可因败血症而死。

根据临诊症状，可以做出诊断。要判定是否为传染性流产则需进行实验室检查。

（二）防治

1. 预防

加强对怀孕母猪的饲养管理，避免对怀孕母猪的挤压、碰撞，饲喂营养丰富、容易消化的饲料，严禁喂冰冻、霉变及有毒饲料。做好预防接种，定期检疫和消毒。谨慎用药，以防流产。

2. 治疗

治疗的原则是尽可能制止流产；不能制止时，促进死胎排出，保证母畜的健康；根据不同情况，采取不同措施。

① 妊娠母猪表现出流产的早期症状，胎儿仍然活着时，应尽量保住胎儿，防止流产。可肌内注射孕酮10~30毫克，隔日1次，连用2次或3次。

② 保胎失败，胎儿已经死亡或发生腐败时，应促使死胎尽早排出。肌内注射乙烯雌酚等雌激素，配合使用垂体后叶、催产素等促进死胎排出。当流产胎儿排出受阻时，应实施助产。

③ 对于流产后子宫排出污秽分泌物时，可用0.1%高锰酸钾等消毒液冲洗子宫，然后注入抗生素，进行全身治疗。对于继发传染病而引起的流产，应防治原发病。

三、母猪死胎

母猪死胎是繁殖障碍的一种，妊娠母猪腹部受到打击、冲撞而损伤胎儿，有妊娠疾病及传染病（布鲁氏菌病、猪细小病毒病、乙型脑炎等）时均可引起死胎。

（一）诊断要点

母猪起初不食或少食，精神不振；随后起卧不安，弓背努责，阴户流出污浊液体。在怀孕后期，用手按腹部检查久无胎动。如果时间过长，病猪呆滞，不吃。如死胎腐败，常有体温升高、呼吸急促、心跳加快等全身症状，阴户流出不洁液体，如不及时治疗，常因急性子宫内膜炎引起败血症而死亡。

（二）防治

1. 预防

（1）淘汰老龄母猪，保持生产高峰期的母猪群　引种时一定搞清楚种猪系谱和种源地和当地流行病情况，最好是从同一地域引种，引种后要隔离饲养，在一个月内可交替使用抗生素净化隐性疾病，同时要做好驱虫、消毒和配种前几种疫苗的防疫程序。

（2）加强科学饲养管理　日粮营养成分采取最佳科学配比，调控母猪体况。当母猪受外界应激采食量减少时，必须提高日粮中的矿物元素和维生素含量，增强母猪体质，使母猪尽可能多地供给胎儿营养。

（3）注意夏季管理　由于高温高湿，母猪产子时子宫收缩无力，产程延长，呼吸困难，吃料减少，对此情况，首先采取降温措施，同时改变饲喂时间，每天早晨 5 点和晚上 9 点各饲喂 1 次，中间加两次，使母猪对饲料摄入量增加。给产前 7 天的母猪注射维生素 D_3和维生素 E。

（4）正确用药，科学防治　对待母猪流产及发烧、采食量下降等症状，不能滥用抗生素、随意加大药物剂量。根据各种症状，分析病因，使用高效、低毒、安全的药物治疗，配合使用青饲料、清洁饮水，增强机体各项功能。另外根据实际情况可脉冲式添加药物，对母猪进行疾病预防、净化，只有确保母猪的健康状况良好，才能充分发挥其生产及繁殖潜力，取得更大的经济效益。

2. 治疗

如果已诊断为死胎，可手术取出，必要时注射脑垂体后叶素或催产素，一次皮下注射 10~50 单位。对虚弱的母猪，术前、术后应适当补液。手术后将装有金霉素或土霉素 200 万~300 万单位的胶囊，投入子宫内，病猪体温升高者，可肌内注射青霉素、链霉素，连续数天。

四、母猪难产

母猪难产是指母猪在分娩过程中，分娩过程受阻，胎儿不能正常排出，母猪很少发生难产，发病率比其他家畜低得多，因为母猪的骨盆入口直径比胎儿最宽横断面长 2 倍，很容易把仔猪产出。难产的发生取决于产力、产道及胎儿 3 个因素中的一个或多个，主要见于初产母猪、老龄母猪。

（一）诊断要点

1. 病因

（1）母猪方面原因

① 产道狭窄型。产仔时，耻骨联合会正常地开张，但受骨盆生理结构的制约，虽经剧烈持久的努责收缩，终因骨盆口开张太小，胎儿不能排出体外，滞留在子宫口而难产，此类型多发生在初产母猪。

② 产力虚弱型。产仔时，多种诱因致使母猪疲劳，最终造成子宫收缩无力，无法将胎儿排出产道而难产，此类型多发生在体弱、老龄猪、产仔时间长、产仔太多、产仔胎次太多以及患病母猪。

③ 膀胱积尿型。产仔时，母猪需要长时间躺卧，此时，膀胱括约肌因体况虚弱、时间长、疾病等不良因素影响，使得膀胱麻痹，致使膀胱腔隙内的尿

液因蓄积过多（不能及时排出体外）而容积性占位，出现挤压产道而难产。

④ 环境应激型。产仔时，母猪受到外界的突发性刺激，如声音、光照、气味、颜色等，致使其频频起卧，坐立不安，使得母猪子宫收缩不能正常进行而难产，此类型多发生于初产母猪和胆小母猪。

⑤ 其他。如母猪过肥、产道畸形、先天性发育不良等也可引起难产。

（2）胎儿方面原因

① 胎儿过大型。多见于母猪孕育的胎儿太少，且发育过大引起难产。

② 胎位不正。多见于胎儿在产道中姿势不正堵塞产道引起难产。

③ 胎儿畸形。畸形的胎儿不能顺利通过产道，引起难产。

④ 胎儿死亡。胎儿在母体内死亡时间较长，引起胎儿水肿、发胀造成难产。

⑤ 争道占位。两头胎儿同时进入产道引起难产。

⑥ 其他。多因操作方法不规范、药物使用不合理、助产过早、助产过频等行为，出现如子宫收缩不规整（间歇性）、产道因润滑剂少而干涩等原因而难产。

2. 临床症状

不同原因造成的难产，临诊表现不尽相同，有的在分娩过程中时起时卧，痛苦呻吟，母猪阴户肿大，有黏液流出，时做努责，但不见小猪产出，乳房膨大而滴奶，有时产出部分小猪后，间隔很长时间不能继续排出，有的母猪不努责或努责微弱，生不出胎儿，若时间过长，仔猪可能死亡，严重者可致母猪衰竭死亡。

根据母猪分娩时的临诊症状，不难做出诊断。

（二）防治

1. 预防

预防母猪难产，应严格选种选配，发育不全的母猪应缓配，同时加强妊娠期间的饲养管理，适当加强运动，注意母猪健康情况，加强临产期管理，发现问题及时处理。

2. 治疗

母猪破羊水后 1 小时仍然无仔猪产出或产仔间隔超过 0.5 小时，应及时采取措施。有难产史的母猪在产前 1 天肌内注射氯前列烯醇。当子宫颈口开张时，若母猪阵缩无力，可人工肌内注射催产素，一般可注射人工合成催产素，用量按每 50 千克体重 1 毫升的剂量，注射后 20~30 分钟可产出仔猪。若分娩过程过长或阵缩力量不足，可第2次注射（最多2次）；当催产无效或胎位不正、争道占位、畸形、死亡、骨盆狭窄等诱因造成难产时可行人工助产，一般可采用手术取出。

母猪难产时常见的人工助产方法如下。

（1）驱赶助产　当母猪发生难产时，可尝试将母猪从产房中赶出，在分娩舍过道中驱赶运动约10分钟，以期调整胎儿姿势，然后再将母猪赶回产房中分娩，往往会收到较好的效果。

（2）按摩助产　母猪生产每头仔猪时间间隔较长或子宫收缩无力时，可辅以按摩法进行助产。其常用的助产方法：助产者双手手指并拢、伸直，放在母猪胸前，依次由前向后均匀用力按摩母猪下腹部乳房区，直至母猪出现努责并随着按摩时间的延长呈渐渐增强之势时，变换助产姿势，一手仍以原来的姿势按摩，另一只手变为按压侧腹部，有节奏、有力度地向下按压腹部逐渐变化的最高点。实际助产时，若手臂酸痛可两手互换按压。随着按摩的进行，母猪努责频率不断加强，最后将仔猪排出体外。

（3）踩压助产　母猪生产时，若频频努责而不见仔猪产出或者是母猪阵缩乏力时，可采用踩压助产。即让人站在母猪侧腹部上虚空着脚踩压，不可用踏实的方法进行助产。其具体方法是：双手扶住栏杆（有产仔栏的最好，也可自制栏杆）借助双手的力量，轻轻地用脚踩压母猪腹部，自前向后均匀地用力踏实，手不能放松。母猪越用力努责就越用力踩压，借助踩压的力量让母猪产出仔猪。如果踩压不能奏效时，很可能是发生了较复杂的难产，应当进行产道、胎位、胎儿等方面的检查，然后再制定方案将胎儿取出。一般当取出一头仔猪后，还要采用按摩法或踩压等方法进行助产，如生产顺利可让其自行生产。

（4）药物催产　经产道检查，确诊产道完整畅通，属于子宫阵缩努责微弱引起的难产时，可采用药物进行催产。催产药可选用缩宫素，肌内或皮下注射2~4毫升，可以每隔30~45分钟注射1次。为了提高缩宫素的药效，也可以先肌内注射雌二醇10~20毫克或其他雌激素制剂，再注射缩宫素。产仔胎次过多的老龄母猪或难产母猪使用缩宫素无效的，可以肌内注射毛果芸香碱或新斯的明等药物（5~8毫升/头）。

（5）人工助产　最好是选择手相对小一些的人员施行人工助产手术。

① 术前准备：助产人员剪掉指甲并磨光，之后用3%来苏尔清洗双手，消毒手掌和手臂，涂以润滑剂；助手用0.1%高锰酸钾溶液彻底清洗母猪的后躯部、肛门部、阴道部，相关物品等。

② 手术过程：助手将长臂手套用3%来苏尔消毒液浸泡，然后涂上肥皂或石蜡油，帮助助产者戴上手套。助产者将左手并拢，五指呈圆锥形，多次轻轻刺激母猪的外阴部（使母猪适应此种刺激），当母猪逐渐适应后，左手顺着母猪努责的间隙期，将手心朝上，缓缓伸入到母猪产道内，手边伸边旋转，母猪努责时停止伸入，不努责时再往里伸入，检查难产情况或进行助产。在此过程中，要注意不要损伤子宫与产道，动作要轻、缓、稳，切忌强拉硬拽。

仔猪产出后，母猪要及时注射抗生素等药物防止感染。若母猪产道过窄，或因产道粘连，助产无效时，可以考虑剖腹手术。

助产时可以根据胎儿难产情况选择以下助产方式。

徒手牵拉法：助产者手臂深入到产道后，慢慢地摸清楚胎儿在子宫内的位置、胎势与朝向。当胎位正常（正生）时，手找到仔猪的耳朵、眼眶等部位，用手握住，将其缓慢地拉出产道；也可先找到仔猪的口角，再找到犬齿，将拇指与食指放到其后面固定，缓慢拉出。当仔猪倒生时，可用手指握住仔猪两后肢将仔猪慢慢拉出。

如果胎位不正，应先矫正仔猪胎位，然后再牵拉出来。如果2头仔猪同时进入产道，可将1头推回到子宫，将另1头拉出。掏出1头仔猪后，如果转为正常分娩，则不再需要继续用手牵拉助产。

助产结束后，应向子宫内注入宫净康等药物预防子宫感染。

器械助产法：通常借助于产科器械如产科绳、产科钩等进行人工助产。

其缺点是不仅对仔猪造成较重的伤害乃至死亡，而且对母猪的产道也会造成较大的损伤甚至终生不孕不育。

临床上使用产科绳的方法是，将绳的一头打一活套，用手（预先消毒好）携带产科绳套（消毒处理好）入母猪的子宫，“找”到仔猪的上颌骨、前肢（正生）或后肢（倒生），用绳套套住，缓慢拉出。牵拉最好配合母猪努责同时进行；用产科钩助产时，将产科钩置于手掌心，用手护住产科钩将其带入到产道内，钩住仔猪眼眶、下颌骨间隙或上腭等处将仔猪拽出。

器械助产主要适用于死胎性难产及难产程度较大的难产。

剖腹产：对硬产道狭窄、子宫颈狭窄、胎儿过大等引起的难产，经过助产尚不能将仔猪全部产出的，可考虑剖腹术。

五、胎衣不下

母猪胎衣不下又称猪胎衣滞留，是指母猪分娩后，胎衣（胎膜）在1小时内不排出。胎衣不下多由于猪体虚弱，产后子宫收缩无力，以及怀孕期间子宫受到感染，胎盘发生炎症，导致结缔组织增生，胎盘粘连等因素有关。流产、早产、难产之后或子宫内膜炎、胎盘炎、管理不当、运动不足、母体瘦弱时，也可发生胎衣不下。

（一）诊断要点

猪胎衣不下有全部不下和部分不下两种，多为部分不下。全部胎衣不下时胎衣悬垂于阴门之外，呈红色、灰红色和灰褐色的绳索状，常被粪土污染；部分胎衣不下时残存的胎儿胎盘仍存留于子宫内，母猪常表现不安，不断努责，体温升高，食欲减退，泌乳减少，喜喝水，精神不振，卧地不起，阴门内流出暗红色带恶臭的液体，内含胎衣碎片，严重者可引起败血症。

根据母猪分娩后胎衣的排出情况，不难做出诊断。

（二）防治

1. 预防

加强饲养管理，适当运动，增喂钙及维生素丰富的饲料，能有效预防猪胎衣不下。

2. 治疗

治疗原则为加快胎膜排出，控制继发感染。

注射脑垂体后叶素或缩产素20~40单位。也可静脉注射10%氯化钙20毫升，或10%葡萄糖酸钙50~100毫升。

也可投服益母草流浸膏4~8毫升，每天2次。胎衣腐败时，可用0.1%高锰酸钾溶液冲洗子宫，并投入土霉素片。为促进胎儿胎盘与母体胎盘分离，可向子宫内注入5%~10%盐水1~2升，注入后应注意使盐水尽可能完全排出。

以上处理无效时，可将手伸入子宫剥离并拉出胎衣。猪的胎衣剥离比较困难。用0.1%高锰酸钾溶液冲洗子宫，导出洗涤液后，投入适量抗生素（1克土霉素加100毫升蒸馏水溶解，注入子宫）。

中药治疗：当归尾10克、赤芍10克、川芎10克、蒲黄6克、益母草12克、五灵脂6克，水煎取汁，候温喂服。

猪胎衣不下一般预后不良，应引起重视，因泌乳不足，不仅影响仔猪的发育，而且也可引起子宫内膜炎，使以后不易受孕。

六、母猪子宫内膜炎

母猪子宫炎是母猪分娩及产后，子宫有时受到感染而发生炎症。

（一）诊断要点

1. 发病原因

难产、胎衣不下、子宫脱出以及助产时手术不洁，操作粗野，造成子宫损伤，产后感染，以及人工授精时消毒不彻底，自然交配时公猪生殖器官或精液内有致病菌，炎性分泌物等可引起子宫内膜炎。母猪营养不良，过分瘦弱，抵抗力下降时，其生殖道内非致病菌也能引起发病。

2. 临床症状

临床上可分为急性与慢性子宫内膜炎。

（1）急性子宫内膜炎　全身症状明显，母猪体温升高，精神不振，食欲减退或废绝，时常努责，特别在母猪刚卧下时，阴道内流出白色黏液或带臭味污秽不洁红褐色黏液或脓性分泌物，分泌物黏于尾根部，腥臭难闻。有时母猪出现腹痛症状。急性子宫炎多发生于产后及流产后。

（2）慢性子宫内膜炎　多由急性子宫内膜炎治疗不及时转化而来。病猪全身症状不明显。病猪可能周期性地从阴道内排出少量混浊的黏液。母猪往往推迟发情，或发情不正常，即使能定期发情，也屡配不孕。

（二）防治

1. 预防

预防本病应保持猪舍清洁、干燥，临产时地面上可铺清洁干草。发生难产时助产应小心谨慎，手臂、用具要消毒，取完胎儿、胎衣后，应用消毒溶液洗涤产道，并注入抗菌药物。人工授精要严格按规则操作和消毒。

2. 治疗

① 在产后急性期，首先应清除积留在子宫内的炎性分泌物，用1%盐水或0.02%新洁尔灭溶液、0.1%高锰酸钾溶液充分冲洗子宫。冲洗后务必将残留的溶液全部排出，至导出的洗液全部透明为止。最后向子宫内注入20万~40万单位青霉素或1克金霉素。

② 全身疗法可用抗生素或磺胺类药物治疗。青霉素40万~80万单位，链霉素100万单位，肌内注射每日2次。用金霉素或土霉素盐酸盐时，母猪每千

克体重 40 毫克，每日肌内注射 2 次，磺胺嘧啶钠每千克体重 0.05~0.1 克，每日肌内或静脉注射 2 次。

③ 对慢性子宫内膜炎的病猪，可用青霉素 20 万~40 万单位，链霉素 100 万单位，深入高压消毒的 20 毫升植物油中，向子宫内注入。并皮下注射垂体后叶素 20 万~40 万单位，促使子宫收缩，排出腔内炎性分泌物。

④ 金银花、黄连、知母、黄柏、车前、猪苓、泽泻、甘草各 15 克，水煎 1 次喂服。

七、母猪阴道炎

母猪阴道炎常在产后，自然交配、人工授精、子宫内膜炎、胎衣腐烂等感染细菌，引起阴道发炎。临床上以弓背翘尾，阴唇时开时闭作排尿姿势，外阴部红肿，阴门排出渗出液粘附在尾根及外阴周围等为特征。

（一）诊断要点

1. 发病原因

（1）分娩前后感染　分娩母猪产道处于开放状态，抵抗力差，容易感染，这一点业内人士都有所认识，往往采取如外阴清洁、抗生素保健等措施进行预防控制，但效果不理想。生产经验显示，难产加上人工助产使产道黏膜严重损伤、自身修复能力大幅下降、修复时间延长、细菌感染容易，而由于子宫的结构特点，产后数天宫颈关闭，不能冲洗治疗，全身用药也难有足量抗生素到达宫腔，因此疗效差。过长的产程容易导致母猪体能透支、产后产道及全身生理性恢复难、抗病力明显下降、容易感染，疗效也差。

（2）人工授精后感染　现代猪场普遍利用工具进行人工输精，在采精、稀释、输入过程中难免污染，人工器械操作加上母猪的不配合容易导致产道的损伤，是配种后产道炎症的直接原因，而营养不良是母猪发情不典型的原因，也是配种后产道炎症和复发情的深层次原因。

（3）后备母猪阴道流脓　还没有接受交配的后备母猪阴道发生化脓性炎症的原因，是受某种因素的影响，阴道黏膜出现病理性反应，抗感染能力下降，细菌继发感染所致，其中饲料霉变，尤其受禾谷镰刀霉菌污染产生的玉米赤霉烯酮毒素引起的雌性激素综合征是阴道黏膜出现病理性反应的常见原因。玉米赤烯酮毒素引起的雌性激素综合征，使尚未性成熟的后备母猪表现出类似发情的假象，阴道黏膜出现持续的病理性充血水肿，与正常发情不同的是，这种持续性病理变化，使阴道黏膜的抵抗、抗感染能力大幅下降，细菌感染就容易发生。饲料霉菌毒素是引起后备母猪阴道化脓性炎症的基础原因。

2. 临床症状

阴唇肿胀，白色母猪可以见到阴唇红肿，有时见有溃疡。手触摸阴唇时母猪表现有疼痛感觉。

阴道感染发炎时，黏膜肿胀、充血，当肿胀严重时手伸入即感到困难，并有热疼，有时有干燥感，或在黏膜上发生溃疡及糜烂。病猪常呈排尿姿势，但尿量很少。

有伪膜性阴道炎时则症状加剧。病猪精神沉郁，常努责排出有臭味的暗红色黏液，并在阴门周围干涸形成黑色的痂皮。检查阴道可见在黏膜上被覆一层灰黄色薄膜。阴道炎是造成母猪不孕的原因之一。

（二）防治

1. 预防

首先将尾巴用绷带扎好拉向体侧方，减少阴门的磨擦和防止继续感染。阴道用温的弱消毒溶液洗涤。冲洗后应将洗涤液完全导出，以免引起扩散感染。伪膜性阴道炎禁止冲洗。因为，冲洗后能引起扩散，或者使血管破坏而导致脓毒血症。

2. 治疗

阴道用温的弱消毒溶液洗涤：0.1%高锰酸钾、3%过氧化氢、1%~2%的等量苏打氯化钠溶液，0.05%~0.1%雷佛奴尔或用1%~2%明矾溶液，1%~3%鞣酸溶液等。冲洗后用青霉素、磺胺、碘仿或硼酸等软膏涂抹黏膜。如疼痛剧烈，则可在软膏中按1%~2%的比例加入可卡因。黏膜上有创伤或溃疡时洗涤后，可涂等量的碘甘油溶液。症状严重的阴道炎，亦可全身应用抗生素。

八、母猪乳房炎

母猪乳房炎是由病原微生物或者机械创伤、理化等因素引起的母猪乳房红、肿、热、硬，并伴有痛感，泌乳减少症状的疫病，多发生在母猪分娩后泌乳期。

（一）诊断要点

1. 发病原因

（1）病菌感染　病菌感染是造成母猪乳房炎的主要因素之一。

病菌感染主要来源于两个方面，即接触性病原菌以及环境性病原菌。接触性病原菌一般是寄生于乳腺上，其中金黄色葡萄球菌、链球菌、大肠杆菌是常见的接触性病原菌。会通过乳头侵入乳房，从而造成乳房炎。

（2）内分泌系统紊乱　很多养殖户为了提高经济效益而对母猪使用了大量的药物，这样就让母猪的内分泌系统出现了紊乱、失调的情况并导致母猪的乳房出现肿胀，造成了母猪乳房炎的发作。

（3）饲养管理不科学　在母猪的养殖过程中，没有对猪舍的温度、湿度进行适当的控制，会让母猪出现疲劳的情况，不良的通风条件，母猪产房消毒不够彻底，会影响母猪正常的抵抗力使其不能对病原菌进行正常的免疫。

（4）继发性因素　继发性因素包括了很多方面，比如，当母猪出现发热性症状之后，可能会引发阴道炎等症状从而带来乳腺炎；另外，子宫内膜炎会让子宫产生不良分泌物从而影响母猪正常的血液循环并进一步蔓延，导致乳房炎的发生。

2. 临床症状

母猪在隐性感染或隐性带毒的情况下，很容易造成隐型乳房炎。隐形感染时母猪不表现可见的临床症状，精神、采食、体温均不见异常，但少乳或无乳。这种情况既可在分娩后立刻出现，也可在分娩 2～3 天后发生。此时仔猪外观虚弱、常围卧在母猪周围。病原体通过乳汁和哺乳接触传染给仔猪，引起仔猪生长受阻，还可以引起腹泻等一系列感染症状，造成很大的损失。由于隐型乳房炎在兽医临床诊断过程中具有一定的困难性，所以不易被早期发现，一般均需要对乳汁采样进行检测才能够确定。虽然隐型乳房炎不易被发现和诊断，但是带来的危害是巨大的，在临床上应该得到重视。

发生了临床型乳房炎的病猪，很容易确诊，其临床检查可见母猪一个或数个乳房甚至一侧或两侧乳房均出现红肿，用手指触诊时有热度且硬，按压时母猪对疼痛表现为敏感。有的母猪发生乳房炎时，拒绝哺乳仔猪。早期乳房炎呈黏液性乳房炎，乳汁最初较稀薄，以后变为乳清样，仔细观察时可看到乳中含絮状物。炎症发展成脓性时，可排出淡黄色或黄色脓汁。捏挤乳头时有脓稠黄色、絮状凝固乳汁排出，即可确诊为患有乳房炎。如脓汁排不出时，可形脓肿，拖延日久往往自行破溃而排出带臭味的脓汁。在脓性或坏疽性乳房炎，尤其是波及几个乳房时，母猪可能会出现全身症状，体温升高达 40.5~41℃，食欲减退，精神倦怠、伏卧拒绝仔猪吮乳。仔猪拉稀腹泻，消瘦等情况较多。

（二）防治

1. 预防

（1）重视消毒　改善产床与栏舍条件，产房做好空栏的消毒，使用含碘的消毒药消毒彻底，母猪上产床前有条件的可以对产栏进行火焰消毒，并空栏干燥 7 天以上。

（2）确保母猪饲料品质，防止霉菌毒素导致母猪无乳　分娩前给母猪适当减料，产仔当天饲喂不大于 1 千克或不喂，随后逐步增加饲喂量。损伤的奶头要及时做消毒处理，并贴上药膏防仔猪咬。防止磨伤带来的细菌感染。

（3）搞好管理　预防母猪便秘，并严格做好产房的清洁卫生，以避免肠道的常在菌入侵而发生乳房炎。做好防暑降温，保持舒适干燥的环境，以有效降低母猪围产期的应激。

（4）围产期添加药物　在饲料中添加大环内酯类药物如替米考星或泰万菌素，这些药物在奶水中浓度高，可以有效减少乳房炎的发生。此外，早期的研究证明其他抗菌药如复方磺胺药物、恩诺沙星等皆可有效降低母猪乳房炎的发生比例。

（5）产后注射药物预防　药物注射是多数猪场的常规操作。常见的方法有以下几种。

① 母猪产后立即肌内注射 15~20 毫升长效土霉素一次，用于预防乳房炎。

② 产后使用 5%糖盐水 300~500 毫升+抗菌药（如头孢类抗生素）+鱼腥草汁 30 毫升，静脉给药 1~2 次，在分娩当天和次日各输液一次。

③ 有些猪场还在分娩后 24 小时内，给母猪注射 1 次氯前列烯醇，以预防产后子宫炎和无乳的发生。

2. 治疗

临床型乳房炎，可采用下列方法治疗。

（1）按摩与热、冷敷法　对发热、急性和有痛感的乳腺必须用冷敷疗法，而不可热敷，否则将加剧乳房肿胀。对于隐形乳房炎或病程较长的乳房炎，可使用 50℃左右的热水用毛巾热敷，并给乳房进行按摩，促进血液循环，使过量的体液再回到淋巴系统。按摩时，先将肥皂液涂在乳房上，沿着乳房表面旋转手指或来回按摩，然后用手将乳房压入再弹起，这对防止乳房不适症有极大的好处。

（2）封闭疗法　对严重的急性乳房炎，可使用0.25%盐酸普鲁卡因溶液10~30毫升，加入青霉素400万单位，在乳房实质与腹壁之间作环形乳基封闭，一般处理1次，重症可重复1~2次。后期化脓病灶可以手术引流排脓。

（3）吸通法　让快断奶的仔猪帮忙吸通，在实际生产中有很好的效果。

（4）全身治疗法　可使用抗菌药+催产素+清热解毒中药注射剂（如鱼腥草、穿心莲等），肌内注射，每日1~2次，连续2~3天。

九、母猪产后无乳综合征

母猪产后无乳综合征也称产后泌乳障碍综合征，中国的养猪者习惯称之为母猪无乳综合征，即母猪乳房炎、子宫炎、无乳症。

母猪发病后因无乳或缺乳，可引起仔猪迅速消瘦、衰竭或因感染疾病而死亡，或后期长势差，饲料报酬低。严重的场仔猪死亡率可高达55%，一般造成的损失为窝平均减少断奶仔猪0.3~2头；常因子宫内膜炎、乳房炎引起母猪繁殖机能严重受损，出现繁殖障碍，如不发情、延迟发情、屡配不孕、妊娠后易发生流产等，降低母猪生产性能，还可导致母猪非正常淘汰率显著上升，使用年限短，母猪折旧费用高，影响正常的生产秩序。

（一）诊断要点

1. 发病原因

母猪无乳综合征主要由细菌性病原、霉菌毒素、蓝耳病、应激、膀胱炎、营养管理因素引起。

2. 临床症状

母猪无乳综合征主要有急性型和亚临床感染两种类型。

（1）急性型　母猪产后不食，体温升高至40.5℃或更高；呼吸加快、急促，甚至困难；阴户红肿，产道流出污红色或多量脓性分泌物；乳房及乳头缩小、干瘪、乳房松弛或肥厚肿胀、挤不出乳汁、无乳；或乳腺发炎、红肿、有痛感，母猪喜伏卧，对仔猪的吮乳要求没反应或拒绝哺乳；仔猪腹泻现象如黄白痢增加，生长发育不良；个别母猪便秘，鼻吻干燥，嗜睡，不愿站立。

（2）亚临床感染型　母猪食欲无明显变化或略有减退；体温正常或略有升高，呼吸大多正常；阴道内不见或偶见污红色或白色脓性分泌物，发情时量较多；乳房苍白、扁平，少乳或无乳，仔猪不断用力拱撞或更换乳房吮乳，母猪放乳时间短；哺乳期仔猪下痢、消瘦，断奶后仔猪下痢症状消失；亚临床产后无乳综合征常因母猪症状不明显而容易被忽视，以至母猪淘汰率增加。

（二）防治

1. 预防

应激因素在许多情况下是引起母猪泌乳失败的重要因素，因此要采取综合管理措施减少应激。除必要的兽医防疫措施之外，还要搞好猪舍内环境的管理，如控制好产房中的温度、湿度，降低噪声，避免粗暴管理，保持良好的卫生和环境条件，供给全价的饲料，等等。

2. 治疗

① 激素疗法，肌内注射乙烯雌酚 4~5 毫升，一日 2 次；或肌内注射缩宫素 5~6 毫升，每日 2 次。

② 药物疗法，肌内注射常量青霉素、链霉素或磺胺类药物清除炎症。口服以王不留行、穿山甲等为主的中药催乳散。

③ 可通过对母猪乳房按摩、仔猪吮乳促进母猪乳房消炎、消肿和排乳。

④ 对初生小猪可采取寄养的方法，以免饿死。

十、产褥热

母猪产褥热是母猪在分娩过程中或产后，在排出或助产取出胎儿时，软产道受到损伤，或恶露排出迟滞引起感染而发生，又称母猪产后败血症和母猪产后发热。

（一）诊断要点

1. 发病原因

本病是由产后子宫感染病原菌而引起高热。临床上以产后体温升高、寒战、食欲废绝、阴户流出褐色带有腥臭气味分泌物为特征的疾病。助产时消毒不严，或产圈不清洁，或助产时损伤产道黏膜，致产道感染细菌（主要是溶血链球菌、金黄色葡萄球菌、化脓棒状杆菌、大肠杆菌），这些病原菌进入血液大量繁殖产生毒素而发生产褥热。

2. 临床症状

母猪产后不久，病猪体温升高到 41~41. 5℃，寒战，减食或完全不食，泌乳减少，乳房缩小，呼吸加快，表现衰弱，时时磨齿，四肢末端及耳尖发冷，有时阴道中流出带臭味的分泌物。

母猪产后2~3天内发病，体温达41℃而稽留，呼吸迫促，心跳加快，每分钟超过100次，甚至达120次。精神沉郁，躺卧不愿起，耳及四肢寒冷，常卧于垫草内，起卧均现困难。行走强拘，四肢关节肿胀、发热、疼痛，排粪先便秘后下痢，阴道黏膜肿胀污褐色，触之剧痛。阴户常流褐色恶臭液体和组织碎片，泌乳减少或停止。

（二）防治

1. 预防

在分娩前搞好产房的环境卫生，垫草暴晒干净，分娩时助产者必须严密消毒双手后方可进行助产。并准备碘酒和一盆消毒药水（2%来苏尔液或0.1%新洁尔灭）随时备用，以保证助产无菌、阴道无创伤，避免发生感染。在母猪产出最后1头仔猪后36~48小时，肌内注射前列腺素2毫克，可排净子宫残留内容物，避免发生产褥热。加强猪舍卫生工作，母猪产前圈床应垫上清洁干草，助产时严格消毒，切勿损伤子宫，如有损伤就应及时处理。

2. 治疗

可用3%双氧水或0.1%雷佛奴尔溶液冲洗子宫，冲洗完毕须将余液排出，适当选用磺胺类药物或青霉素，必要时加链霉素每日肌内注射0.01~0.02克/千克，分1~2次注射。青霉素肌内注射4 000~10 000单位/千克，每24小时注射1次，油剂普鲁卡因青霉素G，肌内注射4 000~10 000单位/千克，每24小注射1次。帮助子宫排出恶露，可应用脑垂体后叶素20~40单位注射，或益母草100克煎水。中草药：① 当归尾、炒川芎、大桃仁各15克，炮姜炭、怀牛膝、木红花各10克、益母草20克，煎服，连服2~3次。② 乌豆壳200克、桃仁40克、生韭菜100~200克，煎水1次内服。

十一、产后恶露

在一些地方，饲养母猪的经验不足，母猪产后或配种后恶露不尽，从阴门排出大量灰红色或黄白色有臭味的黏液性或脓性分泌物，严重者呈污红色或棕色，有的猪场后备母猪也有发生。这种情况会导致母猪不发情、推迟发情或是屡配不孕，降低了母猪利用率，给养殖户造成一定的损失。

（一）诊断要点

1. 发病原因

母猪饲养失调、湿浊行滞、湿热下注蕴结于胞宫而致胞宫热毒壅盛，或产仔过程中胎衣瘀滞胞宫、瘀血未尽，或助产消毒不严、交配过度等损伤胞宫及阴道等多种因素，中兽医把轻者叫带下，常见子宫内膜炎和卵巢炎，重者叫恶露不尽，常见于母猪产仔时胎衣没有完全排出，或死胎（包括木乃伊）没有排出，停留在子宫内腐烂，母猪自身免疫能力下降也是重要的原因。

2. 临床症状

多见母猪产后或配种后恶露不尽，从阴门排出大量灰红色或黄白色有臭味的黏液性或脓性分泌物，严重者呈污红色或棕色。

（二）防治

1. 预防

保持猪舍清洁，助产或人工授精时要严格消毒，对各种饲料原料严格把关，禁用霉变饲料。也可以根据实际情况采用药物预防措施，后备猪 6 月龄及配种前各 1 周在饲料中添加支原净 60 克/500 千克+金霉素 180 克/500 千克；母猪产前产后各 1 周在饲料中添加支原净 60 克/500 千克+金霉素 180 克/500 千克；母猪断奶前后各 1 周在饲料中添加磺胺二甲嘧啶 150 克/500 千克+乳酸 TMP 30 克/500 千克，或氟苯尼考 60 克/500 千克。

2. 治疗

炎症急性期应清除积留在子宫内的炎性分泌物，用 1%的温生理盐水或 0. 02%新洁而灭、0. 1%高锰酸钾、1%～2%碳酸氢钠共 2 000 毫升冲洗子宫，最后向子宫注入 200 万～400 万单位青霉素、洗必泰或其他抗生素类药物。全身症状严重时，使用抗生素或磺胺类药物进行肌内注射。患慢性子宫内膜炎的病猪，可使用催产素等子宫收缩剂，促进子宫内炎性分泌物的排出。再用 200 万～400 万单位青霉素加 100 万单位链霉素，混于高压灭菌的植物油 20 毫升注入子宫内。冲洗子宫可以每天 1 次或隔天 1 次，一般可以治愈。

十二、直肠脱及脱肛

直肠脱是直肠后段全层脱出于肛门之外；脱肛是直肠后段的黏膜脱出于肛门之外。

（一）诊断要点

1. 发病原因

主要原因是便秘和反复腹泻造成的肛门括约肌松弛引起。

2. 临床症状

2~4 月龄的猪发病较多。病初仅在排便后有小段直肠黏膜外翻，但仍能恢复，如果反复便秘或下痢，不断努责，则脱出的黏膜或肠段长时间不能恢复，引起水肿，最后黏膜坏死、结痂，病猪逐渐衰弱，精神不振，食欲减退，排粪困难。

（二）防治

必须认真改善饲养管理，特别是对幼龄猪，注意增喂青绿饲料，饮水要充足，运动要适当，保持圈舍干燥。经常检查粪便情况，做到早发现、早治疗。

发病初期，脱出体外的直肠段很短，应用 1%明矾水或用 0.5%高锰酸钾水洗净脱出的肠管及肛门周围，再提起猪的后腿，慢慢送回腹腔。脱出时间较长，水肿严重，甚至部分黏膜坏死时，可用 0.1%高锰酸钾水冲洗干净，慎重剪除坏死的黏膜，注意不要损伤肠管肌层，然后轻轻整复，并在肛门左右上下分四点注射 95%酒精，每点 2~3 毫升。还可针穿刺水肿黏膜后，用纱布包扎，挤出水肿液，再按压整复，之后在肛门周围作荷包口状缝合，缝合后打结应松些，使猪能顺利排粪。为了防止剧烈努责造成肠管再度脱出，可于交巢穴注射 1%盐酸普鲁卡因液 5~10 毫升。若直肠脱出部分已坏死糜烂，不能整复时，则可采取截除手术。

参考文献

常德雄，2021. 规模猪场猪病高效防控手册［M］. 北京：化学工业出版社.

韩一超，2009. 猪场兽医师手册［M］. 北京：金盾出版社.

李连任，2015. 现代高效规模养猪实战技术问答［M］. 北京：化学工业出版社.

吕惠序、杨赵军，2013. 猪场兽药使用与猪病防治技术［M］. 北京：化学工业出版社.

王志远，羊建平，2014. 猪病防治［M］. 2 版 . 北京：中国农业出版社.